MOLÉCULAS EM EXPOSIÇÃO

O FANTÁSTICO
MUNDO DAS
SUBSTÂNCIAS
E DOS
MATERIAIS
QUE FAZEM
PARTE DO
NOSSO DIA-A-DIA

A Lei de Direito Autoral
(Lei nº. 9.610 de 19/2/98)
no Título VII, Capítulo II diz

— Das Sanções Civis:

Art. 102 O titular cuja obra seja fraudulentamente reproduzida, divulgada ou de qualquer forma utilizada, poderá requerer a apreensão dos exemplares reproduzidos ou a suspensão da divulgação, sem prejuízo da indenização cabível.

Art. 103 Quem editar obra literária, artística ou científica, sem autorização do titular, perderá para este os exemplares que se apreenderem e pagar-lhe-á o preço dos que tiver vendido.

Parágrafo único. Não se conhecendo o número de exemplares que constituem a edição fraudulenta, pagará o transgressor o valor de três mil exemplares, além dos apreendidos.

Art. 104 Quem vender, expuser à venda, ocultar, adquirir, distribuir, tiver em depósito ou utilizar obra ou fonograma reproduzidos com fraude, com a finalidade de vender, obter ganho, vantagem, proveito, lucro direto ou indireto, para si ou para outrem, será solidariamente responsável com o contrafator, nos termos dos artigos precedentes, respondendo como contrafatores o importador e o distribuidor em caso de reprodução no exterior.

JOHN EMSLEY

MOLÉCULAS EM EXPOSIÇÃO

O FANTÁSTICO MUNDO DAS SUBSTÂNCIAS E DOS MATERIAIS QUE FAZEM PARTE DO NOSSO DIA-A-DIA

Tradução
GIANLUCA C. AZZELLINI
Professor Doutor do
Instituto de Química da Universidade de São Paulo

CASSIUS V. STEVANI
ERICK L. BASTOS
Pesquisadores Doutores do
Instituto de Química da Universidade de São Paulo

EDITORA EDGARD BLÜCHER LTDA

título original:
MOLECULES AT AN EXHIBITION:
PORTRAITS OF MATERIALS IN EVERYDAY LIFE

Copyright © John Emsleyn **1998**

Molecules at an exhibition: Portraits of materials in everyday life was originally published in English in 1998. This translation is published by arrangement with Oxford University Press.

Molecules at an exhibition: Portraits of materials in everyday life foi publicado na língua inglesa em 1998. Esta tradução é publicada por acordo firmado com a Oxford University Press.

direitos reservados
para a língua portuguesa pela
Editora Edgard Blücher Ltda.
2001

2^a *reimpressão - 2006*

É proibida a reprodução total ou parcial
por quaisquer meios
sem autorização escrita da editora

EDITORA EDGARD BLÜCHER LTDA.
Rua Pedroso Alvarenga, 1245 - cj. 22
04531-012 – São Paulo, SP – Brasil
Fax: (0xx11)3079-2707
e-mail: editora@blucher.com.br
site: www.blucher.com.br

Impresso no Brasil   *Printed in Brazil*

ISBN 85-212-0294-6

FICHA CATALOGRÁFICA

Emsley, John
   Moléculas em exposição: o fantástico mundo das substâncias e dos materiais que fazem parte do nosso dia-a-dia / John Emsley; tradução Gianluca C. Azzellini, Cassius V. Stevani, Erick L. Bastos. – São Paulo: Edgard Blücher, 2001.

Título original: Molecules at an exhibition: portraits of materials in everyday life.

Bibliografia
ISBN 85-212-0294-8

1. Bioquímica - Obras populares 2. Nutrição - Obras populares 3. Toxicologia - Obras populares 4. Tecnologia química - Obras populares I. Título

06-2451   CDD-540

Índices para catálogo sistemático:
1. Moléculas: Química   540

PREFÁCIO DA EDIÇÃO BRASILEIRA

É inquestionável o fato de que vivemos em um mundo material e que a nossa interação com a matéria determina uma série de fatores diretamente ligados ao nosso tipo e qualidade de vida. A matéria é essencialmente constituída por moléculas, e a principal ciência que se ocupa do estudo das moléculas é a Química. Portanto, a Química é uma ciência de central importância não só para o entendimento do mundo material, mas também responsável pela criação de novas moléculas, ou seja, novas substâncias. A vida, seja do organismo mais simples ao homem, é talvez o exemplo mais fascinante da atuação molecular. Alguns tipos de moléculas, exercendo papéis específicos de forma cooperativa e organizada, realizam funções tão diferentes como a visão, a respiração, a fotossíntese, a reprodução, etc. O entendimento destes processos moleculares tem viabilizado, entre outros aspectos, a elaboração de novos medicamentos e terapias, e o aumento da produção de alimentos. Particularmente na segunda metade do século XX, fomos inundados por uma quantidade enorme de novas substâncias que alteraram positiva e decisivamente o nosso modo de vida e percebemos como o meio ambiente é frágil e susceptível à nossa intervenção.

Para a grande parte das pessoas, entretanto, a Química está associada às substâncias não naturais e/ou nocivas, ou é a principal vilã nos aspectos relacionados à poluição. Quase todos nós já tivemos a oportunidade de ler ou ouvir a divulgação de algum produto, principalmente de natureza alimentícia, que veiculava entre as propriedades do produto o fato de ele ser "totalmente natural não contendo produtos químicos", como se os eventuais carboidratos, proteínas e lipídios contidos no alimento não fossem produtos químicos (será que estavam vendendo a antimatéria?).

Outro ponto que deve ser lembrado é que atualmente já existe uma tecnologia suficientemente avançada para reduzir a níveis aceitáveis – e mesmo eliminar – a maioria dos resíduos e subprodutos da indústria química causadores da poluição. No entanto, muitas destas tecnologias não são adotadas, seja por questões de interesses econômicos particulares ou devido à inexistência de uma legislação mais rigorosa.

O presente texto, desenvolvido pelo professor Emsley, apresenta um panorama amplo e direto do mundo das moléculas, questionando e abordando uma série de mitos relacionados a várias substâncias com as quais lidamos em nosso cotidiano. O título do livro pode levar à idéia de que o texto é dirigido a um público com conhecimentos técnicos mais específicos, porém este não é um livro técnico, e sim um livro escrito para o público em geral. Uma vez que o livro é direcionado a um público amplo e contém vários dados relacionados à realidade britânica/norte-americana, foi incluída uma série de notas, na tentativa de melhor esclarecer certos termos com conotação um pouco mais técnica e apresentar os dados relativos à realidade brasileira. Alguns títulos dos quadros apresentados foram intencionalmente adaptados, uma vez que a tradução literal não faria sentido à nossa realidade e tentamos, na medida do possível, transmitir o humor britânico do autor.

O texto é também extremamente útil para estudantes e professores que podem utilizar diretamente as informações apresentadas, e acreditamos que muitos dos tópicos abordados despertarão a curiosidade e o interesse de vários leitores, direcionando-os a uma pesquisa mais ampla e pormenorizada dos tópicos de interesse. Esperamos que o leitor encontre uma leitura agradável durante a sua visita a cada uma das Galerias e que o livro viabilize uma melhor compreensão do "mundo molecular" de que fazemos parte.

Gianlucca C. Azzellini

AGRADECIMENTOS

Para escrever este livro eu consultei diversas fontes e conversei com muitas pessoas. Para localizar muitas delas eu utilizei freqüentemente o Media Resource Service que faz parte da Fundação Novartis de Londres e é administrada por Chris Langley, Jan Pieter Emans e Janice Leeming.

Grande parte do trabalho que faço é encomendado por editores e funcionários de jornais e revistas, sendo que alguns se tornaram realmente amigos. Eles são Tim Clark, Dick Fifield, Victoria Hook, Ron Kirby, Chris King, David Pendlebury, Cath O'Driscoll, Tim Radford, Karen Richardson, Gill Rosson, Rick Stevenson e Tom Wilkie.

Pelo apoio moral, discussões proveitosas sobre o significado da vida e o papel da química dentro dela, estou em débito com os antigos e novos colegas do Departamento de Química do Imperial College, especialmente com Tony Barrett, Jack Barrett, Don Craig, Sue Gibson, Bill Griffith, Tim Jones, Steve Ley, David Phillips, Garry Rumbles e o falecido Geoffrey Wilkinson.

A idéia de uma exposição de moléculas pode ser atribuída à minha amizade com Alfred Bader, que tem sido bem-sucedido tanto como químico como colecionador de arte.

Moléculas em Exposição é também um tributo ao apoio contínuo de meu editor, Michael Rodgers, à habilidade de editoração de Jane Gregory e a amigos e família, que generosamente leram os primeiros esboços, dizendo-me quando não tinham entendido o que eu tinha escrito. Norman Greenwood foi responsável pela ajuda muito bem-vinda de apontar erros e sugerir complementos úteis ao original. Por quaisquer erros de conteúdo e estilo e por qualquer falha científica, que tenha escapado da revisão, assumo inteira responsabilidade.

INTRODUÇÃO

Este livro é a reunião dos artigos que escrevi originalmente para jornais, revistas e várias outras publicações. Alguns dos tópicos abrangidos em *Moléculas em Exposição* são baseados em assuntos que apareceram em uma coluna periódica que escrevi para o jornal *The Independent*, chamada "A molécula do mês", que vigorou por seis anos, de 1990 a 1996. As mais alegres foram desenvolvidas a partir de fragmentos da coluna "Radicais", da revista *Chemistry in Britain*, que é uma publicação mensal enviada aos membros da Real Sociedade de Química. Vários quadros em *Moléculas em Exposição* são de minha coleção particular. São temas que simplesmente me agradaram e estou escrevendo sobre eles pela primeira vez.

Escrever para jornais e revistas significa trabalhar no confinamento dos prazos e com um número fixo de palavras. Estas restrições podem ser boas para desenvolver a habilidade de síntese, mas têm suas limitações. Significam que muitas informações básicas, assuntos secundários interessantes, perspectivas históricas e minhas próprias opiniões tiveram de ser omitidas. Escrever um livro me possibilita adicionar tudo isto e também fornecer uma perspectiva mais ampla de moléculas que chamaram a atenção por poucos dias, mas das quais, desde então, raramente ouvimos falar novamente.

O título *Moléculas em Exposição* é facilmente explicado. Ele enfatiza que esta é uma coleção particular de produtos químicos que achei particularmente interessantes. Cada quadro é completo por si só e eu tentei fazer a coleção a mais variada possível. Agrupei-a em oito galerias, cada uma com um tema em comum. Você pode achar que coloquei alguns quadros na galeria errada, pois tendo em vista que exibi esta exposição há poucos anos, alguns quadros podem muito bem ter sido pendurados de forma diferente. Moléculas que uma vez consideramos detestáveis e perigosas tornaram-se essenciais para o funcionamento do corpo humano. O selênio e o óxido nítrico incluem-se nesta categoria; desta forma, ao invés de achá-los na galeria malévola, um está na Galeria 1, que é dedicada a produtos químicos incomuns encontrados na comida que ingerimos e o outro na Galeria 3, dedicada a moléculas sexualmente importantes.

Milhões de moléculas diferentes têm sido feitas desde que a química começou no século dezoito. Algumas poucas, talvez uma em mil, demonstraram ser importantes e são estas que desempenham um papel em nossas vidas diariamente. A maioria das novas moléculas teve uma breve existência. Elas foram feitas ou descobertas; examinadas e suas propriedades documentadas; divulgadas em revistas científicas ou mencionadas em patentes. E este foi o fim do assunto. As informações podem ainda estar guardadas em algum lugar, mas a maior parte deve agora estar perdida.

(O dr. Alfred Bader, o fundador da companhia química Sigma Aldrich*, fez questão de comprar muitas delas dos descobridores originais e armazená-las para uso futuro por químicos.)

O mesmo pode ser dito de quadros, cujo número sem dúvida excede em muitas vezes o número de moléculas conhecidas. A maioria deles sofreu o mesmo destino de ser negligenciado e perdido, mas ainda assim, os mais importantes ainda estão por perto e são estes que você espera ver quando visita uma galeria de arte ou exposição. E quando você visita uma galeria ou exposição pode ainda descobrir alguns, feitos por artistas pouco conhecidos, que são simplesmente fascinantes.

É com este estado de espírito que eu gostaria que você entrasse nesta Exposição e viajasse pelas suas galerias de quadros, galeria malévola e quarto com vista panorâmica. Temos quadros dedicados a deleites culinários, saúde, cirurgia plástica, tarefas domésticas e transporte. Você já deve ter ouvido falar das moléculas apresentadas, mas espero que você aprenda algo mais sobre elas, pois agora você tem a chance de investigá-las mais de perto. Algumas poucas podem não lhe ser familiares, mas mesmo estas desempenham um papel em nossas vidas diárias. Espero também que você ache o exame dos quadros uma experiência enriquecedora e divertida.

Você não precisa ser formado em arte para ter prazer quando vir uma grande pintura, ou em música, para apreciar um concerto sinfônico, ou em cinema, para desfrutar de um filme, nem em literatura para ser cativado por um bom livro. Você também não precisa ser formado em química para ler e entender *Moléculas em Exposição*. A linguagem é ainda o principal meio de comunicação, mas ela pode também ser uma barreira e a linguagem científica pode ser uma das mais efetivas barreiras para a compreensão. Espero que não seja o caso deste livro e, por esta razão, não incluí nenhuma fórmula química, equações ou diagramas moleculares nos quadros. Se você quiser aprender mais sobre uma molécula em particular, há no final uma lista de outros livros que você pode consultar.

Entre! Há oito galerias para serem exploradas; assim, caminhe como desejar. Cada galeria contém cerca de doze quadros — e uma porção de surpresas.

(*) *A Sigma Aldrich Company é a maior produtora/fornecedora de produtos químicos e bioquímicos para a área de pesquisa científica em escala não industrial. (N.T.)*

UM GUIA RÁPIDO PARA COISAS GRANDES E PEQUENAS

Eu peso 13 pedras (*stone*) na Grã-Bretanha, 182 libras nos EUA e 83 kg no continente europeu e no Brasil. Tenho seis pés de altura na Grã-Bretanha e nos EUA, mas 1,83 m no continente europeu e no Brasil. Se eu comprar uma tonelada de areia na Grã-Bretanha, terei conseguido mais do que nos EUA (2.240 libras contra 2.000 libras), mas aproximadamente a mesma tonelada na Europa continental e no Brasil (2.205 libras). Há muitos outros exemplos que eu poderia citar, nos quais a mesma quantia pode ser expressa em unidades imperiais, dos EUA e métricas, dando números muito diferentes.

A ciência tem sua própria escala para medir as coisas, chamada unidades SI (abreviação para Sistema Internacional), que é derivada do sistema métrico. Ela nos possibilita falar sobre quantias muito pequenas e é essencial para a química, pois esta ciência versa sobre um mundo que não podemos ver, um mundo de átomos, moléculas e vestígios minúsculos. Tudo isto também tem de ser medido e em quantidades baseadas em massas e medidas maiores. Se você não está familiarizado com elas ou com o sistema SI, então aqui estão alguns exemplos que podem ajudar.

Um ser humano adulto pesa em média 11 pedras, que é 154 libras ou 70 kg. A partir de agora é melhor esquecer as duas primeiras e nos concentrar na terceira:

70 kg é o mesmo que   70 mil gramas (g).
                              70 milhões de miligramas (mg).
                              70 bilhões de microgramas (mcg).

Estas medidas menores de massa podem ser visualizadas separadamente:

Um grama é a massa aproximada de um amendoim.
Um miligrama é a massa aproximada de um grão de areia.
Um micrograma é a massa aproximada de uma partícula de poeira.

Muitas moléculas são encontradas somente em diminutas quantidades no solo, na água, no ar ou no corpo humano. Quando falamos sobre estas moléculas, precisamos expressar a quantidade como uma fração do todo.

Quantias **pequenas** são freqüentemente descritas em frações de porcentagem. Por exemplo, 0,1% de um grama em um quilograma.

Quantias **minúsculas** são freqüentemente descritas em partes por milhão (ppm), que é o equivalente de um grama em um milhão; em outras palavras, um grama em uma tonelada (uma tonelada é um milhão de gramas).

Quantias **incrivelmente pequenas** são descritas em partes por bilhão (ppb), que é o equivalente a um miligrama em uma tonelada.

Quantias **inacreditavelmente minúsculas** são descritas em partes por trilhão (ppt), que é equivalente a um micrograma em uma tonelada.[*]

Alguns produtos químicos são produzidos em grande escala; sendo assim, precisamos de unidades mais familiares de massa e volume, que são quilograma e litro. No sistema métrico podemos correlacionar estas unidades de forma muito fácil quando falamos sobre água, pois um litro de água pesa um quilograma.

Quantidades muito grandes são medidas em toneladas. Um tanque, com dimensão de um metro quadrado de área e um metro de altura, pode conter um metro cúbico de água, pesando exatamente uma tonelada. Um metro cúbico equivale a 1.000 litros.

(*) *Em escala de tempo, 1 ppt é equivalente a 1 segundo em 30.000 anos.*

CONTEÚDO

Apresentação da edição brasileira _____ V
Agradecimentos _____ VII
Introdução _____ IX
Um guia rápido para coisas grandes e pequenas _____ XI

◆ **Galeria 1 — Próximo do que a natureza pretende** _____ 1
Os sonhos dos astecas — *Feniletilamina* _____ 3
Torta de ruibardo — *Ácido oxálico* _____ 6
O enigma da Coca-Cola — *Cafeína* _____ 8
Removedor de ferrugem — *Ácido fosfórico* _____ 13
A panacéia maldita — *Dissulfeto de dipropenila* _____ 14
O pior odor do mundo — *Metilmercaptana* _____ 16
Medicina chinesa — *Selênio* _____ 18
A condição cardíaca — *Salicilatos* _____ 21
Aquelas moléculas de nome difícil de pronunciar — *Ftalatos* _____ 24

◆ **Galeria 2 — Testando o seu metal** _____ 27
Osso indolente — *Fosfato de cálcio* _____ 28
Não há substituto para o sal — *Cloreto de sódio* _____ 32
Perfeito e venenoso — *Cloreto de potássio* _____ 36
O elemento enigmático — *Ferro* _____ 38
Surpreendentemente leve — *Magnésio* _____ 40
O elo perdido — *Zinco* _____ 43
Bronzeado e bonito — *Cobre* _____ 45
Um retrato de família — *Estanho, Vanádio, Crômio, Manganês, Molibdênio, Cobalto, Níquel* _____ 46

◆ **Galeria 3 — Começando vidas, salvando vidas, atrapalhando vidas** _____ 53
Protegendo o que está para nascer — *Ácido fólico* _____ 54
Leite materno — *Ácido araquidônico* _____ 56
Química sexual — *Óxido nítrico* _____ 59
Chifres de rinoceronte — *Queratina* _____ 62
Um beijo no Natal — *Visco* _____ 64
Era a noite da véspera de Natal — *Penicilina* _____ 66

♦ **Galeria 3A — Coleção particular — visitação restrita** ___ 70
   Nas asas de um pássaro — *Ecstasy* _____ 70
   Acabando com a exploração das drogas — *Cocaína, heroína e drogas sintéticas* _____ 73
   Hábito desagradável — *Nicotina* _____ 74
   Fumar um cigarro ou lamber um sapo — *Epibatidina* _____ 76
   Talvez sonhar — *Melatonina* _____ 77

♦ **Galeria 4 — Lar, doce lar** _____ 80
   Mantenha limpo — *Surfactantes* _____ 81
   Julgado e declarado inocente — *Fosfatos* _____ 83
   O homem de terno branco — *Perfluoropoliéteres* _____ 84
   Elimine os germes — *Hipoclorito de sódio* _____ 86
   Claro como cristal e enevoado em mistério — *Vidro* _____ 88
   Do que é feito isso? (1) — *Acrilato de etila* _____ 90
   Do que é feito isso? (2) — *Anidrido maléico* _____ 92
   Perigo em casa — *Monóxido de carbono* _____ 94
   O amargo segredo da segurança — *Bitrex* _____ 96
   Elementos celestiais (1) — *Zircônio* _____ 98
   Elementos celestiais (2) — *Titânio* _____ 100

♦ **Galeria 5 — Progresso real e observações irreais** _____ 103
   De volta para o futuro — *Tencel* _____ 104
   Plásticos insalubres e bolas que explodem — *Celulóide* _ 107
   Entorte-me, molde-me da forma que quiser — *Etileno* ___ 109
   Barato e alegre — *Polipropileno* _____ 113
   Indo a extremos na Terra e nos céus — *Teflon* _____ 116
   Livrando-se do PET — *Polietilenotereftalato* _____ 118
   Sexo seguro — *Poliuretano* _____ 120
   Material versátil — *Poliestireno* _____ 122
   Mais forte que o aço — *Kevlar* _____ 124

♦ **Galeria 6 — Quarto com vista panorâmica** _____ 127
   O ar que respiramos — *Oxigênio* _____ 128
   Grande quantidade e pouca reatividade — *Nitrogênio* ___ 132
   O solitário inerte que faz um bocado — *Argônio* _____ 133
   Bem alto e pouco, para nosso conforto — *Ozônio* _____ 135
   Chuva ácida, vinhos de boa safra e batatas brancas — *Dióxido de enxofre* _____ 138
   Muito de uma boa toxina — *DDT* _____ 141

Vacas loucas e químicos mais loucos ainda — *Diclorometano* _____ 143
Água, água, por toda parte — *H₂O* _____ 146
Água pura e cristalina — *Sulfato de alumínio* _____ 147

◆ **Galeria 7 — Caminhando para o nada** _____ 151
Combustíveis fósseis — *Carbono* _____ 152
Fazendo sua própria gasolina — *Etanol* _____ 156
Transformando carvão em gasolina — *Metanol* _____ 158
Campos de ouro — *Éster metílico de colza* _____ 159
Limpo e frio — *Hidrogênio* _____ 162
Sob pressão — *Metano* _____ 165
Tornando as ruas seguras — *Benzeno* _____ 167
Uma pitada de mágica vermelha — *Cério* _____ 169
Poupem as árvores — *Acetato de magnésio e cálcio* _____ 171
Boom! — Você não está morto! — *Azida de sódio* _____ 172

◆ **Galeria 8 — Elementos do inferno** _____ 176
Rápido e mortal — *Sarin* _____ 177
Que tal um gim tônica, querida? — *Atropina* _____ 180
As pessoas estão se revoltando — *Gás CS* _____ 182
Um jeito novo de morrer — *Berílio* _____ 184
Envenenado furtivamente — *Chumbo* _____ 185
Descarregando suas baterias — *Cádmio* _____ 187
Um jeito novo de se depilar — *Tálio* _____ 190
Réquiem para Mozart — *Antimônio* _____ 192
Poluindo o planeta — *Plutônio* _____ 194
Salva-vidas radioativo — *Amerício* _____ 195
Terra à vista! — *O elemento 114* _____ 197

◆ Lista de livros _____ 201
◆ Apêndice _____ 203
◆ Índice analítico _____ 205

PRÓXIMO DO QUE A NATUREZA PRETENDE

Em exposição, algumas moléculas presentes nos alimentos que comemos

- Os sonhos dos astecas
- Torta de ruibarbo
- O enigma da Coca-Cola
- Removedor de ferrugem
- A panacéia maldita
- O pior odor do mundo
- Medicina chinesa
- A condição cardíaca
- Aquelas moléculas de nome difícil de pronunciar

Existe uma série de mitos envolvendo os alimentos que nós ingerimos: o chocolate vicia; a Coca-Cola é somente uma mistura de várias substâncias químicas; o alho previne doenças cardíacas e o câncer; a ingestão de uma aspirina por dia pode diminuir nossa necessidade de ir ao médico. Nenhuma destas afirmações é verdadeira, mas elas contêm um fundo de verdade. Nesta galeria nós vamos investigar os quadros de algumas das substâncias naturais e artificiais que uma dieta normal contém.

Os prazeres da comida são doces porém fugazes, enquanto os cuidados que devemos ter com a alimentação parecem ser amargos e intermináveis. Os alertas sobre os cuidados que devemos ter em relação à nossa alimentação são dados pelos nutricionistas, que constituem a linha de frente dos soldados que estão na guerra contra a má nutrição e as dietas não balanceadas. Se bem que estes profissionais têm ajudado diretamente as pessoas que estão sob os seus cuidados, o resto de nós geralmente toma conhecimento de seus conselhos indiretamente, e mesmo com estas informações não tomamos os cuidados alimentares devidos, o que pode explicar por que uma pessoa em cada cinco é atualmente classificada como obesa nos Estados Unidos e uma em cada dez na Grã-Bretanha[*].

Atrás da linha de frente constituída pelos nutricionistas existe um batalhão de não especialistas em alimentação que oferecem os seus conselhos a cada pessoa que os escute. Muitas vezes esses conselhos são fundamentados, e nos dizem como perder peso e estar devidamente

---

[*] No Brasil temos aproximadamente o mesmo número de obesos que na Grã-Bretanha. Critérios de obesidade, e dados comparativos entre o Brasil e outros países podem ser encontrados no capítulo "Epidemiologia da Obesidade", de Carlos A. Monteiro, em Obesidade, Organização A. Halperm, Lemos Editorial, 1998. (N.T.)

alimentados, mas um grande número é apenas inútil, meramente condenando algumas comidas populares como inadequadas sem explicar por que (embora o termo "inadequadas" geralmente seja usado para significar que o alimento contém muito açúcar, sal, gorduras saturadas e aditivos). Exemplos desta comida são o chocolate, os refrigerantes à base de cola, o hambúrguer e as batatas fritas. Tristemente, as alternativas saudáveis, tais como aipo, água mineral e lentilhas, carecem de atrativos, especialmente para as crianças. Apesar das características atribuídas às comidas inadequadas*, alertas mais urgentes vêm das substâncias presentes em outros alimentos, especialmente se elas foram adicionadas de forma a tornar os alimentos mais vistosos e com um sabor mais tentador, ou se tais substâncias correspondem a contaminantes oriundos de pesticidas ou do processo de elaboração industrial. Surpreendentemente, a maioria das doenças consideradas como provocadas por alimentos não advém deles, mas sim, de microrganismos como bactérias e fungos, e nós corremos maior risco quando comemos alimentos que não foram devidamente armazenados ou preparados. De forma ideal, os alimentos deveriam estar isentos de todas as impurezas perigosas, sejam elas bactérias, fungos ou substâncias químicas.

A natureza também contém suas substâncias químicas, e por algumas delas nós temos uma predileção um tanto especial, tais como a feniletilamina e a cafeína. Outras nós tentamos evitar, tais como os ácidos oxálico e fosfórico, e outras, ainda, deveríamos consumir em maiores quantidades como o salicilato e o selênio. Nesta exposição nós veremos moléculas que se encontram nos alimentos que comemos, e todas elas são perfeitamente naturais, exceto uma: ftalato (esta substância é uma

---

* Em inglês estes alimentos inadequados são popularmente denominados de "junk food", e referem-se à comida não adequadamente balanceada, sob o ponto de vista nutricional. (N.T.)

"cortesia" da indústria de plásticos). As outras são exemplos variados de moléculas que nos fazem sentir melhor, que podem nos prejudicar e que podem até fazer com que tenhamos um cheiro.

Três destas moléculas são encontradas no chocolate. Nenhum alimento provoca uma resposta emocional tal como a provocada pelo chocolate. Para alguns, o chocolate é um alimento inadequado e parece ser um pouco mais que uma tentação do diabo. Por que ele é tão irresistível? A maioria das pessoas o adora, alguns não conseguem resistir a ele, e uns poucos desafortunados têm de evitá-lo. Algumas pessoas se empanturram com ele até ficarem doentes, enquanto outras alegam que a ingestão de uma mera lasca de chocolate é o suficiente para acionar nelas um ataque alérgico. Os fabricantes de chocolate fazem propaganda de seu produto de formas variadas. Eles enfatizam sua qualidade salutar e seu valor nutritivo, proclamam que é pleno de energia; sugerem que seja dado como presente à pessoa amada, ou mesmo que seja comido como uma maneira de obter satisfação. Apesar de seus benefícios, ele tem seus riscos, e algumas pessoas consideram o chocolate inadequado porque o açúcar nele contido provoca cáries, sua gordura prejudica o coração, suas calorias ajudam a aumentar o peso e o cacau pode provocar um ataque de enxaqueca.

Uma análise dos compradores de chocolate na Inglaterra mostrou que a maior parte do chocolate é comprado por mulheres, as quais representam cerca de 40% das vendas, enquanto as crianças compram 35% e os homens 25%. O chocolate situa-se no topo da lista dos alimentos aos quais é "difícil de resistir" e responde por mais da metade dos alimentos mais desejados. Algumas mulheres afirmam ser viciadas em chocolate, e dizem ser impossível resistir a ele, principalmente antes do período menstrual. Claramente, para elas, o chocolate é mais que simplesmente um alimento saboroso.

Chantal Coady, autora do livro Chocolate, questionou se realmente existem pessoas viciadas em chocolate. Ela escreveu: "Embora o chocolate contenha várias substâncias ativas, algumas das quais mimetizam hormônios naturais, nenhuma delas vicia". Ela acredita, no entanto, que as mulheres são propensas ao consumo de chocolate, como forma de consolo quando precisam de um pouco de conforto, e o que elas procuram é a sua doçura intensa, assim como o sabor e a textura que o chocolate desenvolve na boca.

O chocolate é um alimento bem equilibrado, consistindo em 8% de proteínas, 60% de carboidratos e 30% de gorduras, embora este último componente encontre-se em limite superior ao que é desejável. Uma barra de 100 g fornece 520 calorias, mas também fornece minerais e vitaminas[*]:

Minerais		Vitaminas	
potássio	420 mg	A	8 mcg
cloro	270 mg	B1	0,1 mg
fósforo	240 mg	B2	0,24 mg
cálcio	220 mg	B3	1,6 mg
sódio	120 mg	E	0,5 mg
magnésio	55 mg		
ferro	1,6 mg		
cobre	0,3 mg		
zinco	0,2 mg		

Veremos a importância nutricional dos minerais em uma exposição na próxima galeria. Observando a lista de componentes presentes no chocolate, não é surpresa que uma barra de chocolate constitua-se em uma excelente porção alimentar de emergência para soldados e exploradores, embora estejam faltando poucas coisas tais como as vitaminas C e D, de forma a torná-lo um alimento completo. Ele também contém poucas outras substâncias que — na verdade — não são nutrientes, tais como feniletilamina, ácido oxálico e cafeína. Estes elementos não apresentam valor nutritivo, mas nos afetam, e dois deles são abundantes em outros alimentos e bebidas. Os três primeiros quadros da exposição que iremos percorrer referem-se a estas substâncias químicas.

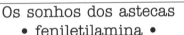

Os sonhos dos astecas
• feniletilamina •

A única coisa no chocolate que origina a sensação de bem-estar em nosso cérebro é a feniletilamina (em inglês *phenylethylamine* — PEA). Os maias da América Central, cuja civilização floresceu no México de 250 a 900 d.C., constataram os efeitos dela quando descobriram o chocolate, que era tomado como uma bebida, a qual era reservada para a elite dominante. Quando os espanhóis chegaram, no fim do século XV, os astecas eram a civilização dominante e a economia era parcialmente baseada nas sementes de cacau, tanto que o tributo a ser pago pelas tribos conquistadas era representado por esta mercadoria. Os nobres astecas também reservavam o chocolate para o seu próprio consumo, considerando-o um afrodisíaco e proibindo a sua utilização pelas mulheres. Quando as sementes de chocolate foram levadas para a Europa, a sua reputação de estimulante do amor o acompanhou. Na Europa sua fama cresceu: lá ele era consumido por ambos os sexos, e em 1624, um autor, Joan Roach, dedicou um livro inteiro a sua condenação, referindo-se a ele com desaprovação puritana como um "inflamador violento

---

[*] *A edição de agosto de 2000 do* Journal of Nutrition *traz um estudo interessante sobre o chocolate, relatando que ele contém uma grande quantidade de flavonóides. Os flavonóides são potentes antioxidantes, que têm sido associados à redução das doenças cardíacas e derrames cerebrais. Portanto, comer chocolate com moderação pode ser bom por vários motivos. (N.T.)*

das paixões". No século XVIII Casanova, o grande amante, declarou que o chocolate era a sua bebida favorita.

As sementes de cacau são coletadas da árvore do cacau, que cresce melhor em climas quentes e úmidos em regiões compreendidas a 20° de latitude do Equador. A produção mundial de sementes de cacau é de dois milhões de toneladas anuais, sendo cultivado no Brasil e México para a utilização no mercado norte-americano, e no oeste africano para utilização na Europa.

Após as vagens do cacau serem coletadas, as sementes são removidas e deixadas ao sol para fermentar. Esta exposição aos raios solares as torna marrons e converte parte do açúcar primeiro em álcool e depois em ácido acético, substância que conhecemos melhor na forma de vinagre. O ácido acético produzido nas sementes mata os brotos e neste processo ocorre a liberação de outras moléculas responsáveis pelo seu sabor. A feniletilamina (PEA) forma-se durante este estágio de fermentação. As sementes são então tostadas de forma a se remover a maior parte do ácido acético, e a seguir moídas, o que provoca a fusão da gordura do cacau. O grau de moagem determina os diferentes tipos de chocolate.

Hoje, quando falamos do chocolate, logo pensamos em uma barra de chocolate, porém originalmente o chocolate era, na verdade, uma bebida. O nome chocolate deriva de uma palavra asteca, *xocalatl*, que significa "água amarga" e era servido na forma de um líquido com uma espuma espessa, misturado com canela e fubá. Posteriormente baunilha e açúcar foram adicionados de forma a adoçá-lo, tornando-o mais palatável ao gosto europeu.

Apesar do que Casanova achava, o chocolate não é um afrodisíaco, mas pode existir alguma verdade na idéia de que ele afete o cérebro. Analistas detectaram mais de 300 substâncias químicas no chocolate. Duas delas são estimulantes: a cafeína, que será abordada posteriormente nesta galeria; e a teobromina, que é uma substância similar à cafeína, tendo sido assim chamada, devido ao nome científico da árvore do cacau, cujo nome botânico é *Theobroma cacoa*, que significa "alimento dos deuses". A teobromina também é encontrada no chá-preto.

A substância encontrada no chocolate que com mais probabilidade pode explicar a sensação de bem-estar provocada por ele é a PEA, que está presente em quantidade de até 700 mg em uma barra de 100 g. A maioria dos chocolates, porém, contêm quantidades muito menores que esta, sendo que o teor médio deve estar compreendido entre 50 e 100 mg. A PEA pura é um líquido oleoso com odor de peixe, e pode ser produzido em laboratório a partir da amônia. (Curiosamente, a PEA tem a propriedade de absorver dióxido de carbono do ar.) Quando a PEA é injetada nas pessoas, o nível de glicose no seu sangue se eleva, o que aumenta a pressão sanguínea. Juntos, estes efeitos resultam numa sensação de bem-estar e de maior atenção. A PEA pode acionar a liberação de dopamina, que é a substância química que no cérebro causa a sensação de felicidade; neste caso, a PEA estaria agindo da mesma forma que as anfetaminas, tais como o *ecstasy*. As moléculas de PEA e *ecstasy* são aproximadamente do mesmo tamanho e forma, o que tem sugerido que elas podem atuar da mesma maneira, porém ainda faltam provas científicas que comprovem esta suposição.

Nosso organismo produz quantidades de PEA naturalmente pequenas, porém detectáveis, sendo formada a partir de fenilalanina, um aminoácido essencial encontrado em nossa dieta. Os níveis de PEA natural variam, ocorrendo um aumento destes níveis quando estamos sob situações de estresse. Tais níveis também são maiores em crianças esquizofrênicas e superativas, embora este seja mais um sintoma destas anomalias do que uma causa.

Nem todos podem enfrentar um aumento repentino de PEA no organismo, razão pela qual algumas pessoas são sensíveis ao chocolate, freqüentemente apresentando uma forte dor de cabeça quando comem muito chocolate. Isto ocorre porque o excesso de PEA constringe as paredes dos vasos sangüíneos no cérebro. A PEA tem pouca utilidade para o corpo humano, que emprega uma enzima, a monoamina oxidase, para eliminá-lo. Pessoas que apresentam intolerância ao chocolate parecem ter dificuldade em produzir uma quantidade apreciável de enzima para prevenir o aumento dos níveis de PEA, o que acaba ocasionando enxaquecas.

Parece pouco provável que a PEA cause o "vício" do chocolate, mas existe outra razão para que algumas pessoas neguem a si mesmas o prazer do chocolate. O seu conteúdo em gordura, que é chamado de manteiga de cacau, é formado essencialmente de gordura saturada. Para sermos mais exatos, 60% é formada por gordura saturada como a encontrada no creme de leite, podendo ser visualizada como tal. No entanto, no livro do Dr. Hervé Robert, *Les vertus thérapeutiques du chocolat** é mencionado que a manteiga de cacau, diferentemente do creme de leite, não conduz a um aumento dos níveis de colesterol.

A gordura contida no chocolate é também muito especial de outra forma. As gorduras normais são uma mistura de gorduras saturadas e insaturadas que fundem em uma ampla gama de temperaturas. Isto não é exatamente o que queremos que aconteça com uma barra de chocolate. O chocolate tem de, literalmente, derreter em nossa boca a uma temperatura de 35° C, pouco abaixo da temperatura de nosso corpo que é de 37° C. Esta é a razão pela qual uma das melhores maneiras de se apreciar uma barra de chocolate é deixar um pedaço sobre a língua até que este derreta, liberando assim o seu rico sabor e aroma.

A manteiga de cacau isolada pode solidificar em várias formas diferentes, e cada uma funde a diferentes temperaturas. Todavia, somente uma destas formas é a correta para a fabricação do chocolate sólido (barras de chocolate, bombons), o que explica por que fabricar chocolate é considerado tanto uma arte, como uma ciência e por que o resfriamento cuidadoso do chocolate fundido é necessário para garantir a obtenção da solidificação da forma correta. Se você guarda o chocolate por muito tempo, percebe-se que ele fica coberto por uma camada gordurosa de cor branca, que dá a impressão de que ele está estragado. Porém ele não está estragado: esta camada branca sobre o chocolate não é algum tipo de mofo, mas apenas uma das outras formas sólidas da manteiga de cacau, que é perfeitamente comestível.

Quando o chocolate era utilizado como uma bebida quente, a química da sua gordura foi intensamente pesquisada. Então, em 1847, os confeiteiros quacres*, J. S. Fry & Sons, da cidade de Bristol, na Inglaterra, introduziram o chocolate na forma sólida e que podia ser então comido como um doce. Eles fizeram este tipo de chocolate pressionando o chocolate fundido de forma a espremer a manteiga de cacau nele contida, e depois adicionavam o chocolate tratado desta forma a mais chocolate fundido. O resultado foi um chocolate liso com um sabor forte e característico. Muito mais popular foi o chocolate ao leite: barras deste tipo foram produzidas primeiramente em 1876 pelo

---

* *As virtudes terapêuticas do chocolate. (N.T.)*

* *Os quacres (em inglês* Quakers*), são membros de uma seita protestante fundada no século XVII por George Fox, tendo essa seita se difundido principalmente nos Estados Unidos e na Inglaterra. Os quacres crêem na direção do Espírito Santo, não admitem sacramentos, não prestam juramentos, não pegam em armas, nem admitem hierarquia eclesiástica. (N.T.)*

químico suíço Henri Nestlé. Ele adicionou leite condensado, o que tornou o produto mais suave no seu sabor, potencializando o mercado para o consumo pelas crianças. Outras famílias quacres — os Cadburys, os Rowntrees e os Hersheys — entraram no negócio de chocolates e estabeleceram grandes "impérios" do chocolate no Reino Unido e nos Estados Unidos.

Desde então o chocolate não tem mais sido esquecido. Mesmo assim, armadilhas intrínsecas podem surgir, ainda que elas não cheguem a constituir uma ameaça como comer chocolate demais, especialmente se isto provocar obesidade.

◆ QUADRO 2 ◆

Torta de ruibarbo
• ácido oxálico •

O chocolate também contém ácido oxálico, uma substância química que pode matar — mas raramente isto ocorre. Nós ingerimos ácido oxálico todos os dias, sendo ele proveniente de várias fontes. O ácido oxálico está presente em uma grande variedade de alimentos, porém em pequenas quantidades, e, em alguns poucos alimentos, em grandes quantidades; o cacau é um dos alimentos que mais contém ácido oxálico, sendo encontrados 500 mg em cada 100 g de cacau. Ácido oxálico é encontrado em grandes quantidades principalmente nas folhas dos vegetais, como na acelga suíça com 700 mg por 100 g, o espinafre com 600 mg e o ruibarbo com 500 mg. O ruibarbo é popularmente conhecido pelos altos teores de ácido oxálico, justamente pelo fato de este alimento ter causado a morte de pessoas. Talvez menos apreciados como alimentos, a beterraba (300 mg) e amendoim (150 mg) também possuem quantidades consideráveis de ácido oxálico.

Uma pessoa normalmente consome cerca de 150 mg de ácido oxálico por dia e em países onde o chá[*] é uma bebida popular, a quantidade de consumo diária é maior, uma vez que uma xícara de chá fornece cerca de 50 mg de ácido oxálico. A dose fatal de ácido oxálico é de 1.500 mg. Neste ponto é conveniente expressar alguns questionamentos: será que nós podemos, durante a ingestão diária de alimentos, atingir a dose letal de ácido oxálico? E quais são os efeitos provocados por doses menores deste ácido? O ruibarbo é menos popular do que costumava ser[**], mas outrora era largamente consumido refogado com açúcar. O ruibarbo tornou-se célebre pelas suas propriedades laxativas, e ele atua desta forma porque estimula nosso intestino a rejeitar a toxina natural que é o próprio ácido oxálico. Uma tigela de cozido de ruibarbo pode fornecer-nos uma fração considerável da dose letal. Envenenarmo-nos comendo barras de chocolate ao leite seria virtualmente impossível, e não existe problema, por mais maníaco por chocolate você seja, porque o chocolate que contém muito menos ácido oxálico e você se sentirá saciado antes de ser atingida a dose laxativa.

---

[*] *No Brasil o termo chá é bem abrangente, referindo-se a uma série de bebidas provenientes da infusão de espécies vegetais, como por exemplo chá de erva-cidreira, chá de hortelã. Neste texto, chá refere-se ao que é conhecido no Brasil como chá-preto, que é obtido da infusão das folhas secas da planta do chá (The sinensis ou Camellia theifera), existindo vários tipos como Assam, Orange Pekoe, etc. (N.T.)*

[**] *Para nós brasileiros o ruibarbo não apresenta praticamente nenhuma contribuição em nossos hábitos alimentares. No entanto, para aqueles que queiram provar uma receita à base de ruibarbo, esse produto pode ser encontrado em empórios gastronômicos como a Casa Santa Luzia em São Paulo (informação cedida por Luiz Cintra, apresentador do programa TVChef do canal 21, São Paulo). (N.T.)*

O ruibarbo tornou-se mal-afamado durante a Primeira Guerra Mundial quando as pessoas comiam suas folhas, e algumas morreram por envenenamento provocado pelo ácido oxálico. O nível de ácido oxálico contido nas folhas de ruibarbo é muito maior que no caule, porém você não está a salvo se comer o caule.

O ruibarbo tem sido considerado um medicamento já há muito tempo. Em 70 d.C. o físico e botânico Dioscórides recomendava a sua utilização para o tratamento de várias enfermidades. Era o ruibarbo europeu, e foi usado até o século XII, quando surgiu uma variedade superior de ruibarbo vinda do Oriente. Existe muita especulação sobre o local onde teria originalmente aparecido esta variedade. Seguramente, a maior parte que chegou à Europa veio da China e ele continuou a ser importado em grande escala na forma de raiz em pó por centenas de anos.

A raiz do ruibarbo foi utilizada na tradicional medicina chinesa por mais de quatro mil anos. A Sociedade Real de Artes, Produtores e Comércio promoveu o cultivo desta nova variedade de ruibarbo no Império Britânico, e nos séculos XVIII e XIX condecorava com medalhas de ouro os produtores das melhores variedades. Em 1784 o farmacêutico sueco Carl Wilhelm Scheele detectou a presença de ácido oxálico (que era conhecido como ácido azedo) nas raízes de ruibarbo, e mostrou que a quantidade presente nas folhas era muito grande para que elas fossem comestíveis. A presença de ácido oxálico na planta é considerada como uma defesa contra o gado. Em 1860, o best-seller *Mrs. Beeton's Book of Household Management*, reportava que o ruibarbo era encontrado em todas as hortas caseiras, e adicionalmente trazia receitas tais como a da torta de ruibarbo, geléia de ruibarbo e até uma receita de vinho de ruibarbo. A maneira mais simples de cozinhá-lo é refogando os talos com açúcar. Quando as panelas de alumínio tornaram-se populares, descobriu-se uma outra utilidade para o ruibarbo: ao cozinhá-lo as panelas tornavam-se limpas e bonitas. Isto ocorre porque o ácido oxálico dissolve a camada de metal oxidada e incrustada que recobre a superfície da panela, o que não traz riscos à saúde uma vez que a quantidade dissolvida é muito pequena.

A afinidade do ácido oxálico por metais também explica outra anomalia curiosa, sendo esta a razão pela qual os nutricionistas referem-se a ele como um "antinutriente". O ácido oxálico interage com metais essenciais como ferro, magnésio e, especialmente, cálcio. No princípio do século XX foi atribuída ao espinafre a propriedade de ser uma fonte rica em ferro, e na verdade ele contém níveis maiores deste metal do que a maioria dos vegetais. Por exemplo, o espinafre contem 4 mg de ferro por 100 g, comparando-se com ervilhas que contêm 2 mg, couve-de-bruxelas 1 mg e repolho apenas 0,5 mg. Apesar de o espinafre conter mais ferro que muitos vegetais, a presença de ácido oxálico neste vegetal torna 95% deste metal não utilizável como nutriente, e apenas 5% podem ser absorvidos pelo nosso organismo. O personagem de desenhos animados Popeye atribuía a sua força ao espinafre, porém, como se pode ver, ele estava, infelizmente, mal informado. De qualquer maneira, comer espinafre pode nos satisfazer, porém podemos esperar pouco dele como fonte nutricional a não ser por uma modesta quantidade de proteína vegetal e um pouco de vitamina C.

O ácido oxálico mata pela diminuição abaixo do nível tolerado de cálcio em nosso organismo (o antídoto é gluconato de cálcio). Cálcio é essencial para manter os níveis de acidez e viscosidade de nosso sangue, assim como para o transporte de fosfato pelo nosso corpo. Porém mesmo em doses não letais, o efeito do ácido oxálico sobre o cálcio é preocupante, pois pode ser formado oxalato de cálcio, que é insolúvel, e os seus cristais podem crescer na forma de "pedras" dolorosas na bexiga ou nos rins. A formação dessas pedras (ou "cálculos") é mais provável se a nossa ingestão de líquidos é baixa. Portanto, pacientes com tendência à formação deste tipo de pedras, são submetidos a dietas contendo baixos teores de ácido oxálico, que exclui os alimentos mencionados até aqui que contêm ácido oxálico. Embora tais alimentos possam ser evitados, nós não podemos excluir o ácido oxálico completamente de nosso corpo, pois existem outras fontes, mesmo indiretas, desta substância. Como exemplo podemos citar o excesso de vitamina C, que nosso organismo não pode armazenar, e que pode ser convertida em ácido oxálico, o que implica que um efeito colateral da ingestão excessiva de vitamina C é o aparecimento de pedras nos rins.

Conforme John Timbrell, um toxicologista da London School of Pharmacy e autor do livro *Introduction to Toxicology*, é possível ser submetido a uma dose fatal de ácido oxálico de diversas formas. Pessoas que de forma acidental ou deliberada bebem etileno glicol, uma substância que é usada como anticongelante nos radiadores de automóveis, podem morrer por envenenamento por ácido oxálico porque o nosso corpo converte etileno glicol em ácido oxálico.

É conhecido que as células das plantas usam ácido oxálico, mas não existe uma função nas células animais — ou, ao menos, era o que se pensava. Pesquisas recentes, porém, sugerem o contrário. Apesar da aparente toxicidade do ácido oxálico, o corpo tolera quantidades surpreendentemente elevadas dele, e cientistas na Alemanha descobriram que os tecidos humanos contêm mais ácido oxálico do que era previamente estimado. O dr. Steffen Albrecht e colaboradores da Universidade de Dresden desafiaram a opinião de que o ácido oxálico é meramente um subproduto indesejado do nosso metabolismo. Eles desenvolveram um método de grande sensibilidade para determinação de ácido oxálico, e puderam medir concentrações tão baixas quanto milionésimos de grama (mcgs) por litro de sangue. O trabalho destes pesquisadores revelou diferenças acentuadas dos níveis de ácido oxálico no sangue: o plasma, a parte fluida do sangue, tem 400 mcg por litro enquanto o sérum, a solução transparente que se separa do sangue após o plasma ter sido coagulado, tem 1.200 mcg. Algumas células sanguíneas têm 250.000 mcg, o que parece muito, porém esta quantidade, quando convertida em miligramas equivale a apenas 25 mg por 100 g, que é um valor ainda pequeno se comparado com o teor de ácido oxálico em alguns alimentos. Segundo Albrecht, os altos teores de ácido oxálico encontrados em nosso organismo, indicam que esta substância apresenta uma função no metabolismo humano, embora essa função ainda seja desconhecida.

O ácido oxálico é produzido comercialmente tratando-se açúcar com ácido nítrico ou celulose com hidróxido de sódio. O ácido é muito solúvel em água — um litro dissolve 150 g — e a sua dissolução origina soluções com características corrosivas. Industrialmente ele é utilizado no curtume de couro, no tingimento de tecidos, na limpeza de materiais metálicos e na purificação de óleos e gorduras. A única forma na qual ele pode ser encontrado em produtos domésticos, é em removedores de manchas provocadas por ferro, tais como ferrugem e tinta de canetas tinteiro.

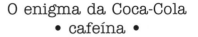

QUADRO 3
O enigma da Coca-Cola
• cafeína •

O chocolate contém um pouco de cafeína, mas existem fontes muito mais ricas tais como café, chá e cola*. A maioria dos ingredientes nas colas** têm sido

---

* Aqui "cola" refere-se aos frutos das árvores do gênero Cola, da família das Esterculiáceas. (N.T.)
** Refrigerantes à base dos frutos de cola ou com sabor de cola. (N.T.)

criticados em um tempo ou outro, porém particularmente as pessoas mais jovens, ainda continuam a amá-las. Ao olharmos para o rótulo de uma garrafa de cola temos a impressão de que estamos bebendo uma solução de substâncias químicas em água frisante. As colas contêm muito poucas substâncias que podem ser descritas como naturais. Os ingredientes principais são açúcar ou um adoçante artificial, ácido fosfórico, cafeína, e uma mistura de aromatizantes que era considerada um segredo. Na verdade, até certo tempo atrás, a composição desta mistura foi um segredo, e quando a Coca-Cola foi inventada este fato fazia parte da atração por ela exercida nos consumidores.

Não há como negar que a fórmula secreta da Coca-Cola foi altamente bem-sucedida: ela seduziu o gosto adolescente de muitos milhões de pessoas em todo o mundo. Não deveríamos estar surpresos, porque ela é refrescante, uma bebida agradavelmente aromatizada, e uma garrafa gelada de Coca pode realmente matar nossa sede em um dia quente de verão. Não é surpresa também que ela tenha vários imitadores.

A estória da Coca-Cola começou em 28 de junho de 1887 em Atlanta, no estado da Geórgia, quando um farmacêutico, o dr. John Pemberton, então com 56 anos, registrou a marca Coca-Cola, para a bebida que ele inventara. A época do lançamento da nova bebida também foi adequada porque a cidade de Atlanta tinha votado a proibição às bebidas alcoólicas. Portanto não surpreende o fato de ela ter sido tão vendida. A nova bebida de Pemberton continuou a ser vendida mesmo depois que o veto às bebidas alcóolicas foi retirado no ano seguinte ao do lançamento da Coca-Cola.

Pemberton colocou um anúncio no *Atlanta Journal* descrevendo a sua nova bebida como mostrado abaixo:

Deliciosa! Refrescante! Hilariante! Revigorante!

A nova e popular soda fountain drink contém as propriedades da maravilhosa planta da coca e da famosa noz da cola.

Na verdade a bebida é denominada Coca-Cola devido a seus ingredientes — a planta da coca que é a fonte de cocaína, e a noz da cola, que é rica em cafeína. Eu gostaria de adiantar, porém, que nenhuma destas plantas fornece os ingredientes para as colas atuais.

Pemberton descobriu por acaso a receita da bebida não alcoólica que se tornaria a mais vendida no mundo. Ele manteve em segredo os ingredientes responsáveis pelo aroma, e a companhia Coca-Cola declarou que somente os dois mais altos executivos da empresa tinham conhecimento destes ingredientes, e como eles deveriam ser misturados.

A maioria dos ingredientes da Coca-Cola sempre foram bem conhecidos: açúcar, caramelo, cafeína, ácido fosfórico, suco de limão-galego, e essência de baunilha. Juntos estes componentes constituem uma mistura tolerável e o caramelo, o limão e a baunilha são os aromas dominantes. Nunca existiu cocaína na Coca-Cola, embora Pemberton, que era um consumidor regular desta droga, possa ter experimentado a bebida contendo cocaína. A cocaína foi certamente adicionada a certos vinhos com propriedades "tônicas" daquela época: a própria Rainha Vitória tinha predileção por alguns deles. O extrato de cola foi também retirado logo no início, preferindo-se adicionar cafeína purificada diretamente. O grau de acidez da Coca-Cola, que é necessário para conferir o sabor refrescante, foi originalmente devido à adição de ácido cítrico, que é encontrado nas frutas cítricas, mas este ingrediente também foi substituído por ácido fosfórico, que é mais barato.

Pemberton precisava fazer uma nova bebida diferenciada, e então tentou outros aromas em pequenas quantidades. Finalmente, ele encontrou uma mistura que aprovou e à qual ele atribuiu o nome de código 7X. Então, teve o cuidado de que a companhia Coca-Cola protegesse o segredo de 7x ao longo dos anos de forma que ela estivesse preparada para desafiar e resistir às ordens judiciais, ao não revelar a composição secreta. Na Índia os fabricantes são obrigados pela lei local a dizer o que contém uma bebida, mas em 1977 a companhia decidiu cessar a comercialização naquele país do que revelar o seu segredo.

No transcorrer dos anos existiram diversas tentativas de esclarecer a composição de 7X. As suas essências estão presentes apenas em pequenas quantidades, então foi quase impossível descobrir o que elas eram através da análise química, porque cada essência é constituída de numerosas substâncias químicas. Em 1983, William Poundstone, autor do livro Big Secrets, imprimiu a sua lista do que ele achava ser fórmula de 7X, o qual ele dizia ser constituído por laranja, limão, cássia, coentro, néroli e limão. A cássia é também conhecida como canela-da-china, e o néroli é o óleo extraído das flores da laranjeira. Poundstone fez uma estimativa perspicaz, como veremos.

As técnicas analíticas modernas desvendarão os detalhes de qualquer fórmula secreta, por isso não causou grande preocupação para a Coca-Cola, quando Mark Prendergast finalmente publicou a "receita" de 7X em seu livro *For God, Country and Coca-Cola* em 1993. Ele disse que chegou à composição investigando um dos livros de anotações do laboratório de Pemberton, que foi achado nos arquivos da empresa. O misterioso 7X era uma mistura dos óleos de limão (120 partes), laranja (80), noz-moscada (40), canela (40), néroli (40) e coentro (20). Pemberton misturava estes ingredientes com álcool e então os deixava em repouso por 24 horas de forma que fosse obtido o extrato. Hoje não existe álcool na formulação, porém pode ser que ele tenha usado este ingrediente durante a proibição da utilização de álcool, o que pode explicar a necessidade de Pemberton de manter o segredo de sua formulação.

A Coca-Cola também afirma que a chave para a obtenção das propriedades particulares de 7X se deve à seqüência na qual os ingredientes são adicionados, e que isto apenas dois executivos da companhia conhecem. Existem pessoas que dizem que podem identificar as diferentes colas disponíveis no mercado, mas é improvável que os possuidores de um palato discriminador deste tipo de bebida, sejam considerados peritos. As colas são simplesmente bebidas refrescantes que não fazem mal e mantêm uma série de pessoas empregadas na sua fabricação, distribuição, venda e propaganda. Quando você compra uma garrafa de cola, a embalagem, promoção e os lucros respondem por 95% do que você está pagando por ela. Não tenha a ilusão de que você comprando algo de essencial e um copo de água é melhor para saciar a sua sede e custa praticamente nada. O que você está realmente comprando é uma solução de cafeína, e isto pode causar um efeito em você.

A quantidade de cafeína presente em uma garrafa de cola é de 40 mg, o mesmo que em uma xícara de chá, e cerca da metade da que é encontrada em uma xícara de café recém-preparado. O mesmo volume de café instantâneo fornece 60 mg, e nos últimos 50 anos este tem sido o meio mais popular de tomar cafeína. O café instantâneo foi produzido pela primeira vez pela companhia suíça Nestlé em 1938, que o vendeu como Nescafé (o Instituto Brasileiro do Café demonstrou que o café poderia ser transformado em pó solúvel em 1930). O café instantâneo realmente tornou-se no que é hoje na Segunda Guerra Mundial quando foi amplamente utilizado pelas tropas norte-americanas, sendo que após este evento ele tornou-se parte de nosso dia-a-dia.

Pessoas jovens podem obter a dose diária de cafeína ingerindo as colas, mas a maioria dos adultos a obtém a partir do chá ou café. Se bem que a parte mais importante destas bebidas seja o sabor e aroma, é a cafeína que explica a sua permanente popularidade. O chá é bebido principalmente em países onde é produzido, como a Índia, Sri Lanka, e especialmente a China, mas uns poucos países são grandes importadores, como a Grã-Bretanha e a Austrália. O café, por outro lado, é principalmente colhido em países como o Brasil, Colômbia, Indonésia e Quênia. O comércio anual de grãos de café ultrapassa a cifra de 7 bilhões de dólares, fazendo dele um das quatro maiores mercadorias comercializadas (as outras são carvão, o comércio de grãos em geral e petróleo).

Estima-se que o consumo de cafeína no mundo ultrapasse a cifra de 120.000 toneladas por ano, o que equivale a cerca de 60 mg por pessoa a cada dia. Os escandinavos são os maiores consumidores de cafeína, geralmente obtida através do café, consumindo acima de 400 mg diárias; os britânicos consomem cerca de 300 mg diários, a maioria proveniente do chá; e os norte-americanos, que de há muito são considerados grandes consumidores de café e das colas, consomem a quantidade surpreendentemente baixa de 200 mg diários.

A dose fatal de cafeína por ingestão oral é de cerca de 5.000 mg, o que equivale a 80 xícaras de café ou 120 xícaras de chá. Quando você consome cafeína, o organismo ativa suas defesas para eliminar a toxina invasora, que é a forma pela qual o organismo encara esta substância não nutriente. O organismo livra-se da molécula invasora retirando átomos de carbono de sua estrutura, o que inicialmente tem pequeno efeito, porque ela é transformada em outras moléculas, tais como teofilina e paraxantina, as quais são tão potentes quanto a cafeína. Todavia, este processo de diminuição dos átomos de carbono continua e, finalmente, forma-se a xantina, que o corpo tem a capacidade de eliminar pela urina, ou utilizar para outros processos metabólicos. Todo este processo explica por que o efeito da cafeína em nosso corpo persiste por cerca de cinco horas.

Mais de 60 espécies de plantas produzem cafeína, e acredita-se que esta substância química é produzida nas plantas para protegê-las dos insetos. Os arbustos do café são originários da Etiópia e lá eram cultivados mais de mil anos atrás. O café chegou à Europa por volta de 1600, provavelmente vindo da Turquia, de onde provém o seu nome, *kehveh*. O chá tem uma tradição mais antiga, já sendo bebido na China em 2500 a.C., mas ele também não chegou à Europa senão no século XVII. A planta da cola, ou *kola*, é uma planta da África tropical a qual produz nozes lustrosas com um alto teor de cafeína. Mascando as nozes da cola é possível liberar a cafeína nelas contida.

A cafeína não tem apenas o efeito de nos dar a sensação de recuperar nossas energias: ela também apresenta benefícios medicinais, sendo usada em analgésicos, tratamentos da asma e em dietas. Esses tratamentos contam com os seus efeitos de estimular o metabolismo e relaxar os nervos dos brônquios. A cafeína tem sido utilizada há muito tempo para aumentar a resistência física. No Tibete, não só os tibetanos tomam grandes quantidades de chá, mas também os seus cavalos e mulas. As distâncias eram medidas outrora pelo número de xícaras de chá consideradas necessárias para uma determinada viagem ou percurso: três xícaras de chá forneceriam a você o "combustível" suficiente para percorrer cerca de 8 quilômetros.

Do ponto de vista químico, a cafeína é um pó branco que foi isolado pela primeira vez pelo químico alemão Friedlieb Ferdinand Runge[*], porém só no ano de 1897 é que a sua estrutura química foi deduzida. A cafeína pode ser feita em laboratório, porém o mercado comercial é suprido pela cafeína produzida como subproduto do café descafeinado. A remoção da cafeína sem alterar o gosto do café é relativamente simples, e envolve a sua extração com dióxido de carbono liquefeito.

Existem muitos mitos populares sobre a cafeína. Ela é acusada de causar noites sem dormir, indigestão e mau hálito, e, como se isso não fosse suficiente, a ela também tem sido atribuído o aumento dos níveis de colesterol para quem bebe grandes quantidades de café ou chá, levando portanto ao risco das doenças cardíacas. Existiu inclusive a sugestão, na década de 70, que ela podia causar câncer no fígado, porém tal afirmação era completamente infundada. Ela, na verdade, não causa insônia, indigestão ou doenças do coração, e esta foi a conclusão de 175 cientistas de todo o mundo que participaram do Caffeine Workshop que teve lugar na Grécia em 1993. Quanto mais dados têm sido coletados e analisados, mais os vários "alarmes" sobre a cafeína têm se mostrado pouco mais que resultado de estudos epidemiológicos mal elaborados sobre os hábitos alimentares das pessoas.

A cafeína nos afeta de diversas maneiras. Ela é metabolizada pelo fígado, o qual leva cerca de 12 horas para remover 90% de toda a cafeína que consumimos. As primeiras vezes que ingerimos cafeína, ela aumenta de forma acentuada nosso ritmo cardíaco e a pressão sanguínea, mas quando nos tornamos consumidores regulares de produtos que a contêm, nosso corpo pára de reagir desta forma. Devido aos seus efeitos fisiológicos, não foi surpresa que a cafeína fosse tida como um dos fatores responsáveis por algumas doenças comuns. Um estudo de 1973 sugeriu que o risco de trombose era duplicado se uma pessoa consumia 400 mg ao dia de cafeína, o que equivale ao consumo de cinco xícaras de café recém-preparado. Entretanto, um estudo de 1990 sobre 45.000 homens não comprovou nenhuma conexão entre o consumo de café e a existência da trombose. Uma possível ligação com as doenças cardíacas também mostrou estar errada devido a um amplo levantamento feito na Escócia, onde homens e mulheres apresentam uma incidência particularmente grande desta doença. Nesta pesquisa foram consultados mais de 10.000 homens e mulheres de meia-idade e não foi estabelecida nenhuma ligação entre a ingestão de cafeína e as doenças cardíacas.

A cafeína atua como um estimulante e as bebidas que a contêm são conhecidas por isso, e, como já mencionamos, o café faz "despertar", as colas "restauram as forças" e o chá "revigora". A cafeína opera ativando um estimulante do próprio cérebro, a dopamina, sendo que existe esta ativação até o conteúdo de aproximadamente quatro xícaras de café; depois disso, xícaras extras não têm mais efeito no nível de dopamina no cérebro. Ao uso de cafeína em excesso, é popularmente creditado o fato de tirar-nos o sono à noite, mas provavelmente ela não exerce este efeito em todas as pessoas, a não ser que elas bebam em demasia. Existem pessoas que metabolizam a cafeína vagarosamente, e são elas que podem, preferencialmente, ser acometidas destes efeitos. Apesar das afirmações iniciais de que não podemos nos tornar dependentes da cafeína, os sintomas causados pela sua retirada de nossa ingestão regular agora parecem ser aceitos, e eles são, em ordem de ocorrência: dor de cabeça, depressão, fadiga, irritabilidade, náusea e vômito.

Além da cafeína, o chá pode oferecer maiores benefícios devido a outras três substâncias químicas nele contidas. São elas o salicilato, o galato de epicatequina e o galato de epigalocatequina. Nós veremos um quadro sobre o salicilato um pouco mais adiante, nesta galeria. As outras duas moléculas são parte de um grupo de

---

* Goethe, considerado o maior poeta da língua alemã e um grande apreciador de café, é que forneceu ao seu amigo F. F. Runge as sementes de café, das quais foram extraídas os primeiros cristais de cafeína. A contribuição científica de F. F. Runge é muito ampla, sendo ele o responsável pela descoberta da anilina e do fenol. (N.T.)

substâncias conhecidas como flavonóides, e acredita-se que elas têm a capacidade de proteger nosso organismo contra os radicais livres. Radicais livres são substâncias químicas naturais altamente perigosas que possuem um elétron nocivo desemparelhado, e esta característica possibilita o seu ataque a componentes-chave das células, tais como o DNA, assim intermediando, possivelmente, o surgimento de câncer. Atribui-se ao ataque implacável dos radicais livres sobre o corpo uma das causas fundamentais do processo de envelhecimento.

Talvez o hábito de beber chá possa ajudar na luta contra os radicais livres. Uma equipe de pesquisadores holandeses conduziu um estudo por 15 anos com homens de idades de 50 anos ou mais, e em 1996 expuseram as suas conclusões, mostrando que os consumidores de chá têm uma incidência extremamente reduzida de ataque cardíaco. Estes pesquisadores atribuíram tal fato à capacidade dos flavonóides de destruir os radicais livres. Outros pesquisadores também mostraram que os flavonóides do chá também protegem contra o surgimento de tumores em animais.

◆ QUADRO 4 ◆
Removedor de ferrugem
• ácido fosfórico •

O ingrediente das colas que parece ser mais ameaçador é o ácido fosfórico. Geralmente nós estamos mais familiarizados com este ácido como o agente ativo de removedores de ferrugem, e com os seus sais, que são denominados de fosfatos, e que são usados em detergentes. Nos anos 70 e 80, fosfatos tornaram-se vilões, e foram acusados pela poluição de rios e lagos, com os detergentes sendo apontados como os principais fontes destas substâncias. Veremos de forma mais detalhada neste livro, na Galeria 4, um retrato abordando exclusivamente os fosfatos.

As pessoas precisam de fosfato como um nutriente essencial em sua dieta para fabricar DNA, os seus ossos crescerem e formar suas membranas. Ele também é necessário para a formação de adenosina trifosfato (ATP), a qual desempenha um papel central na obtenção da energia de que necessitamos dos alimentos. Moléculas que contêm fosfato também atuam como mensageiros e controlam o transporte de cálcio[*]. Além dessas funções principais, o fosfato também apresenta funções secundárias em nosso organismo. Pode parecer que este elemento-chave esteja nos colocando em perigo caso não seja suprido de forma eficiente pela nossa dieta, porém isto raramente acontece porque nosso organismo recicla fosfato de forma muito eficiente e, seja como for, ainda contamos com um enorme depósito de fosfato em nosso esqueleto. O ácido fosfórico contido nas colas pode ser considerado como útil, porém apresenta uma contribuição menor como fonte de fosfatos.

O ácido fosfórico contido nas colas também apresenta outras utilizações. Motoristas de automóveis e caminhões e motociclistas nos anos 50 e 60 usavam as colas para limpar as partes cromadas de seus veículos como grades, pára-lamas e faróis as quais adornavam suas máquinas, como parte da moda vigente naquela época. O ácido fosfórico reage quimicamente com o cromo originando uma camada protetora de fosfato de crômio. Este ácido também apresenta a capacidade de dissolver a ferrugem que é formada e proteger as peças metálicas mencionadas que tornaram-se

---

(*) Compostos contendo fosfatos também apresentam propriedades vasodilatadoras, sendo responsáveis pelo processo de ereção masculina quando ocorre o estímulo sexual. Este processo será abordade de forma mais detalhada na Galeria 3. (N.T.)

expostas. Industrialmente, o ácido fosfórico é utilizado justamente com essa finalidade, sendo que todos os produtos antiferrugem contam com a presença deste ácido em sua formulação.

Não existe nada de sinistro sobre o ácido fosfórico e seus sais. Dizer que as colas contêm um produto de limpeza, como mencionado certa vez em um livro, é estritamente correto, mas não existe razão para não bebê-las. Qualquer fosfato em nossa comida transforma-se em ácido fosfórico nas condições de acidez apresentadas em nosso estômago. Cada célula necessita de ácido fosfórico para o seu funcionamento, sendo para elas indiferente de onde ele provém.

As plantas são as responsáveis pelo início do suprimento de fosfato na cadeia alimentar, extraindo-o do solo, sendo que elas armazenam fosfato nas suas sementes na forma de ácido fítico. Elas utilizam este estoque por ocasião da germinação; portanto, tornam-se independentes de suas raízes para extraí-lo do solo nesta ocasião, não necessitando de nenhum fosfato que provenha do meio ambiente. Embora as sementes sejam altamente nutritivas considerando o seu conteúdo de proteínas, carboidratos, gorduras e minerais, elas nos fornecem muito pouco fosfato porque não podemos digerir as reservas de ácido fítico uma vez que somos desprovidos das enzimas necessárias para liberar o ácido fosfórico destas reservas. Logo, o ácido fítico passa direto por nós sem ser metabolizado — o que não é um grande problema uma vez que necessariamente nós não precisamos dele, porque cada célula vegetal e animal que nós comemos contém mais do que precisamos.

Nós obtemos a maioria do fosfato necessário em nossa dieta a partir de fontes naturais tais como peixe, carne, ovos e dos laticínios, e um pouco de fontes de alimentos processados tais como as colas, queijo industrializado, derivados de queijo, lingüiças e carne cozida enlatada, ao qual ele é adicionado para melhorar a textura e regular a acidez.

QUADRO 5

A panacéia maldita
• dissulfeto de dipropenila •

Quando alguma coisa é simplesmente um aromatizante e quando isto é um remédio? O alho é admirado por muitos por possuir ambas as propriedades, e a substância química responsável é uma molécula simples denominada dissulfeto de dipropenila. Mas será ele realmente uma droga com propriedades curativas? E se ele é, não deveria estar sujeito aos mesmos tipos de testes a que todas as drogas farmacêuticas são submetidas? Portanto, o que sabemos sobre a sua forma de ação e sobre a segurança de utilizá-lo?

Claro que você não precisa se preocupar com tais testes se o material que está testando é basicamente um aromatizante alimentar que faz muito tempo integra a dieta humana. O tempo, na verdade, já o testou para você, embora algumas vezes o "tempo" se mostre errado — lembremo-nos de uma erva popular, o confrei, longamente usado em saladas e para fazer chá de confrei. A venda de confrei é hoje proibida na Europa devido às substâncias prejudiciais que ele contém. Então, talvez os químicos não estão sendo tão chatos assim quando sugerem que tudo que em algum sentido é uma droga curativa deve ser testado como fármaco. Em outras palavras, devemos submeter o dissulfeto de dipropenila a um programa de testes em animais tais como camundongos e ratos, gatos e cachorros, e finalmente em macacos e humanos. Certamente esta substância seria reprovada logo no início dos testes, uma vez que ela tem efeitos colaterais indesejáveis, o pior deles sendo dar ao paciente um grau avançado de mau hálito. Nenhuma criatura merece ter de ser submetida a este material detestável, a não ser voluntários humanos. Contudo, ela é perfeitamente natural, e é o mais popular dos chamados "remédios alternativos" à venda hoje. Ela é vendida como óleo de alho e é adquirida por milhões de pessoas em todo o mundo, sendo tomada na forma de cápsulas. Na Alemanha ele é o mais vendido entre os remédios alternativos. Podemos nos habituar ao alho e até chegar a gostar dele.

O plantio de alho é um grande negócio, assim como constitui parte das hortas domésticas de vários países. Os Estados Unidos produzem cerca de 65.000 toneladas por ano, gerando 180 milhões de dólares, sendo que é cultivado principalmente na Califórnia, em particular nos arredores da pequena cidade de Gilroy (33.500 habitantes), e em seu festival anual do alho, é possível consumir sorvete de alho, bolo de queijo com alho e bolinhos de aveia ao alho. Na Europa o alho é usado na culinária, especialmente na preparação de refogados e em sopas, ou em saladas, e em todas as partes do mundo o pão de alho está se tornando uma maneira cada vez mais popular de apreciar o alho.

O alho usado em alimentos cozidos perde muito de seu ardor, porém adiciona um sabor picante às sopas e petiscos. Alho cru nas saladas pode ser agradável para quem está comendo, porém não o é para aqueles que entram em contato com esta pessoa posteriormente. Outrossim, muitas pessoas preferem comer alho cru puro, por questões dos benefícios à saúde, acreditando ser uma forma eficiente de afastar o câncer e as doenças cardíacas. Aqueles que o comem regularmente podem até achar que o mau hálito os protege das doenças porque mantém as outras pessoas afastadas! Muitos estão dispostas a ingeri-lo diariamente em grandes quantidades como se ele fosse uma droga medicinal — mas ele não é.

O ingrediente ativo no alho, dissulfeto de dipropenila, tem dois átomos de enxofre no seu centro, e é este fato que produz o odor que os usuários têm de agüentar, juntamente com seus familiares e amigos. Qualquer substância química que consumimos e que contenha grandes quantidades de enxofre, como o alho, cebolas e certas formas de proteínas, nos impõe um certo problema social, porém não para nosso corpo. Uma maneira de eliminar parte do enxofre que consumimos é transformá-lo na malcheirosa molécula de metilmercaptana, a qual podemos exalar para fora de nosso organismo. Esta é a principal causa do mau hálito, e veremos de forma mais detalhada esta molécula em um próximo quadro.

Um dente de alho praticamente não tem cheiro até ser cortado ou amassado, porém quando isto acontece uma enzima chamada alinase atua sobre um aminoácido chamado alina, e o converte em alicina, o qual é o principal constituinte dos extratos de alho[*]. A alicina é a precursora do dissulfeto de dipropenila — essencialmente a mesma molécula porém contendo um átomo de oxigênio ligado a um dos dois átomos de enxofre. A alicina perde facilmente o seu átomo de oxigênio e é convertida na molécula de dissulfeto de dipropenila, que é mais volátil. Esta é a substância que confere ao alho o seu odor.

O alho cru nos fornece quantidades abundantes deste dissulfeto, mas ao cozinhá-lo livramo-nos dele porque ele é suficientemente volátil para ser evaporado durante o cozimento. Esta é a razão pela qual você pode comer de forma segura uma sopa ou um cozido que contenha grandes quantidades de alho na sua receita, e até apreciar um amigável bate-papo com alguém sem grandes problemas. Alguns dizem que comer salsinha ou alface junto com o alho cru neutraliza o seu odor característico, o que até pode ser em parte verdade, mas não existe uma evidência definitiva, e no fim das contas uma parte do odor sempre será exalada na respiração.

Informações mais detalhadas sobre alinase, alina e alicina, em uma linguagem simples, podem ser obtidas no livro Alho-Terapia *de T. Watanabe — Editora Civilização Brasileira. Adicionalmente, há uma série de curiosidades sobre o alho, assim como algumas receitas que o utilizam. (N.T.)*

Estudos epidemiológicos realizados na China e Itália reportam que os consumidores de alho têm menor incidência de câncer gástrico, e um levantamento realizado com 40.000 mulheres norte-americanas parece mostrar uma ligação entre o consumo de alho e menores taxas de câncer no colo do útero. No entanto, pesquisas realizadas pela doutora Elisabeth Dorant e colaboradores na Universidade de Limburg em Maastricht (Holanda), demonstraram que alimentar animais de laboratório com alho fresco ou extratos de alho, não resulta em uma diminuição dos números de câncer, embora o crescimento dos tumores tenha sido ligeiramente mais lento nos ratos que desenvolveram esta doença.

O alho é conhecido por diminuir em 10% os níveis de colesterol, se você comer um dente ao dia, e portanto pode ajudar na prevenção das doenças cardiovasculares. Entretanto, a evidência de que isto ocorre é, novamente, menos que convincente. Em 1994, Christopher Silagy da Universidade de Flinders, Adelaide (Austrália), e Andrew Neil da Universidade de Oxford, reviram vários testes do efeito do alho na pressão arterial. Eles concluíram que o alho somente ajuda aqueles com pressão sanguínea ligeiramente elevada e que ele não poderia ser recomendado como uma terapia clínica de rotina.

Tais evidências científicas não impressionarão aqueles que já estão convencidos de que o alho contém algo especial, e eles podem chamar a atenção para o fato de que o alho tem sido usado na medicina faz centenas de anos. Os defensores do alho podem mesmo justificar as suas características de "cura-tudo" com uma pitada de química, dizendo que tanto a alicina como o dissulfeto de dipropenila são antioxidantes, e por este motivo possuem a capacidade de remover peróxidos formados em nosso organismo, prevenindo a formação de radicais livres.

Se o alho realmente funciona na proteção contra o câncer e nas doenças

cardíacas é duvidoso, mas a planta é útil. Na verdade, ela é essencial no Dia das Bruxas (Halloween), quando os fantasmas perambulam, as bruxas dançam, os demônios atacam e os vampiros festejam. Esta é a época para retirar o alho das gavetas, pois ele é 100% garantido para afastar os espíritos demoníacos. O que provavelmente os detém é o odor da metil-mercaptana exalado do hálito de suas vítimas, sendo que esta molécula é o assunto de nosso próximo quadro.

♦ QUADRO 6 ♦
O pior odor do mundo
• metilmercaptana •

Existem padrões oficiais para os níveis aceitáveis de odores desagradáveis, e a metilmercaptana encabeça esta lista. Esta molécula é a manchete quando é emitida em grandes quantidades, e algumas vezes isto ocorre porque ela é usada industrialmente, por exemplo na fabricação de alguns inseticidas. Quando ela foi acidentalmente liberada de uma fábrica em Waltham Abbey, na Inglaterra, os moradores locais ficaram tão enjoados pelo seu odor que alguns foram hospitalizados, assumindo que haviam sido envenenados por algum poluente mortal. Outros, porém, foram reclamar diretamente na companhia de gás local. Este último fato, na verdade, não é tão surpreendente quanto possa parecer, uma vez que compostos similares à metilmercaptana são usados para conferir odor ao gás natural, facilitando assim a detecção de vazamentos de gás.

A metilmercaptana é também produzida naturalmente a partir das bactérias presentes no meio ambiente, e a faixa costeira próxima a Edimburgo, na Escócia, freqüentemente exibe o seu odor característico, para a aflição dos moradores dos seletos subúrbios que vislumbram as belezas deste trecho da costa.

A metilmercaptana que nós exalamos após comer alho ou tomar uma cápsula de alho, é produzida em nosso organismo quando digerimos a alicina. As bactérias são também as responsáveis pela formação da metilmercaptana que produzimos em nossas próprias bocas e que podemos exalar continuamente como mau hálito. A metilmercaptana pode ser formada a partir de nossas próprias proteínas quando elas são quebradas pelo ação bacteriana. Nós facilmente detectamos a metilmercaptana quando alguém está conversando conosco — humanos podem detectá-la no ar em níveis de partes por bilhão — mas, curiosamente, não temos a capacidade de sentir a metilmercaptana que nós mesmos produzimos. No Japão, você pode testar o seu próprio hálito com um Controlador Oral, que tem sido vendido aos milhares. Katumori Nakamura patenteou o seu detector de hálito, que apresenta o tamanho de uma pequena caixa de maquiagem, e funciona baseado no princípio que um

óxido metálico, como o óxido de estanho, muda a sua resistência elétrica quando ocorre a absorção de um gás como a metilmercaptana em sua superfície.

O mau hálito é causado por várias moléculas, tais como sulfeto de hidrogênio e sulfeto de dimetila, mas o principal responsável é a metilmercaptana. O sulfeto de hidrogênio, o tradicional "fedor" dos laboratórios de química[*], é muito menos cheiroso, o mesmo sendo válido para o sulfeto de dimetila, que é parte constituinte do odor do café recém-preparado. Graham Embery, da Universidade de Gales, em Cardiff, pesquisou as moléculas que contêm enxofre e que são encontradas em nossa boca, provenientes da ação bacteriana. Estas bactérias fragmentam os aminoácidos cisteína e metionina presentes nas proteínas, originando então a metilmercaptana. Se o odor de metilmercaptana é muito forte, este é um indicativo de que a sua gengiva encontra-se doente. A metionina é um aminoácido essencial para todas as formas de vida, e a proteína animal contém até 4% deste aminoácido, por isso as bactérias são capazes de liberar metilmercaptana em quantidade suficiente para tornar o seu hálito desagradável.

Embery e Gunnar Rolla, da Universidade de Oslo (Noruega) são os autores do livro *Clinical and Biological Aspects of Dentifrices*, o qual dedica um capítulo inteiro ao assunto do mau hálito. O conselho dos autores para aqueles que exalam quantidades apreciáveis de metilmercaptana é o uso de cremes dentais que contenham agentes que atuem contra a formação de placas, tais como sais de zinco e estanho. Estes metais interferem nas enzimas das bactérias que produzem a metilmercaptana. Tradicionalmente,

---

[*] *O sulfeto de hidrogênio é um reagente comum utilizado nos cursos de química qualitativa, sendo muito importante na identificação de vários íons metálicos, entre eles o de ferro. O "fedor" dos laboratórios nestes cursos de química é classicamente denominado pelos estudantes como "cheiro de ovo podre". (N.T.)*

acredita-se que anti-sépticos bucais curam o mau hálito, porém eles não fazem mais do que limpar a boca e disfarçar o odor ofensivo. O mais conhecido deles, Listerine, consiste numa solução de água e álcool, com ácido benzóico e aromas naturais como o timol e mentol. Uma boa enxaguada com um anti-séptico bucal eliminará cerca da metade das bactérias bucais. Uma maneira mais popular de limpar a boca é aumentar a quantidade de saliva, mascando chicletes.

Nossos pés podem também conter micróbios que liberam metilmercaptana, especialmente se fornecemos a eles um ambiente adequado tais como meias sujas e sapatos abafados. Nos nossos pés as bactérias da classe *Staphylococci* e *Coryneform* aeróbicos são as responsáveis pela produção da metilmercaptana. Estas bactérias florescem em condições de aumento de alcalinidade, condições essas encontradas em meias sujas e sapatos abafados. Se você tem pés "cheirosos", então a solução química é colocar em seus sapatos palmilhas especiais contendo carvão* — esta palmilha contém camadas de carbono que absorvem a metilmercaptana. Uma vez que a quantidade de metilmercaptana é diminuta, as palmilhas funcionarão por várias semanas.

A metilmercaptana é o membro mais simples de uma série de compostos nos quais podem existir cadeias de até 20 átomos de carbono ligados a um átomo de enxofre. A metilmercaptana apresenta apenas um átomo de carbono. Mercaptanas com três, quatro átomos de carbono são as que encontramos quando cheiramos o *gás de cozinha* proveniente de um vazamento. Uma mercaptana com 18 átomos de carbono em cadeia é usada como cera em polidores de prata.

A maior desvantagem na fabricação e no transporte da metilmercaptana para fins industriais é o seu baixo ponto de ebulição,

de apenas 6° C. Por sorte, ela pode ser facilmente transformada em uma substância química similar, o dissulfeto de dimetila (DMDS), um líquido amarelo que ferve a 110° C. Este composto consiste em duas moléculas de metilmercaptana unidas entre si pelos átomos de enxofre. O DMDS é ligeiramente menos odorífico que a metilmercaptana, mas é muito mais fácil e seguro de transportar, sendo a maior parte deste produto produzido na cidade de Lacq, situada no sudeste da França, onde o gás natural contém grandes quantidades de sulfeto de hidrogênio. O sulfeto de hidrogênio contido no gás natural reage primeiramente com metanol originando metilmercaptana, que então é convertida em DMDS.

A metilmercaptana é usada industrialmente para fabricar pesticidas, especialmente para eliminar ervas daninhas das colheitas como trigo, milho e arroz. A sua principal utilização na indústria é para regenerar o catalisador usado no refino do petróleo. Metilmercaptana também é usada para fazer a metionina, um aminoácido que pode ser deficiente em nossa dieta. Algumas rações para animais são hoje fortificadas pela adição de metionina, aumentando conseqüentemente a sua quantidade na carne animal e no leite.

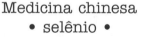

◆ Q U A D R O 7 ◆

Medicina chinesa
• selênio •

Metilmercaptana e sulfeto de dimetila podem ser os piores odores com os quais podemos nos confrontar em nossa vida cotidiana, mas existem variantes ainda piores destas moléculas: os seus derivados de selênio. O selênio é quimicamente muito semelhante ao enxofre, porém quando ele

---

* Neste caso é um tipo especial de carvão conhecido como carvão ativo, também muito empregado como desodorizador em geladeiras. (N.T.)

substitui o enxofre em uma molécula volátil o odor é drasticamente acentuado. Pesquisadores de química que trabalham com selênio precisam ser muito cuidadosos para evitar o contato com esta substância. Qualquer quantidade que caia sobre a pele ou mesmo sobre a vestimenta, tem possibilidade de ser transformada no derivado metílico por microrganismos, resultando em um odor insuportável. Se você acidentalmente o ingerir, então o seu hálito terá um odor pavoroso. Se você, por outro lado, tomar muito selênio, então poderá mesmo estar se envenenando.

Apesar destes aspectos desagradáveis mencionados até aqui, o selênio é um elemento essencial para várias espécies, incluindo a humana. Nós necessitamos apenas de microgramas dele, porém mesmo assim cada célula de nosso corpo contém milhões de átomos de selênio.

É difícil medir quanto selênio nós ingerimos, quanto excretamos, e de quanto nós realmente precisamos. A ingestão diária varia entre 6 e 200 mcg dependendo do tipo de alimentos que ingerimos. Os habitantes da região oeste dos Estados Unidos, por exemplo, em média tomam 60 mcg ao dia, o que é mais que suficiente para prevenir os sintomas da deficiência deste elemento — uma quantia pequena de 10 mcg pode ser tudo que nós precisamos, desde que tomada regularmente. Alguns dias nosso corpo pode perder mais selênio do que ele absorve, mas como um adulto de estatura média pode reter cerca de 15.000 mcg (ou 15 mg) esta perda não nos coloca em risco. Uma dose única de 5.000 mcg (5 mg) seria perigosa, e 50.000 mcg (50 mg) seria letal para a maioria de nós. Nós estocamos a maioria de nosso selênio no esqueleto, porém as partes do corpo com os mais altos níveis de selênio são o cabelo, os rins e os testículos.

A maior parte das pessoas adquire selênio de produtos derivados do trigo, tais como cereais matinais e o pão. Os alimentos mais ricos em selênio são:

- alimentos provenientes do mar, como o atum, bacalhau e salmão;
- miúdos, tais como fígado e rins;
- nozes, como a castanha brasileira, caju e amendoim;
- germe de trigo e farelo de cereais.

Todos estes alimentos têm 30 mcg ou mais de selênio por 100 g de produto, embora, no caso do trigo e dos derivados da carne, os níveis dependam do tipo de solo da fazenda de onde eles provêm. As únicas pessoas que podem correr sérios riscos quanto à deficiência de selênio são as gestantes, as mulheres em fase de amamentação, e crianças — e somente se evitarem sistematicamente todos os alimentos listados acima. A idéia geral é que precisamos de muito selênio e que a dose diária máxima recomendada é de 450 mcg. Acima disto nos arriscamos a um envenenamento por selênio, e o mais óbvio sintoma de que isto está ocorrendo é o mau hálito e um forte odor corpóreo. O odor é causado pelas moléculas voláteis de metilsselênio que o nosso corpo produz para se livrar do excesso de selênio que não é necessário ao nosso organismo.

Apesar do cheiro, nós morreríamos sem selênio. Em 1975 foi provado que ele é essencial aos humanos quando Yogesh Awasthi descobriu que o selênio é parte de uma enzima encontrada em nosso organismo, chamada glutationa peroxidase. Em 1991 Dietrich Behne, em Berlim, encontrou selênio em uma segunda enzima, deiodinase, a qual promove a produção do hormônio na glândula tireóide. Se a quantidade de selênio em nosso organismo é muito baixa, então configura-se o risco de várias doenças, como anemia, alta pressão sanguínea, infertilidade, câncer, artrite, envelhecimento precoce, distrofia muscular e esclerose múltipla. Entretanto, ainda não existem provas mais conclusivas que a falta de selênio na dieta leve a essas doenças, e é mais provável que este elemento tenha um efeito de segunda ordem — ou seja, ele provavelmente controla os níveis de outros componentes os quais são os causadores do dano ao nosso organismo que levam a essas doenças.

O selênio é conhecido por proteger-nos contra o efeito de outros metais tóxicos tais como mercúrio, cádmio, arsênio e chumbo: por exemplo, é estipulado que os danos que o cádmio pode originar em nossos órgãos reprodutores e no feto podem ser prevenidos pelo selênio. O atum, que tem a capacidade de acumular quantidades de mercúrio acima das esperadas, é também passível da proteção pelo selênio, e análises mostram que para cada átomo de mercúrio encontrado no atum, existe também um átomo correspondente de selênio. Esta proporção de 1:1 parece ser também verdadeira para outros mamíferos marinhos como as focas, e para os homens que trabalham em minas de mercúrio.

A maioria das dietas normais contém mais que o suficiente do selênio que nós necessitamos, portanto existe pequena necessidade de que as pessoas tomem suplementos de selênio, embora seja comum esses suplementos estarem à venda em lojas especializadas e farmácias. Como um suplemento da alimentação, o selênio é fornecido como seleneto de sódio, que é um material cristalino branco solúvel em água. O selênio foi primeiramente popularizado como um complemento auxiliar em nossa dieta por Alan Lewis, que escreveu o livro *Selenium: the Essential Trace Element You Might Not be Getting Enough Of* publicado em 1982. Lewis relatou que o selênio poderia ser usado no tratamento de reumatismo, artrite, doenças cardíacas e câncer, e que ele retardaria os efeitos da velhice. Ainda que a maioria destas alegações aparentem ser extravagantes, e sejam baseadas principalmente em evidências anedóticas, duas ao menos são bem fundamentadas: testes realizados na China mostraram que o selênio previne certos tipos de doenças cardíacas, e que o nosso corpo precisa com certeza de certos teores deste elemento para prevenir efetivamente a formação de câncer.

Os chineses têm tido, faz muito tempo, interesse no selênio porque amplas áreas do país apresentam deficiência de selênio no solo, o que afeta a saúde da população local. As crianças da região de Keshan são predispostas a uma doença cardíaca conhecida como doença de Keshan, que é causada pela falta de selênio. Essa doença resulta em um inchaço do coração e mata metade dos que a contraem. Um ensaio em larga escala realizado no sul da China em 1974 abrangeu 20.000 crianças. À metade delas foram fornecidos tabletes que continham selênio e à outra metade um placebo. Daquelas sob a administração do placebo, 106 desenvolveram a doença de Keshan e 53 morreram, enquanto das que estavam sob a administração dos suplementos de selênio, apenas 17 contraíram a doença de Keshan e uma morreu.

Outro teste realizado na China também concluiu que o selênio foi benéfico na diminuição dos casos de câncer. Entre a população que vive na província de Linxian existe uma alta incidência de câncer de estômago. As pessoas desta região concordaram em tomar parte num projeto de cinco anos de duração, e a 30.000 pessoas de meia-idade foram dadas diferentes combinações de suplementos tais como as vitaminas A, B_2, C e E, zinco e selênio. O estudo mostrou uma acentuada queda nos casos de câncer do grupo que tomou vitamina E e selênio juntos.

O selênio foi descoberto em 1817 por Jöns Jacob Berzelius em Estocolmo, Suécia. Berzelius nomeou este elemento a partir da palavra grega *selene* que designa Lua, para confrontar com nome de outro elemento, o telúrio, que foi baseado na palavra latina *tellus* que significa Terra. Ele encontrou o selênio quando estava pesquisando o sedimento marrom-avermelhado que era coletado no fundo das câmaras nas quais era feito o ácido sulfúrico. O elemento selênio é disponível como um metal prateado ou como um pó vermelho. Os principais produtores são o Canadá, os Estados Unidos, a Bolívia e a Rússia, e a maioria dele provém dos processos de fusão e refino do cobre. O minério de sulfeto de cobre contém seleneto de cobre como impureza. A mais importante fonte de selênio é o limo que se deposita no fundo dos tanques, quando o cobre impuro é refinado eletroliticamente, e este sedimento pode conter até 5% de selênio. Esta fonte responde por cerca de 90% da produção de selênio. A cada ano cerca de 150 toneladas de selênio são recicladas do lixo industrial e retiradas de velhas máquinas fotocopiadoras.

A forma metálica do selênio tem a curiosa propriedade de gerar uma corrente elétrica quando luz atinge a sua superfície[*], sendo usado em células fotoelétricas, dosadores de luz, células solares e fotocopiadoras. Estas aplicações em sistemas eletrônicos correspondem a cerca de um terço da produção de selênio, e requerem um alto grau de pureza do selênio — de 99,99%. A segunda maior fonte de utilização é na indústria de vidros, onde o selênio entra em vidros especiais tais como os vidros aplicados em arquitetura, que não são transparentes aos raios solares. A terceira principal utilização é para a confecção de seleneto de sódio, utilizado em rações animais e como suplemento alimentar. O selênio é também empregado em ligas metálicas, como nas placas de chumbo utilizadas em baterias; retificadores que convertem a corrente alternada em contínua e em xampus anticaspa.

O selênio é mais raro que a prata, e um dia as fontes minerais deste elemento serão exauridas. Então, uma maneira que temos para coletar selênio, seria cultivando por exemplo ervilhaca[*] em solos ricos em selênio. Esta metodologia pode render até 7 kg por hectare. A demanda mundial por selênio é de 1.500 toneladas anuais, o que requereria cerca de 200.000 hectares cultivados desta forma para suprir esta quantidade de selênio. No entanto, como as reservas de selênio em minérios correspondem a valores superiores a 100.000 toneladas, ainda será preciso um tempo apreciável para que seja necessária a implantação deste tipo de culturas na extensão mencionada acima.

Os efeitos de solos ricos em selênio são conhecidos há muito tempo. Animais que pastam em tais solos podem sofrer da chamada "vertigem cega". Marco Polo (1254-1324) escreveu que os animais do Turquestão apresentavam essa anomalia. A planta responsável pelas vertigens era provavelmente a ervilhaca, que tem a capacidade de concentrar até 1,4% de seu peso em selênio. Os caubóis do "Velho Oeste" sabiam que esta planta poderia afetar seus bezerros, e a batizaram de erva-louca. Em 1934 o bioquímico Orville Beath provou que as vertigens eram provocadas pelo excesso de selênio na alimentação dos animais. Quando a ervilhaca adquire um forte odor este é um indicativo de que ela absorveu altos níveis de selênio.

◆ **Q U A D R O 8** ◆

A condição cardíaca
• salicilatos •

Em 1763 o reverendo Edmund Stone, um pároco inglês que vivia na cidade de Cotswolds, fez uma infusão da casca do salgueiro branco e deu a bebida resultante

---

Esta propriedade é conhecida como efeito fotoelétrico. Em 1905 Albert Einstein quantificou e estipulou uma teoria plausível para o efeito fotoelétrico, sendo agraciado com o Prêmio Nobel de Física em 1921 por estes estudos. (N.T.)

Várias plantas que constituem o gênero Vícia, que incluem importantes plantas forrageiras. No texto original também pode referir-se a ervilha-de-vaca que corresponde ao nosso feijão-fradinho. (N.T.)

às pessoas de sua vila que tinham febre. Hoje em dia nós apenas podemos supor do que aqueles paroquianos sofriam, porém podemos suspeitar que a maioria provavelmente havia contraído algum tipo de infecção viral não muito forte. Seja como for, eles apresentavam altas temperaturas e o tratamento foi eficiente para baixá-la. Hoje sabemos que a infusão ministrada por Stone aos moradores locais foi eficiente, uma vez que no corpo humano ela produz ácido salicílico, que é uma substância boa para reduzir as altas temperaturas corpóreas.

No século seguinte, este tratamento simples mas eficiente continuou a ser aplicado, mesmo apresentando efeitos colaterais desagradáveis. O ácido salicílico é um forte irritante, causando hemorragias e úlceras na boca e no estômago. Isto continuou ocorrendo até que dois químicos que trabalhavam para a companhia alemã Bayer obtiveram um derivado deste ácido, o ácido acetilsalicílico, o que tornou o tratamento relativamente mais seguro. Isto ocorreu em 1893, e os químicos que produziram o ácido acetilsalicílico foram Felix Hoffmann e Heinrich Dreser. O seu produto foi chamado de aspirina, e por mais de um século ela tem trazido alívio para milhões de pessoas em todo o mundo. A aspirina atua bloqueando uma enzima que produz prostaglandinas, as substâncias químicas que sinalizam quando nosso corpo foi ferido ou invadido por microrganismos. Quando as prostaglandinas são formadas em excesso, o resultado são as inflamações, dor e febre.

Hoje em dia, nos Estados Unidos, cerca de 20 bilhões de aspirinas[*] são consumidas por ano, mesmo sendo ela um medicamento que pode originar riscos e causar inflamação estomacal em algumas pessoas. Talvez a forma comercial mais conhecida da aspirina seja o Alka Seltzer, cujos tabletes também contêm ácido cítrico e bicarbonato de sódio. O bicarbonato reage com a aspirina para formar o seu sal na forma sódica[*], tornando-a notoriamente mais solúvel, e, a princípio, fazendo-a agir de forma mais rápida. O bicarbonato também reage com o ácido cítrico, liberando bolhas de dióxido de carbono, o que dá a sensação "frisante". Outra função do ácido cítrico é mascarar o gosto da aspirina.

Embora a aspirina esteja sendo usada há muito tempo, ela pode apresentar riscos mais sérios, e para crianças ela se provou até mortal, quando foi administrada para o tratamento de algumas infecções virais da gripe ou catapora. Nestas condições elas desenvolveram o que é conhecido como síndrome de Reye, e embora isto seja extremamente raro, é melhor nunca dar uma aspirina a uma criança com idade inferior a 12 anos[**].

Apesar das suas desvantagens, a aspirina é muito mais que um simples analgésico, sendo prescrita pelos médicos aos pacientes que sofreram um ataque cardíaco, porque a aspirina inibe a formação das substâncias químicas que causam a agregação das plaquetas do sangue, responsáveis pelo início dos coágulos sanguíneos. A aspirina é normalmente vendida na forma de tabletes de 300 mg. Nesta formulação eles podem ser tomados seguramente na posologia de dois tabletes a cada 4 horas até a dose máxima de 13 tabletes (4 g) por dia[*]. Uma dose única de 10 g pode matar um adulto

---

[*] No Brasil são consumidos cerca de 380 milhões de comprimidos de aspirina incluindo as modalidades infantil e efervescentes. (N.T.)

[*] O bicarbonato é uma substância de características básicas, portanto ele neutraliza o ácido acetilsalicílico, originando um sal, o acetilsalicilato de sódio. (N.T.)
[**] Alertas sobre a síndrome de Reye para crianças com idade inferior a 12 anos, constam das embalagens de aspirina da Bayer desde 1986, quando esta informação foi exigida pelo Ministério da Saúde. Fonte: Bayer do Brasil. (N.T.)
[***] No Brasil a aspirina é comumente comercializada na forma de comprimidos de 500 mg., sendo por isso recomendada a ingestão máxima de 8 comprimidos ao dia. (N.T.)

porque ela torna o sangue muito ácido. O corpo tenta reagir a isso pelo aumento da respiração para liberar o CO_2 e assim reduzir sensivelmente a acidez, e ativa a ação dos rins, o que conduz à desidratação. Se este aumento de acidez não consegue ser corrigido de forma natural, ocorrem danos em nossos tecidos e eventualmente isto pode levar à morte.

Mais da metade das pessoas, nas chamadas sociedades desenvolvidas, morrem de doenças cardíacas. Muitas pessoas, hoje, em vez de esperar que os seus corações comecem a demonstrar sinais de fraqueza, quando então os seus médicos prescreveriam comprimidos de aspirina, acreditam que podem escapar deste destino cruel pelo simples procedimento de tomar uma tablete de aspirina júnior a cada manhã de forma preventiva. Estes tabletes contêm apenas um quarto da dose normal — em outras palavras 75 mg de ácido acetilsalicílico. Contudo, o que estas pessoas podem não estar percebendo é que elas também estão adquirindo salicilato de outras fontes, sobretudo o proveniente de sua alimentação normal.

Muitos que temem as doenças cardíacas têm sido persuadidos de que podem prevenir-se pela ingestão do tipo correto de gordura. Este grupo normalmente evita todo tipo de gordura animal e óleos vegetais hidrogenados, e utiliza os óleos vegetais que são principalmente mono-saturados. Eles também podem ter lido que aqueles que bebem vinho tinto estão menos sujeitos às doenças cardíacas. Todos estes conselhos para uma vida mais saudável parecem ser corretos, e todos que defendem estas tendências também apontam o fato de que as pessoas das regiões do Mediterrâneo sofrem em menor número das doenças cardíacas do que no resto do mundo. Claramente a dieta seguida nesta região deve ser a chave da questão, assim argumentam eles, sendo enfocada a utilização abundante de óleo de oliva e vinho tinto. A explicação química é usualmente fornecida em termos das gorduras mono-saturados, o principal componente do óleo de oliva, e antioxidantes polifenólicos, os quais são particularmente abundantes nas cascas das uvas escuras e que são transformadas nos vinhos tintos.

A dieta mediterrânea também pode conter um outro fator que justifique a sua fama: salicilato. Ele também está presente em vários vegetais, ervas e frutos. O *gazpacho*, a sopa feita de tomates, cebolas e estragão, e que é servida fria, pode conter uma dose salutar de salicilato, enquanto que o *ratatouille*, um prato vegetal em que são utilizados berinjelas, abobrinhas, pimenta vermelha e tomates, pode estar repleto de salicilato. Outros alimentos típicos de climas quentes são relativamente ricos em salicilato, tais como abacaxi, melão e manga, enquanto o curry[*] tem mais de 200 mg por 100 g de tempero.

É possível planejar uma dieta que nos fornecerá salicilato em porções abundantes durante o transcorrer do dia. Por exemplo, se você gosta de frutas no café da manhã use framboesas[**]: uma tigela delas fornecerá 4 mg de salicilato. Se você, por

---

[*] *Curry é um condimento apimentado, originário da Índia, que contém vários ingredientes, entre eles pimenta-do-reino, noz-moscada, gengibre. O curry, também conhecido como caril, possui várias graduações quanto ao grau de ardor que proporciona às receitas, sendo os mais fortes provenientes da província de Madras, no sudeste da Índia. (N.T.)*

outro lado, quer uma salada no almoço escolha folhas de chicória e adicione pepinos em conserva: ambos contêm grandes quantidades de salicilato. Uma boa quantidade de catchup no seu hambúrguer e fritas é também uma boa idéia, e se você precisa de um petisco durante o dia então belisque uma boa quantidade de passas.

A maneira mais fácil de aumentar a ingestão de salicilato é beber chá. Uma xícara, feita com um saquinho de chá, fornecerá 3 mg, e se você bebe uma média de cinco xícaras por dia, você ingerirá 15 mg, o que é uma boa dose diária para a manutenção de uma vida saudável. Apreciadores de café, por outro lado, precisariam tomar 20 canecas para conseguir a mesma quantidade de salicilato. Outros alimentos recomendados para aumentar a quantidade de salicilato são amêndoas, amendoim, coco e mel, molho inglês, menta, brócolis, pepino, azeitonas, milho-verde. E somente coma batatas com a casca, pois ao descascá-las todo o salicilato será eliminado. Este mesmo princípio é válido para as pêras. Nas festas você pode apreciar salicilato nos sucos de fruta, cerveja e vinho.

É claro que você pode ser um dos poucos azarados que reage negativamente ao salicilato, e é aconselhado a evitar aspirina porque ela lhe causa hemorragia e úlceras. Em tal caso você provavelmente terá uma indigestão se tiver uma dieta rica em salicilatos. Logo, evite os alimentos que aqui foram mencionados. Se você é hipersensível ao salicilato, então você sempre deve se submeter a uma dieta livre desta substância, mas não precisa se sentir privado de uma boa alimentação porque existem vários alimentos que praticamente não têm salicilato. Você pode escolher entre: carne, peixe, leite, queijo, ovos, trigo, aveia, arroz, repolho, couve-de-bruxelas, aipo, alho-porro, alface, ervilha e bananas. E se

porventura você está com vontade de tomar um drinque, então adicione a sua bebida alcoólica a ele, mas seja cuidadoso na escolha da mistura correta. Gim Tônica cai bem, assim como uma Cuba Libre (rum e Coca-Cola), porém evite Bloody Mary (vodca e suco de tomate).

◆ Q U A D R O   9 ◆

Aquelas moléculas de nome difícil de pronunciar
• ftalatos •

Finalmente, nesta galeria, chegamos ao quadro de uma molécula que está presente em tudo que comemos: ftalato. Tem havido vários alarmes sobre os ftalatos ao longo dos anos: um deles é recente, tendo ocorrido no Reino Unido e estava relacionado à presença de ftalato em alimentos para bebês. As mães ficaram alarmadas por ouvir que a comida de seus bebês estava contaminada com ftalato, e que esta molécula estava sendo descrita, um tanto maldosamente, como uma substância "broxante". O pânico que resultou destas afirmações ganhou mais força devido a outro alerta sobre os ftalatos, divulgado na década de 1970, quando foi dito que a sua liberação das embalagens plásticas contaminaria os alimentos e foi então acusado de provocar câncer. Apesar destas asserções preocupantes, não existe motivo para alarme, porque os ftalatos não causam nem câncer nem infertilidade em humanos.

Os ftalatos são derivados do ácido ftálico, o qual consiste em dois grupos ácidos ligados a um anel de benzeno. Esses dois grupos podem estar ligados próximos um ao outro, quando a molécula é chamada simplesmente de ftalato, ou em posições opostas do anel de benzeno, quando então é chamada de tereftalato. (Existe uma terceira

---

** *Nós, habitantes de países tropicais, podemos muito bem utilizar abacaxis e melões em vez de framboesas. (N.T.)*

forma, na qual os grupos estão separados por um átomo do anel, porém essa forma apresenta pequeno significado comercial.)*
Os ftalatos foram primeiramente sintetizados na década de 1850 e chamados de naftalatos, prefixo este originário de *nafta*, palavra do antigo grego que designava o petróleo, porém esta terminologia foi logo abreviada para ftalato.

Os ftalatos são totalmente manufaturados e aflitivamente disseminados pela Terra; mesmo nas mais remotas regiões de nosso planeta, analistas químicos têm encontrado 0,5 ppm de ftalatos na água da chuva. Portanto, mesmo pessoas do Himalaia e das ilhas remotas do Pacífico entram em contato com esta substância. O alarme sobre o ftalato nos alimentos de bebês veio de um estudo do Ministério da Agricultura, Pesca e Alimentos do Reino Unido, que divulgou levantamentos intitulados *Ftalatos no Papel e Papelão para Embalagens* (1995) e *Inspeção Total da Dieta* (1996) os quais relatam que ele é encontrado em praticamente todos os alimentos analisados, e não apenas no leite para bebês. O nível de ftalato encontrado no leite e laticínios situa-se ao redor de 1 ppm, e por um certo tempo pensou-se que ele era proveniente dos tubos de PVC usados nas máquinas de manufatura do leite, mas investigações mostraram que o ftalato proveniente desses tubos representa apenas um décimo do total encontrado.

Ambos os tipos de ftalato são produzidos industrialmente. O tereftalato é utilizado para fazer poliéster para garrafas e fibras; neste caso ele é fixado como uma parte integral do polímero e por isso não "escapa" — logo, não pode gerar nenhum tipo de risco. Nós veremos este aspecto mais adiante na Galeria 5. O outro tipo de ftalato está contido em plásticos como o PVC de forma a torná-lo flexível. O PVC é um sólido resistente e rígido usado como batente de janelas e tubos de descarga, mas quando é adicionado ftalato ao PVC este plástico torna-se flexível porque a presença desta substância permite que as cadeias do polímero movam-se umas sobre as outras. Desta forma nós temos PVC que pode ser usado como mangueiras de jardim, papel de parede, cortinas plásticas dos boxes de banheiro, roupas, recipientes para estocar sangue para as transfusões e colchões de água. Todavia, é nos cabos elétricos e nos pisos vinílicos que reside a maior utilização deste tipo de PVC contendo ftalato. Este ftalato, ao contrário do tereftalato, não é fixado, mas sim, simplesmente misturado ao polímero, atuando como um lubrificante molecular. Se algumas destas moléculas de ftalato encontram-se próximas à superfície do PVC, elas estão livres para escapar para o meio ambiente — ou para serem eliminadas quando se atritam estes materiais plásticos podendo então evaporar para o ar.

Por causa dos temores iniciais sobre sua segurança, os plastificantes baseados nos ftalatos encontram-se entre as substâncias químicas mais investigadas. Deste grupo de plastificantes o mais utilizado é o DEHP, abreviação de di(etilexil)ftalato, mas de acordo com David Cadogan, do Conselho da União Européia para os Plastificantes e Intermediários em Bruxelas, ele apresenta pequeno risco: "No que se refere aos seres humanos, ele não causa nem câncer nem efeitos sobre a reprodução. Os ftalatos também não estão se acumulando no meio ambiente porque são biodegradáveis, e os seus níveis estão caindo. Nos sedimentos do rio Reno, por exemplo, ocorreu um decréscimo de 85% desde a década de 1970. Os ftalatos são muito insolúveis em água — cerca de um milionésimo de grama por litro — portanto, arrastes desta substância por vazamentos em tubulações plásticas de velhos dutos são desprezíveis".

---

* *Em uma linguagem um pouco mais técnica, o ftalato, o tereftalato e a "terceira forma" correspondem respectivamente aos isômeros orto, para e meta do benzeno substituído com dois grupos de ácido carboxílico. (N.T.)*

Em 1990, a Comissão da Comunidade Européia disse que DEHP não deveria ser classificado como carcinógeno, porque nenhuma atividade carcinogênica ou estrogênica havia sido encontrada em peixes, hamsters, porcos, cães e macacos. Entretanto, os ratos mostraram um aumento nos riscos para o desenvolvimento de câncer no fígado, mas estes animais, diferentemente dos humanos, são conhecidos por serem particularmente propensos a responder desta forma porque foram especialmente criados para ser sensíveis a substâncias que possam gerar câncer. O Instituto Dinamarquês de Toxicologia concluiu que uma ingestão de 500 mg ao dia não acarreta riscos à saúde. Para os bebês a dose diária tolerável é de 0,05 mg por quilo de peso corpóreo da criança, porém nenhuma fórmula alimentar para bebês atinge esta proporção de DEHP. Em todo caso, a marca de 0,05 mg é de certa forma arbitrária, sendo baseada nos testes efetuados em ratos. Portanto, os perigos que advêm dos ftalatos são desprezíveis mesmo no caso dos bebês. Se todo o ftalato contido no suprimento de leite pelo período de um ano fosse consumido em uma única refeição, ele não seria suficiente para deixar um bebê doente.

TESTANDO O SEU METAL

Em exposição, alguns dos metais que nosso corpo precisa ter

- Osso indolente
- Não há substituto para o sal
- Perfeito e venenoso
- O elemento enigmático
- Surpreendentemente leve
- O elo perdido
- Bronzeado e bonito
- Um retrato de família

Pergunte para as pessoas quais são os *metais* essenciais para uma vida saudável e eu suspeito que a maioria diria zinco e ferro. Algumas poderiam mencionar sódio e potássio, embora o sódio seja freqüentemente considerado como alguma coisa deletéria para a vida saudável; e poucas pessoas saberiam que o cálcio é também um metal, por sinal, muito importante. Na verdade, o corpo humano precisa de *quatorze* elementos metálicos para funcionar corretamente.

Mas, para cada metal de que nós precisamos, existe outro metal que o nosso corpo contém e sem o qual poderíamos estar bem. Esses metais não apresentam uma função conhecida, mas eles vêm na comida que ingerimos, na água que bebemos, e no ar que respiramos e que o nosso corpo absorve, confundindo-os com elementos úteis. O resultado é que uma pessoa adulta padrão contém quantidades mensuráveis de alumínio, bário, cádmio, césio, chumbo, prata e estrôncio. Existem também traços de vários outros elementos, incluindo ouro e urânio.

Pelo fato de o estrôncio ser tão parecido com o cálcio, nós absorvemos grandes quantidades deste elemento, e uma pessoa padrão tem cerca de 320 mg deste elemento em seu corpo, muito mais que vários dos elementos essenciais. Por outro lado, o peso do ouro em uma pessoa padrão é de apenas 7 mg, o que equivale ao valor de poucos *pence*[*] e o peso de urânio é de apenas 0,07 mg, o que — transformado em energia pura — poderia movimentar um carro por cinco quilômetros[**]. Nosso corpo apresenta uma tendência de reter estes intrusos indesejados em nosso esqueleto, como no caso do

---

[*] Pence, *plural de penny, é uma moeda inglesa equivalente a um centavo de libra. (N.T.)*
[**] *O urânio é um combustível nuclear, e aqui o autor procura mostrar como uma quantidade diminuta deste material fornece uma quantidade grande de energia. (N.T.)*

urânio, que é especialmente propenso a ligar-se ao fosfato, ou em nosso fígado que tem proteínas que podem aprisionar metais como ouro.

A tabela abaixo lista as quantidades dos 14 metais em um adulto padrão — ou seja, considerado com um peso de 70 kg.

Os 14 elementos metálicos essenciais para o corpo humano

	Metal	Quantidade
1	cálcio	1000 g
2	potássio	140 g
3	sódio	100 g
4	magnésio	25 g
5	ferro	4,2 g
6	zinco	2,3 g
7	cobre	72 mg
8	estanho	20 mg
9	vanádio	20 mg
10	crômio	14 mg
11	manganês	12 mg
12	molibdênio	5 mg
13	cobalto	3 mg
14	níquel	1 mg

Como poderíamos esperar, o cálcio encabeça a lista porque, juntamente com o fosfato, ele é o constituinte dos ossos de nosso esqueleto, que pesa em média 9 kg. Deste peso, 1 kg é de cálcio e 2,5 kg de fosfato. Na verdade, 99% do cálcio de nosso corpo e 85% do fosfato estão no esqueleto. Os ossos também contêm água e a proteína colágeno, mais os elementos sódio, potássio, ferro cobre e cloro. Existe também chumbo, um elemento que tem uma afinidade particular por fosfato.

Os ossos podem preservar dados para evidências forenses e arqueológicas por causa dos metais que eles contêm. Por exemplo, a extensão na qual as civilizações ancestrais foram expostas ao chumbo pode ser avaliada pela análise dos restos de seus esqueletos, que algumas vezes mostram quantidades superiores a 100 partes por milhão (ppm) de chumbo. Hoje o nível nos ossos humanos é de cerca 2 pm. Veremos um quadro sobre o chumbo na Galeria 8.

Em certos estágios de nossa vida é de grande importância obter uma ingestão adequada de cálcio: quando estamos crescendo, no período de gravidez ou amamentação, e talvez quando estamos nos tornando idosos, período em que nossos ossos perdem cálcio e se enfraquecem.

No entanto, não existem fortes evidências de que dietas ricas em cálcio fornecidas nas idades mais avançadas possam reduzir esta perda.

Depois do cálcio, os dois elementos mais comuns são potássio e sódio, responsáveis pela operação dos sinais elétricos que transmitem os impulsos nervosos do corpo para o cérebro e do cérebro para o corpo. Depois vêm o magnésio, o ferro e o zinco, que são necessários em quantidades que nem sempre nossa dieta pode fornecer. Finalmente, existem os elementos que quase nunca faltam em nossa alimentação, e a maioria deles será vista como um grupo ao fim da galeria.

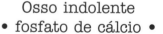

QUADRO 1

Osso indolente
• fosfato de cálcio •

O fosfato de cálcio é muito insolúvel e resistente, o que explica por que os ossos de dinossauro sobreviveram por cem milhões de anos ou mais. Fosfato de cálcio é também a razão pela qual alguns tecidos moles e folhas também podem ser fossilizados. Bactérias em condições onde não existe oxigênio, como as encontradas no lodo do fundo dos lagos ou pântanos, podem criar microesferas de fosfato de cálcio dentro dos tecidos invadidos, e é isto que preserva a estrutura de seu "hóspede" com detalhes tão surpreendentes. A mineralização dos organismos mortos leva apenas poucas semanas em condições anaeróbicas. As bactérias usam o cálcio e o fosfato da própria célula para construir um contorno de partículas microscópicas de fosfato de cálcio, e por meio disso preservam o organismo para a posteridade.

Esqueletos humanos também podem ser preservados por milhares de anos mesmo em condições normais. Em 1994 Mark Roberts, do Instituto de Arqueologia da University College de Londres, descobriu os artefatos feitos em osso mais antigos na Europa. Eles pertenciam ao chamado Homem de Boxgrove, que viveu há meio milhão de anos, perto de onde hoje se localiza a vila de Boxgrove na região de East Sussex.

Nós pensamos que os ossos são inertes, mas nos organismos vivos eles estão constantemente sendo degradados e regenerados, em milhões de sítios de remodelamento ao longo do esqueleto, por células chamadas de osteoclastos e osteoblastos. Desta maneira desenvolvem sua função secundária que é a de manter os níveis de cálcio no sangue. Este elemento tem várias funções a desempenhar, tais como a contração muscular, a divisão celular, a regulação hormonal e a coagulação sanguínea. Quando a nossa dieta não fornece cálcio suficiente para estes processos essenciais, ele é reposto pelas reservas em nosso esqueleto, que serão então recuperadas quando houver um excesso de cálcio em nosso sangue.

Quando nos tornamos mais velhos a substituição não é compensada pela perda, e então, para retardar esta erosão, precisamos de uma ingestão diária suplementar de cálcio e vitamina D. Essa vitamina regula o crescimento dos ossos, e é abundante em alimentos tais como o óleo de peixe e ovos (como vimos na Galeria 1, não precisamos ficar preocupados com a deficiência de fosfato em nossos ossos porque ele nunca é fornecido de forma insuficiente em nossa alimentação). Crianças que sofrem de falta de vitamina D podem apresentar um desenvolvimento pobre do esqueleto, conhecido como raquitismo, e podem por isso apresentar pernas arqueadas. A suplementação de cálcio pode ser benéfica mesmo para as crianças normais, como mostrou Conrad Johnston da Universidade de Indiana, nos Estados Unidos. Ele utilizou 60 pares de gêmeos idênticos com idades entre 6 e 14 anos, e deu a um dos gêmeos de cada par um tablete de cálcio todos os dias durante três anos. Estas crianças mostraram um notável crescimento da estrutura óssea.

Aqueles que precisam de cálcio extra o conseguirão geralmente através de uma alimentação balanceada, que deve assegurar uma ingestão de alimentos particularmente ricos em cálcio tais como sardinhas, ovos, amêndoas, queijo, chocolate ao leite e pão branco. Se você sofre de indigestão e toma tabletes de carbonato de cálcio, que atua como um antiácido, a quantidade diária necessária de cálcio é instantaneamente dobrada, sendo a dose recomendada para um adulto padrão de 500 mg por dia. Os que precisam mais que esta dose diária são os garotos, que devem obter 750 mg e as garotas 650 mg, e as lactantes que precisam de 1.100 mg. As mulheres grávidas geralmente não precisam de cálcio extra, pois o organismo delas automaticamente se ajusta de forma a absorver mais cálcio da própria dieta. Por outro lado, as mães adolescentes precisam de doses extras de cálcio para suprir as necessidades tanto de seu próprio crescimento como para o desenvolvimento do feto.

O peso de fosfato de cálcio em nosso esqueleto atinge um máximo ao redor dos trinta anos; após esta idade cerca de 1% é perdida ao ano, e quando atingimos uma idade avançada nossos ossos tornam-se porosos e facilmente sujeitos à quebra, especialmente nas articulações da bacia. Os médicos especializados nas doenças ósseas estão preocupados com o número crescente de internações de pessoas idosas para serem operadas em decorrência de fratura na bacia, e acredita-se que muitos desses casos poderiam ter sido prevenidos reduzindo a perda óssea nas idades avançadas e fortalecendo os ossos quando estes pacientes eram mais jovens.

Mulheres que atingiram os 50 anos podem sofrer grandes perdas ósseas durante o período da menopausa, embora essa perda possa ser reduzida pelas terapias de reposição hormonal. Mais mulheres morrem dos efeitos posteriores das fraturas originadas pela osteoporose do que de todos os cânceres de ovário, colo de útero e útero juntos. Certas drogas podem diminuir a perda de cálcio, tais como a calcitonina, uma droga muito cara que é fornecida para suplementar a calcitonina natural que é liberada pela glândula tireóide especificamente para contrabalançar a perda óssea. Uma forma sintética, a salcatonina, funciona igualmente bem promovendo o aumento da densidade óssea após tratamentos de dois anos de duração — e os que se submetem a esse tratamento estão menos sujeitos a fraturas posteriores de seus ossos.

Existem outros tratamentos para a osteoporose. Por exemplo, terapias de reposição hormonal diminuem e mesmo param a perda óssea. O efeito protetor do estrógeno nos ossos pode ser mimetizado com alguns compostos conhecidos como moduladores seletivos dos receptores de estrógeno, e sem os indesejados efeitos de outras drogas. Bisfosfonatos também são usados para prevenir a diminuição de fosfato de cálcio nos ossos, e podem aumentar a massa óssea se tomados por um período de dois anos. A vitamina D, como já mencionado, regula a perda óssea, e uma maneira simples de produzi-la é tomando banhos de sol, o que é particularmente importante para as pessoas idosas.

A terapia do fluoreto é usada em alguns países e, fornecido a uma taxa de 20 mg por dia, ele fortalece os ossos infiltrando-se no fosfato de cálcio para formar uma substância conhecida como fluorapatita. O fluoreto tem a vantagem de ser de administração extremamnete barata, e parece funcionar bem na prevenção da perda óssea da espinha dorsal. O fluoreto também fortalece os nossos dentes pelo mesmo princípio químico. O esmalte dos dentes é uma modificação do fosfato de cálcio chamado de hidroxiapatita, o qual é tanto mais forte e menos solúvel do que o fosfato de cálcio. O esmalte dental pode ser melhorado pela adição de fluoreto, que o converte em fluorapatita, um mineral que pode resistir melhor à devastação causada pelo ataque dos ácidos gerados pelas bactérias em nossa boca, as quais convertem o açúcar nestes ácidos.

A descoberta dos benefícios trazidos pelo fluoreto conduziu à fluorização dos reservatórios públicos de água, e em 25 de janeiro de 1945, os cidadãos da cidade de Grand Rapids, Michigan, nos Estados Unidos, tornaram-se a primeira comunidade a ter seus reservatórios fluorinizados como uma forma de melhorar o estado dental de suas crianças. Muito antes disso, no começo do século XX, funcionários da imigração americana tinham observado que as pessoas que vinham de Nápoles possuíam dentes curiosamente manchados, porém muito saudáveis. Pesquisas mostraram que isto era devido à água dos reservatórios napolitanos, que continham 4 ppm de fluoreto. Uma observação similar foi feita no Reino Unido na Segunda Guerra Mundial pelas autoridades de saúde, que tiveram de lidar com a evacuação das crianças, em grande escala, das cidades para as áreas rurais onde elas estariam a salvo dos ataques aéreos. As autoridades notaram que as crianças que haviam sido evacuadas para a cidade de South Shields tinham dentes muito melhores do que as levadas para a cidade vizinha de North Shields. Novamente, a causa indicada foi a presença de 1 ppm de fluoreto de South Shields no suprimento de água, que naquela época era retirado de poços artesianos.

Nos anos que se seguiram à Segunda Guerra Mundial, várias cidades nos Estados Unidos adicionaram fluoreto ao seu fornecimento de água, porém poucas fizeram isso no Reino Unido. Embora no Reino Unido várias autoridades locais tenham solicitado a fluorinização, as companhias responsáveis pelo fornecimento de água não são obrigadas a fazê-lo, e apenas umas poucas têm feito isso. Quando a água é tratada para a fluorização, é adicionado flúor-silicato, um produto da manufatura do ácido fosfórico que é rico em fluoreto.

A fluorinização é vista como a forma mais barata de reduzir o desgaste dental, e apesar dos seus benefícios existem aqueles que se opõem a esta metodologia alegando que toda água potável deve estar livre de substâncias não naturais. Outros são contra devido à fundamentação ética de que eles estão sendo forçados a receber um tipo de medicação na água que bebem, enquanto outros duvidam da sua eficácia, e muito poucos acreditam que ela seja prejudicial. Este último grupo cita estudos epidemiológicos que mostram marginalmente mais casos de câncer nos ossos e no fígado em áreas onde a água é fluorinizada. Eles também argumentam que o fluoreto danifica nosso sistema imunológico, embora isto pareça ser improvável.

De qualquer forma, qualquer um que queira tratar-se sem a necessidade da água fluorinizada, pode fazê-lo usando pastas dentais com fluoreto, que geralmente têm 0,1% de fluoreto (1.000 ppm), estando o fluoreto na forma de monofluorfosfato que é uma forma menos tóxica de fluoreto que o fluoreto de sódio. Tais pastas dentais não são recomendados para crianças pequenas porque elas tendem a engolir a pasta. Logo, os pais têm de comprar dentifrícios especiais com 0,05% (500 ppm) de fluoreto.

As pastas dentais com fluoreto tornaram-se populares na década de 1970, e é creditado a este fato a diminuição das cáries nos Estados Unidos. Andrew Rugg-Gunn da Faculdade de Odontologia da Universidade de Newcastle, Inglaterra, pesquisou por quase 20 anos os efeitos da fluorinização nos dentes das crianças, chegando à conclusão de que a fluorinização reduz o desgaste dos dentes pela metade. Em áreas onde a água suprida não foi fluorinizada, existiu um notável declínio da incidência de cáries nas crianças que utilizaram pastas dentais com fluoreto, mas por fim acaba ocorrendo um nivelamento desta incidência, e posterior progresso para as que tiveram uma dieta mais pobre em açúcar.

O fluoreto é "aparentado" ao cloreto, que nós consumimos diariamente como cloreto de sódio, ou sal comum. Porém, enquanto podemos consumir impunemente algumas gramas dele em nossa alimentação, a mesma quantidade de fluoreto de sódio poderia nos matar. Durante um período o fluoreto de sódio foi usado como inseticida para matar baratas e formigas. Corremos riscos com o fluoreto se tivermos cerca de 2 g dele em nosso corpo. Um litro de água tratada fluorinizada contém 1 mg, mas a maioria das pessoas consegue o seu fluoreto de alimentos tais como galinhas, porcos, ovos, batatas, queijo e chá. Bacalhau, sardinhas, salmão e sal marinho são particularmente ricos em fluoreto, porque a água do mar contém 1 ppm dele. Não devemos ficar preocupados com o fluoreto porque ele é essencial para nossa saúde: animais de laboratório alimentados com uma dieta carente de fluoreto não cresceram adequadamente, ficaram anêmicos e inférteis. O mesmo, sem dúvida, é verdadeiro para humanos.

Caso a nossa dieta contenha uma grande quantidade de fluoreto podemos acabar sofrendo de fluorose, cujos primeiros sinais são dentes manchados, tais como os apresentado pelos habitantes de Nápoles. Posteriormete pode ocorrer osteoclerose, que é o endurecimento dos ossos, que pode levar a uma deformação do esqueleto. Em certas regiões da Índia, como no Punjab, esta condição é endêmica, especialmente para os que bebem água retirada de poços com níveis de fluoreto tão grandes como 15 ppm. Cerca de 25 milhões de indianos sofrem de um tipo mais suave de fluorose, e vários milhares apresentam deformações no esqueleto. Em alguns lugarejos uma em cada seis crianças é afetada, mas esta situação está melhorando com esquemas de desfluorinização.

Estes níveis tão altos de fluoreto são raros, e para a grande maioria, precisamos é aumentar nossa exposição a esse elemento, o que, juntamente com uma ingestão adequada de cálcio, nos proporcionará um esqueleto mais forte prevenindo os danos causados pela fragilidade dos ossos quando ficarmos velhos. O que devemos fazer é encontrar um bom equilíbrio destes dois elementos, porém isto é fácil de ser obtido, se comermos regularmente canapés feitos de pasta de sardinha e pão branco torrado, pois ambos são uma boa fonte de cálcio.

◆ Q U A D R O 2 ◆

Não há substituto para o sal
• cloreto de sódio •

Muito sal, ou sódio, faz mal se temos problemas cardíacos, e os médicos geralmente recomendam a seus pacientes que apresentam tais problemas um regime com baixo teor de sal. Uma pessoa comum ingere cerca de 10 g de sal por dia, o que equivale a aproximadamente três vezes mais do que ela realmente precisa. Um terço desta quantidade de sal vem naturalmente na nossa comida, um outro terço provém do sal que é adicionado para preparar alimentos, tais como o pão, e o último terço provém do sal que salpicamos em nossas refeições.

Muitas pessoas gostam do sabor do sal, e muitos alimentos, especialmente petiscos, são liberalmente dosados com sal. Se você está atento aos perigos do sal, irá procurar pacotes rotulados "baixo teor de sal". Você já pode ter tentado evitar esta substância usando um substituto do sal, mas neste caso simplesmente está jogando fora o seu dinheiro. Você deveria, isto sim, treinar o seu paladar para um estilo de vida baseado em baixos teores de sal, porque não existe substituto para o sal.

Quando você lê sobre sal em revistas e livros, as palavras sal, sódio e cloreto de sódio são freqüentemente usadas para significar a mesma coisa. Os químicos enfocam este termo de forma bem diferenciada. Um sal, qualquer sal, é um composto constituído por íons positivos e negativos, o primeiro geralmente sendo um metal e o segundo um não metal[*]. O cloreto de sódio é, portanto, um sal. Outros sais que encontramos em nosso cotidiano são carbonato de sódio (soda utilizada para lavar roupa), sulfato de alumínio (alúmens em geral e pedra-pome), iodeto de potássio (no sal iodado) e sulfato de alumínio (constituinte da farinha de osso, muito comum como adubo). O sódio é um elemento metálico, que em nossos corpos está presente como um íon positivo, não necessariamente associado com cloreto, mas livre para mover-se independentemente.

O cloreto de sódio aciona uma reação específica na língua que constitui-se em uma das quatro sensações básicas do paladar. Isto é muito intrigante, visto que nenhum outro sal em nossa dieta provoca tal resposta. Podem existir substitutos para o açúcar mas não para o sal. Muitas pessoas se referem ao sal da mesma forma que ao açúcar: puro, branco e... mortal. Existe um pingo de verdade nesta afirmação

---

Os elementos químicos que formam íons positivos e negativos recebem respectivamente o nome de cátions e ânions. Deve ser notado que na nomenclatura em português, ao contrário da língua inglesa, o ânion precede o cátion, por ex. cloreto (ânion) de sódio (cátion). (N.T.)

porque algumas enfermidades requerem uma dieta com baixos teores de sal. Mas mesmo as pessoas nestas condições não podem sobreviver sem um suprimento diário de sódio.

Cada célula de nosso corpo necessita de um pouco de sódio, e alguns componentes, tais como o sangue e os músculos precisam de grandes quantidades. O sódio é usado principalmente junto com o potássio para transportar os impulsos elétricos através dos nervos e fibras. Precisamos de sódio e potássio também para outros propósitos, porém esta é a mais importante utilização destes metais em nosso organismo. Nós precisamos de um fornecimento regular destes metais, uma vez que ocorre uma perda contínua de sal quando a corrente sanguínea é filtrada nos rins e no processo de transpiração quando ele é excretado pelas glândulas sudoríparas, que trabalham para nos refrigerar.

Podemos até reciclar algum sódio, mas mesmo numa dieta isenta de sal, ele é eliminado na proporção de um grama ao dia. O sal é regularmente substituído porque cada bocado de comida que ingerimos contém sódio, seja qual for a dieta que temos, e, em princípio, nunca precisamos adicionar sal à comida para conseguir uma grama diária de sódio, que é a quantidade mínima que nosso corpo deve ter.

Sal é vital, e o nosso corpo não se importa de onde ele vem. Algumas pessoas estão dispostas a pagar muito pelo sal marinho[*], usando-o no lugar do sal comum, porém isto não faz diferença, desde que ele chegue ao nosso estômago. Outros compram substitutos para o sal, que é uma mistura meio a meio de cloreto de sódio e cloreto de potássio. Ambos, sódio e potássio, são essenciais à vida, mas não precisamos planejar uma dieta específica para obtê-los porque eles ocorrem em tudo que comemos. Um copo de cerveja e um punhado de amendoins salgados proverão nossa necessidade diária desses dois minerais essenciais, assim como ovos quentes com torradas, e assim como uma tigela de *muesli*[*] com leite.

Parece muito estranho que o cloreto de sódio origine uma pressão ruim enquanto que o cloreto de potássio não. Isto é o contrário do seu comportamento como veneno: você não pode se matar tomando grandes quantidades de cloreto de sódio (isto somente produzirá vômito) ou injetando uma solução aquosa dele em seu sangue. Por outro lado, se você injetar uma solução de cloreto de potássio ele o matará em poucos minutos pela alteração do seu ritmo cardíaco. Isto não significa que comer cloreto de potássio no lugar de cloreto de sódio, em baixas concentrações de sal, seja arriscado. Nós precisamos de muito mais cloreto de potássio em nossa dieta do que de cloreto de sódio, mas normalmente, obtemos tudo de que precisamos em nossa alimentação. Veremos mais detalhadamente um quadro sobre o cloreto de potássio, mas vamos antes nos ater ao cloreto de sódio.

O sal é chamado de sal-gema quando é retirado do solo, e sal marinho quando é obtido pela evaporação da água do mar até que ocorra a sua cristalização. Sal-gema é contaminado com areia, e sal marinho é contaminado com detritos dos oceanos. Além do tipo de "sujeira" que cada um contém não existe diferença entre eles, são sempre cloreto de sódio. O sal-gema é o sal dos mares primitivos, depositado quando eles secaram, milhões de anos atrás; o sal marinho é o sal dos mares atuais. Ambos podem ser refinados pela dissolução em água, eliminação da sujeira por filtração, e evaporação da solução obtida da filtração

---

[*] Ao contrário do Brasil onde o sal de cozinha é de origem predominantemente marinha e barato, em muitos países esta não é a fonte mais comum de obtenção do sal, sendo o sal marinho substancialmente mais caro. (N.T.)

(*) Muesli: alimento preparado com frutas secas, cereais picados, nozes e mel. (N.T.)

até que o sal recristalize como cloreto de sódio puro. O sal de mesa geralmente tem um pouco de carbonato de magnésio adicionado para torná-lo livre da umidade.

Pessoas com certas doenças, como problemas nos rins podem ser submetidas a dietas de: baixo teor de sal; sem sal; ou mesmo livre de sal. Uma dieta de *baixo teor de sal* significa que deve ser eliminado o sal adicionado quando se cozinham os alimentos, ou adicionado aos alimentos crus. Alimentos com muito sal como salgadinhos de batata e certos queijos também não são permitidos. Esta dieta fornecerá cerca de 6 g diárias de sal proveniente de alimentos como pão e cereais. Uma dieta *sem sal* elimina uma quantidade ainda maior de alimentos e limita o pão a uma porção máxima de três fatias ao dia – desta forma, a ingestão de sal é reduzida a cerca de 3 g. Uma dieta *livre de sal*, implica a ausência de pão, e o objetivo é excluir todo o sal, exceto o que já está contido como parte natural dos alimentos que comemos – e estes pacientes têm de comer principalmente alimentos que contêm quantidades diminutas de sal em sua composição natural, como arroz fervido, por exemplo.

Um excesso de sal é prejudicial para as pessoas com doenças dos rins, sendo o excesso responsável pelo aumento da pressão sanguínea. Será o sal o principal fator que regula a pressão sanguínea de cada um de nós? Se for verdade, quanto mais sal ingerimos, maior seria nossa pressão sanguínea, e então de forma clara poderia ser tido como um dos fatores responsáveis pelos enfartes e doenças cardíacas. Como esperado, dos estudos realizados pela análise de dados provenientes da resposta de questionários, as evidências são pouco claras.

Uma análise de vários levantamentos, que somados abrangeram 47.000 pessoas, foi conduzida por um grupo do Hospital de São Bartolomeu de Londres, em 1992. Este estudo encontrou uma ligação entre a ingestão de sal e altas pressões sanguíneas. A conclusão foi que seria possível prevenir 70.000 mortes por ano no Reino Unido (população de 57 milhões) pela redução do sal na dieta. Esta argumentação implicava que a redução de sal poderia salvar mais vidas que as terapias convencionais, o que muitos acharam difícil de acreditar. Algo tão comum como o sal, e tão essencial para o nosso corpo, pode ser realmente tão perigoso?

Os maiores consumidores de sal encontram-se em algumas cidades do Japão onde a média da ingestão de sal é de 20 g por dia; mesmo assim, a média da pressão sanguínea dos que possuem idade entre 40 e 49 anos é 143/86. Os dois algarismos da fração são, respectivamente, a razão das pressões sistólica/diastólica e comparam a pressão sanguínea quando ela deixa o coração (sistólica) e quando ela entra no coração (diastólica).

Quanto menores os algarismos da fração melhor, embora eles tendam a aumentar com o avanço da idade. O algarismo que representa a pressão sistólica deve ser considerado mais cuidadosamente: uma regra aproximada para o valor adequado deste algarismo é mantê-lo *vários dígitos abaixo* do valor correspondente à soma de 100 mais a idade do indivíduo. Ou seja, exemplificando para uma pessoa de 50 anos, uma pressão sistólica de 150 já é um sinal perigoso. Os japoneses vivem mais tempo que as outras pessoas ao redor do mundo, mesmo com sua dieta contendo muito sal (precisamos lembrar que eles comem muito peixe do mar, alimentos que contém naturalmente muito sal).

Os menores consumidores de sal são as tribos Yanomano, que residem nas florestas do sudeste da Venezuela[*] e consistem em

---

[*] *Os Yanomano constituem um grupo indígena que ocupa uma vasta área de aproximadamente 250.000 km^2 de floresta tropical na região da fronteira entre o Brasil e a Venezuela. No Brasil eles são chamados de Xirixana, Waika e Yanomani. (N.T.)*

uma população estimada de 20.000 pessoas que vivem da cultura de subsistência em pequenas aldeias. Eles constituem uma das poucas tribos remanescentes, que não foram afetadas pela cultura ocidental. Os homens despendem cerca de três horas ao dia cuidando de suas hortas. O resto do tempo eles dedicam ao planejamento e aos ataques a outras aldeias, lutando e matando*. Os Yanomano virtualmente não comem sal. Pesquisadores observaram 46 membros desta tribo que tinham seus 40 anos, e verificaram que tinham uma pressão média de apenas 103/65. Outra tribo amazônica, os carajás, tomam pouco sal, calculado em cerca de meia grama ao dia, e a pressão sanguínea média encontrada em dez pessoas de meia-idade desta tribo foi ligeiramente inferior, 101/69 (a longevidade destas pessoas não é conhecida, mas se existe uma conexão entre sal, pressão sanguínea e tempo de vida, então podemos assumir que eles provavelmente viveriam até os 100 anos).

Para o restante de nós, não é tão fácil controlar nossa ingestão de sal, uma vez que vários alimentos o contêm. Na verdade, sem o sal, nós acharíamos o gosto do pão, queijo e cereais matinais muito estranho. Contudo as pessoas se tornam tão preocupadas com os alarmes sobre o sal que os fabricantes reagem a isso produzindo alimentos com rótulos tranqüilizadores onde está estampado "baixo teor de sal" e mesmo "livre de sal". As opiniões médicas, porém, estão divididas quanto ao fato de o sal ser mesmo uma ameaça à saúde das pessoas.

O Intersalt Cooperative Research Group analisou 10.000 pessoas de 52 lugares ao redor do mundo e concluiu em 1988 que se cortarmos pela metade a ingestão de sal — da dose de 9 g ao dia para 4 g — poderíamos diminuir nossa pressão sistólica em duas unidades, mas a pressão sanguínea diastólica não mudaria significativamente. Em 1996 o Intersalt Group relatou de forma mais incisiva, sendo que no *British Medical Journal* o pesquisador responsável, Paul Elliot do Imperial College School of Medicine, Londres, disse que reduzindo as comidas preparadas com sal teríamos um maior efeito na diminuição das mortes do coração do que todas as drogas usadas no tratamento das altas pressões sanguíneas juntas.

No mesmo ano o *Journal of the American Medical Association* publicou um estudo realizado pelo Hospital Monte Sinai, da cidade de Ontário, Canadá, que chegou a uma conclusão diferente. Este grupo, liderado por Alexander Logan, achou que o sal não causava riscos a todas as pessoas cuja pressão sanguínea era normal. Os casos em que a ingestão de sal deveria ser restrita eram os de pessoas idosas que já apresentavam pressão sanguínea elevada.

Quando encontramos divergências tais como as apresentadas acima, provenientes de especialistas, nós, leigos, tendemos a ser céticos, especulando se o debate sobre o sal será algum dia resolvido de uma maneira ou outra. O único conselho útil que pode ser dado é pelo seu médico e se ele disser para diminuir a quantidade de sal, você será um tolo se não o fizer. Se você tem os fatores que matém a saúde sob controle, em outras palavras, não fuma, não tem o peso acima do normal e dirige de forma segura, então você também pode levar em consideração os avisos sobre o sal. Mesmo assim, o fator principal da longevidade é ter os pais certos, mas isso é uma coisa sobre a qual não temos muito controle.

Embora o sal e o açúcar tenham sido usados em demasia como ingredientes típicos das comidas não saudáveis, eles podem ser uma bênção em vários países tropicais, onde salvam milhões de vidas. A diarréia, e a desidratação que ela causa, matam doze milhões de crianças todo ano. A resposta para esta doença fatal não é a

---

* O autor provavelmente está desinformado sobre os hábitos dos referidos indígenas. Um relato excelente sobre os costumes e a influência da civilização moderna na vida dos Ianomâni do Brasil encontra-se no livro Yanomâni — Um Povo Ameaçado de Extinção, *de autoria de Rubens Espósito, Dunya Editora. (N.T.)*

utilização de antibióticos caros, mas sim, açúcar e sal. Uma bebida feita com oito colheres de chá de açúcar e uma de sal em um pouco de água salva a vida de uma criança doente. O açúcar e o sal podem ser os componentes da comida não saudável, mas atuando juntas estas duas substâncias químicas podem restaurar os fluidos corpóreos perdidos, de forma barata e eficiente.

QUADRO 3
Perfeito e venenoso
• cloreto de potássio •

Enquanto muitas pessoas consideram o sódio uma coisa que deve ser evitada ao máximo, elas provavelmente possuirão uma opinião muito diferente sobre o metal potássio, e podem mesmo estar empenhadas no consumo de alimentos que são ricos neste elemento na crença de que quanto mais elas o tomarem mais saudáveis serão. Esta não é uma má idéia, porque precisamos muito mais de potássio que de sódio em nossa dieta, e temos 40% mais potássio do que sódio em nosso corpo. Um adulto padrão contém cerca de 140 g de potássio, mas somente 100 g de sódio. Esta proporção é refletida nas doses diárias recomendadas para estes dois elementos, que são, para adultos, 3,5 g ao dia de potássio e 1,5 g de sódio.

Quase todo alimento contém potássio exceto óleos vegetais, manteiga e margarina. Potássio é essencial, e alguns particularmente ricos nele, como as sementes e nozes podem ter até 1% em peso deste metal. Porcentagens mais comumente encontradas na maioria dos alimentos situam-se entre 0,1 - 0,4%. Alimentos comuns com mais de 0,5% de potássio são o salmão, amendoim, batatas, toucinho e cogumelos. Alguns poucos alimentos têm mais de 1% de potássio, entre eles, All-Bran[*] (1,1%), feijão-manteiga (1,7%), damascos secos (1,9%), extrato de leveduras (2,6%) e café instantâneo (4,0%).

O potássio é encontrado em todas as partes do corpo. As células vermelhas do sangue contêm a maior quantidade, seguidas pelos músculos e pelos tecidos do cérebro. Ele é encontrado principalmente nos fluidos entre as células do corpo como um eletrólito, e a sua função mais importante é no funcionamento de nosso sistema nervoso. Átomos positivamente carregados de sódio e potássio movem-se para dentro e para fora de canais localizados nas membranas das paredes das células nervosas, porém alguns desses canais só permitem a passagem de potássio. O resultado global deste processo é equivalente ao de uma corrente elétrica que passa pela fibra dos nervos.

A mamba[**] negra desenvolveu um veneno que atua bloqueando estes canais, originando assim um bloqueio dos impulsos nervosos através dos nervos, o que leva a vítima a convulsões e à morte. A toxina da mamba negra foi utilizada para estabelecer a disposição destes canais de potássio no cérebro humano. Para isso uma forma radioativa do veneno foi injetada em diminutas quantidades em voluntários humanos, e então foram mapeados os locais onde ele se encontrava. Esta pesquisa mostra que a maior incidência destes canais ocorre no hipotálamo, a parte do cérebro que é importante na função do aprendizado (até agora ninguém estabeleceu uma teoria que uma dieta rica em potássio possa ajudar os estudantes a passar nas provas mais facilmente).

All-bran é a marca registrada de um alimento matinal produzido pela Kellog's, e que contém farelo de trigo especialmente enriquecido com vitaminas e sais minerais. (N.T.)

(**) Mamba é uma serpente venenosa africana. (N.T.)

Existem algumas situações que conduzem a uma deficiência de potássio, tais como inanição, mau funcionamento dos rins e o uso de certos diuréticos. Nós precisamos de um constante fornecimento deste elemento essencial para a produção dos tecidos não gordurosos e para manter nossos rins funcionando. Se não estamos obtendo potássio em quantidade suficiente sentimos fraqueza muscular, o que também ocorre nos músculos do coração, causando um batimento cardíaco irregular e até uma parada cardíaca. A deficiência crônica de potássio leva a depressão e confusão mental.

Alguns tratamentos médicos requerem às vezes um suplemento de potássio, e alguns remédios como os diuréticos podem apresentar uma dose extra de potássio incluída em sua formulação. Entretanto, é muito raro que a deficiência de potássio chegue a provocar doenças, já que é quase impossível não absorver potássio dos alimentos que consumimos, particularmente de verduras e frutas. Todas as plantas absorvem muito potássio do solo, tanto que o nome potássio advém das cinzas da madeira, também chamada de potassa. Os que bebem grandes quantidades de cerveja podem obter muito potássio, e sua ânsia por salgadinhos e petiscos pode ser a maneira pela qual o corpo mantém o equilíbrio eletrolítico sódio-potássio.

Um excesso crônico de potássio em nosso organismo provoca a depressão do sistema nervoso central. Doses elevadas de várias gramas de cloreto de potássio paralisarão o sistema nervoso central, causando convulsões, diarréia, falência renal e até um ataque cardíaco. Outra maneira de romper o equilíbrio de potássio em nosso corpo é injetar uma solução de cloreto de potássio, o que pode ser fatal. Quando existe muito potássio fora das células nervosas, o potássio que se encontra dentro das células fica impossibilitado de escapar e o impulso elétrico que ele deveria estar transmitindo fica bloqueado. Todas as funções corpóreas ficam afetadas, mas nenhuma mais dramaticamente que o coração, que pára de bater.

Um médico britânico, Nigel Cox, projetou este método para matar uma de suas pacientes terminais, Lillian Boyes, de 70 anos de idade. Ele a mandou para o além com uma injeção de uma solução de cloreto de potássio, porém depois foi preso, julgado e condenado por assassinato. É surpreendente para muitos que um simples sal, que é essencial para todos os organismos vivos e abertamete vendido nas prateleiras dos supermercados como um substituto para o sal, possa ser letal. Estranhamente, o que o Dr. Cox fez ilegalmente no Reino Unido é feito legalmente nos Estados Unidos como uma forma de pena capital em certos estados. Homens condenados à morte que concordam em doar os seus órgãos para transplantes podem ser executados pela administração do que é descrito como uma injeção letal não tóxica de cloreto de potássio. Esta substância química mata, porém, diferentemente do gás letal ou da cadeira elétrica, ela deixa todos os órgãos sem danos.

A produção mundial de minérios de potássio é de aproximadamente 40 milhões de toneladas, principalmente das minas do Reino Unido, Alemanha, Canadá e Chile, e das salinas do Mar Morto. Os depósitos chilenos são constituídos de nitrato de potássio (salitre), mas as outras fontes são formadas por cloreto de potássio misturado com sais como cloreto de sódio e cloreto de magnésio. No Reino Unido existe uma mina de cloreto de potássio com um quilômetro de profundidade que produz quase um milhão de toneladas por ano do minério silvinita, de cor rósea. O processo de extração envolve inicialmente o esmagamento do minério e então a separação do cloreto de potássio dos outros minerais presentes pela adição de uma solução concentrada de cloreto de sódio. A concentração desta solução é ajustada de forma a garantir que nenhum cloreto de potássio se dissolva. A maior parte do cloreto de potássio é usada para a fabricação de fertilizantes, enquanto que o restante é utilizado para a fabricação de outras substâncias químicas como o hidróxido de potássio, usado em sabões líquidos e detergentes, e carbonato de potássio, usado para fazer vidros especiais para televisores. Uma parcela pequena de cloreto de potássio entra na composição de produtos farmacêuticos e injeções salinas.

Uma utilização bastante atípica para o cloreto de potássio foi sugerida, e consiste em aumentar a incidência de chuva nas regiões propensas a estiagens. Normalmente as nuvens liberam somente um terço da sua umidade como parte integrante da chuva, mas esta quantidade pode ser duplicada se elas forem "semeadas" com partículas finas. Mesmo um aumento de 10% na incidência da chuva em algumas regiões pode ser de enorme benefício para os fazendeiros. Graeme Mather, da África do Sul, inventou o novo método de semear as nuvens, que usa um queimador nas asas do avião. Voando sob as nuvens ele libera uma fumaça de cloreto de potássio, que então ascende dentro das nuvens — e abaixo começa a chover pesado. Testes realizados independentemente pelo Centro Nacional para Pesquisas Atmosféricas, em Boulder no estado norte-americano do Colorado, em 1995, mostraram que este método funciona.

♦ Q U A D R O 4 ♦

O elemento enigmático
• ferro •

É de conhecimento comum que sem ferro nós ficamos anêmicos, porém manter as células vermelhas do sangue funcionando eficientemente é apenas uma das funções que o ferro desempenha em nosso organismo, se bem que a mais importante. Sem ferro, os corpúsculos do sangue não podem extrair o oxigênio do ar quando ele passa por nossos pulmões, e não poderiam distribuí-lo pelo nosso corpo para gerar a energia que nos mantém vivos. As outras funções do oxigênio estão relacionadas a uma série de enzimas da qual ele participa: naquelas envolvidas na síntese do DNA; nas que possibilitam às células liberar energia usando glicose; e nas que capturam radicais livres e nos protegem (o ferro pode também ser responsável pela formação de alguns destes radicais em nosso organismo). Para o perfeito funcionamento do cérebro é necessário ferro, e existem regiões do cérebro que são ricas deste elemento — o que pode explicar por que a deficiência de ferro nas crianças e bebês tem sido associada a um lento desenvolvimento mental.

O ferro é essencial para quase todas os organismos vivos, dos microrganismos aos humanos. Devemos ter uma ingestão regular de ferro porque perdemos um pouco deste metal todo dia através das paredes de nosso estômago e intestino. Mesmo assim, é raro pessoas normais estarem deficientes de ferro, mesmo nas vezes em que ocorre perda de uma grande quantidade de sangue. Algumas pessoas apresentam uma tendência de tomar grandes quantidades de ferro suplementando a dieta com ele, na popular porém errônea crença de que assim estarão sempre alertas e cheias de energia.

O homem padrão precisa de uma ingestão de 10 mg de ferro ao dia, e a mulher padrão de 18 mg, mas a quantidade existente na comida é geralmente suficiente para fornecer tudo o que é necessário. As mulheres necessitam de uma quantidade maior de ferro no período da gravidez, e então elas devem comer alimentos ricos em ferro como tais como fígado, carne seca, cereais matinais enriquecidos com ferro, feijão, creme de amendoim, passas, pão, ovos e tortas feitas com melaço. Se nenhum destes alimentos "plebeus" parecem apetitosos, você poderia comer uma dieta mais sofisticada de caviar, caça e vinho tinto, todos contendo muito ferro.

A entrada e perda de ferro no corpo é finamente balanceada. Precisamos de ferro suficiente para repor o que é perdido, porém não podemos querer em demasia pois ele pode ser perigoso. Uma dieta normal fornece cerca de 20 mg de ferro, o que parece mais do que suficiente, porém precisamos tomá-lo com um certo excesso, pois apenas cerca de 2 mg do ferro que ingerimos acabam sendo absorvidos em nossa corrente sanguínea. A maior parte do ferro que é ingerido passa diretamente por nós ou porque é a forma errada de ferro[*], ou porque ele está ligado à parte não digerível de nossa comida. A quantidade que é absorvida contrabalança a quantidade perdida a cada dia, o que é ao redor de 2 mg. Não é necessário uma mudança muito grande nesta razão entre perda e ganho para que o corpo sofra deficiência ou sobrecarga de ferro. A primeira é mais comum, o que se reflete no número estimado de 500 milhões de pessoas em todo o mundo que podem ser consideradas anêmicas. Este problema é normalmente pior porque o grande rendimento nas colheitas que têm sido desenvolvidas para alimentar o mundo não fornece muito ferro na forma conveniente de dieta.

No corpo o ferro é fortemente ligado à transferrina, uma proteína encontrada no soro e outras secreções, e é essa proteína que transfere o ferro entre as células. A transferrina liga-se ao ferro firmemente, e por causa disso ela também atua como um poderoso antibiótico simplesmente pelo fato de evitar que o ferro caia em mãos erradas. Em outras palavras, impedindo que o ferro se torne disponível para as bactérias. As bactérias precisam de ferro para se multiplicar, logo a transferrina dificulta o acesso ao ferro disponível em nosso organismo. O leite materno também possui uma forma de transferrina chamada de lactotransferrina, e a clara dos ovos contém ovotransferrina. Essas transferrinas desempenham o mesmo tipo de função quanto à ligação com o ferro e desempenham, da mesma forma, uma ação antibacteriana protetora.

Algumas pessoas retêm muito ferro e sofrem de uma sobrecarga de ferro, fato esse que pode gerar um efeito devastador. Aumento nos níveis de ferro no cérebro tem sido identificado como integrante de doenças degenerativas como o mal de Parkinson. Indivíduos que apresentam hemocromatose, uma doença genética, absorvem muito ferro, que acaba se concentrando no pâncreas, fígado, baço e coração e interfere em funções normais. Pacientes que necessitam de transfusões múltiplas de sangue devido a doenças hereditárias, como a anemia, e especialmente aqueles com talassemia, também acumulam muito ferro. No passado estas pessoas sofriam de morte precoce por causa da sobrecarga de ferro, mas agora este tipo de doença pode ser tratado dando a esses pacientes drogas quelantes[*] que auxiliam o corpo a proteger-se do excesso de ferro.

Um excesso de ferro no organismo pode também levar a um aumento dos riscos de câncer. Levantamentos têm mostrado que aqueles que são dependentes de transfusões devido à presença da talassemia, e aqueles que trabalham em minas de ferro e fundições deste metal, apresentam maiores incidências de câncer. Na Rússia, o câncer foi denominado por muitos anos como a doença da ferrugem, talvez pelo reconhecimento de que o ferro poderia ter alguma função neste tipo de doença. No

---

* O elemento ferro é apenas um, entretanto ele pode formar uma série de compostos que são constituintes de nossa alimentação e que não apresentam características adequadas para que o ferro possa ser absorvido pelo organismo. Portanto, estes compostos, na linguagem coloquial, são uma forma "errada" de ferro. (N.T.)

(*) Quelantes são compostos que apresentam em sua estrutura mais de um ponto de ligação com elementos metálicos. Dependendo do quelante forma-se uma ligação extremamente forte com o elemento metálico; logo, reproduz-se em parte a ação das transferrinas. O problema destas terapias é que outros metais podem ligar-se no agente quelante além do metal desejado, neste caso o ferro. (N.T.)

entanto, ainda não é clara qual seria esta função, além da capacidade do ferro de gerar radicais livres que podem acionar o câncer.

Embora o ferro seja o quarto elemento mais abundante na crosta terrestre (vindo após o oxigênio, silício e alumínio), existem regiões da Terra que são desprovidas dele, o que se torna um fator limitante para o desenvolvimento da vida. Isto é particularmente verdadeiro para as camadas superficiais de amplas regiões dos oceanos, que são mais desprovidas de vida que qualquer deserto sobre a terra. Nós podemos pensar nos oceanos como sendo fervilhantes de vida, porém isto é verdadeiro apenas para algumas regiões. Mais de 80% do vasto oceano está vazio. Na metade da década de 1980, John Martin, dos Laboratórios Marinhos Moss Landing, Califórnia, desenvolveu a teoria de que a falta de ferro nos limites superiores dos oceanos era o que prevenia o crescimento de plâncton, e sem plâncton outras formas de vida marinha não teriam um suprimento de comida para sustentá-las.

Na metade da década de 1990 a idéia de Martin foi testada por um grupo de pesquisa bilateral Reino Unido — Estados Unidos, que fertilizaram com uma solução de sulfato de ferro 60 quilômetros quadrados do Oceano Pacífico, mais precisamente uma região a leste das ilhas Galápagos. Os resultados foram dramáticos. Em uma semana esta região do oceano floresceu e tornou-se verde com o plâncton, provando que era simplesmente a falta de ferro que limitava o seu crescimento. Repentinamente, concebeu-se que poderíamos fertilizar os oceanos assim como fazemos com a terra, e isto poderia ser feito com sulfato ferroso, que nada mais é que a ferrugem que encontramos em peças velhas de ferro. Os mares floresceriam e se tornariam um maravilhoso mundo marinho que seria preenchido com zooplâncton e formas superiores de vida marinha. Obtendo a maior parte de nossa necessidade protéica dos peixes marinhos, ao invés da carne de animais criados em fazendas, poderíamos ter novamente vastas áreas em estado selvagem, que hoje são ocupadas por diversos tipos de rebanhos.

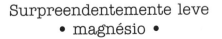

Surpreendentemente leve
• magnésio •

As pessoas freqüentemente expressam surpresa quando tomam conhecimento de que existe praticamente dez vezes mais magnésio em nosso corpo que ferro. O que é que este curioso metal faz? Nós podemos ter visto na escola nosso professor de química expor uma tira de magnésio à chama, para mostrar como este metal queima facilmente e como é brilhante a chama que ele produz[*]. Por este motivo as bombas incendiárias de magnésio que foram despejadas aos milhões sobre cidades inglesas, alemãs e japonesas as tornavam brilhantes[**], e o magnésio foi usado em lâmpadas de *flash* em fotografia. A sociedade de hoje apresenta melhores maneiras de utilizar este metal notável, o qual desempenha um papel crucial em nosso corpo.

Nós já começamos a consumir magnésio mediante o leite materno, e precisamos de um suprimento diário deste metal para uma vida saudável. Será que é possível a dieta de algum de nós ser

---

[*] *A combustão do magnésio é uma demonstração usual tanto em cursos colegiais como nos primeiros cursos universitários de química, porém não tente fazer isto sozinho, pois esta reação libera muito calor e deve-se evitar olhar diretamente para a luz desprendida devido à grande intensidade luminosa liberada nesta reação. (N.T.)*

[**] *Aqui se trata de uma alusão sarcástica do autor aos intensos bombardeios aos quais foram submetidas tanto as cidades britânicas como as dos países do Eixo durante a Segunda Guerra Mundial. (N.T.)*

deficiente de magnésio? Em 1991, na revista especializada em medicina *The Lancet*, o Dr. Mike Campbell sugeriu usar sais de magnésio no tratamento da síndrome da fadiga crônica, uma enfermidade intrigante também referida pelos que sofrem dela como encefalomielite miálgica (ME), e de gripe "yuppie"[*] pelos que zombam dos que são acometidos por ela. Campbell relatou os resultados de teste duplo-cego, aplicado a 30 pacientes com ME — isto é, um teste no qual nem os pacientes nem as enfermeiras sabem qual é o material ou o placebo que será usado. A metade dos pacientes foram ministradas injeções de uma solução de sulfato de magnésio por seis semanas, enquanto que para a outra metade foram ministradas injeções de água destilada. Doze dos que foram submetidos à terapia com magnésio, responderam positivamente, comparados com apenas três aos quais havia sido dado apenas água. Os pacientes sob tratamento com magnésio, relataram ter mais energia, sentindo-se melhores e lidando melhor com a dor.

Se é ou não a deficiência de magnésio um dos fatores responsáveis pela ME ainda precisa ser melhor investigado, mas, em todo caso, a deficiência de magnésio é rara. Nós precisamos de cerca de 200 mg ao dia deste metal, mas nosso corpo lida muito bem com ele, retirando-o dos alimentos e até reciclando o magnésio já existente em nosso corpo quando não temos um suprimento adequado dele. Nossa ingestão diária situa-se entre 350 e 500 mg. Um excesso de magnésio não é facilmente absorvido pelo corpo, e excessos maiores atuam como um laxante suave, como descobrimos quando tomamos sulfato de magnésio (sal de Epsom) ou hidróxido de magnésio (Leite de Magnésia).

O magnésio é, seguramente, um elemento essencial para todos os organismos vivos porque ele se encontra no "coração" da molécula de clorofila[*]. As plantas precisam dele para captar a energia do sol de forma que possam produzir açúcar e amido. Nosso planeta é verde porque a magnésio-clorofila abstrai os componentes azul e vermelho da luz solar e reflete o verde. As plantas obtêm o magnésio do solo, e nós o tomamos diretamente pela ingestão das plantas ou indiretamente dos animais que se alimentaram das plantas.

O magnésio encontra-se distribuído ao redor de nosso corpo, com a maior parte dele no ossos, os quais funcionam como um reservatório de magnésio. O magnésio apresenta três funções: regula o movimento através das membranas; é constituinte das enzimas que liberam energia dos alimentos; e é utilizado no processo de construção das proteínas. Raramente precisamos ficar preocupados em adquirir magnésio suficiente, embora casos de deficiência ocorram algumas vezes, geralmente como conseqüência de desnutrição, alcoolismo e velhice. A falta de magnésio manifesta-se na forma de letargia, irritação, depressão e alterações na personalidade: todos estes sintomas são tipicamente encontrados na ME.

Uma dieta normal propicia mais magnésio do que o necessário, e a maioria dos alimentos o contêm. Como vimos na Galeria precedente, o ruibarbo e o espinafre previnem a absorção de magnésio porque ele forma com o ácido oxálico contido nestes vegetais um composto que não é digerido. O cozimento não afeta o magnésio, embora — se você tem o hábito de jogar fora a água na

---

[*] *Yuppie é a denominação dada aos jovens que nos anos 80 enriqueceram de forma rápida, principalmente atuando no mercado de ações, e que tinham um modo de vida particular decorrente de sua situação financeira. Muito ambiciosos e competitivos, viviam quase sempre em situações de grande agitação e estresse. (N.T.)*

[*] *A grande importância das plantas assim como das algas e bactérias fotossintetizantes é que estes organismos representam a base de toda a cadeia alimentar e a clorofila que eles contêm desempenha um papel primordial na captação de energia que os mantêm vivos. No quadro anterior foi descrito o que é um quelante. A molécula de clorofila é um quelante natural ligando o magnésio no centro de sua estrutura. (N.T.)*

qual foram cozidos os vegetais verdes — você acabe descartando metade do magnésio proveniente destes vegetais. Alguns alimentos são muito ricos no teor de magnésio, tais como amêndoas, castanhas brasileiras, caju, soja, farelo, chocolate e levedura de cerveja. Todos estes alimentos apresentam mais de 200 mg de magnésio para cada 100 g do respectivo alimento.

O Dr. Eric Trimmer, no seu livro *Magic of Magnesium*, argumenta que as dietas modernas interferem na absorção do magnésio devido ao aumento da ingestão de fosfato. Esta combinação, fosfato de magnésio, resulta em um composto altamente insolúvel. Este livro também proclama, de forma surpreendente, que o magnésio pode aliviar a síndrome pré-menstrual e combater a osteoporose. Trimmer recomenda aumentar a quantidade de magnésio em nossa dieta pela ingestão de farelo, coco, e castanhas brasileiras — todos estes alimentos contêm mais de 0,4% deste metal.

Magnésio é o quinto metal mais abundante na superfície da Terra (após alumínio, ferro, cálcio e sódio) e existem montanhas de minérios como as dolomitas* (carbonato de cálcio e magnésio) e carnalita (cloreto de cálcio e magnésio). Os sais de magnésio são lentamente lixiviados da terra pelos rios e levados até o mar, o que pode explicar porque a água do mar é constituída de 0,12% deste metal, com os oceanos comportando trilhões de toneladas de magnésio. A produção comercial deste elemento excede a cifra de 300.000 toneladas anuais, sendo metade deste valor extraído da água do mar. A maioria do magnésio é usado para retirar o enxofre no refino do aço e para formar liga com alumínio de forma a torná-lo mais resistente. Existe um mercado emergente para os equipamentos que são feitos de magnésio metálico, e embora o magnésio seja renomado pelo seu poder ígneo, o metal bruto não queima e tubos de magnésio podem ser seguramente soldados.

Em 1990, na corrida ciclística do Tour de France, o líder da equipe holandesa, Phil Anderson, dirigia uma bicicleta cujo quadro era feito inteiramente de magnésio. Isto conferiu uma melhor combinação de resistência e leveza que os quadros feitos de aço, que são aproximadamente cinco vezes mais pesados, e mesmo dos quadros de alumínio que são uma vez e meia mais pesados. Um quadro de bicicleta de magnésio pode ser moldado em uma única peça sem a necessidade de juntas soldadas, o que maximiza a resistência e leveza.

O magnésio também é usado na confecção da estrutura de malas, *disk drives* e partes das câmeras onde novamente a leveza é importante. A produção para o século 21, deste metal tão versátil, é estimada em 500.000 toneladas ao ano, uma vez que os fabricantes de carro descobriram os benefícios que o magnésio pode trazer ao meio ambiente na obtenção de veículos mais leves e duráveis. A Mercedes-Benz já o utiliza na fabricação de parte dos assentos e a Porsche nas rodas de seus veículos. Carros mais leves significam um menor consumo de combustível e menor perigo quando ocorrem colisões.

---

* *O nome deste minério advém do mineralogista francês Dolomieu, que identificou em 1795 este tipo de rocha em uma cadeia de montanhas localizadas no nordeste da Itália, que hoje recebem o nome de Dolomitas. Uma das características dessas montanhas é a coloração dourada-avermelhada produzida por este tipo de rocha quando ocorre a incidência dos raios solares, particularmente ao amanhecer e entardecer. (N.T.)*

QUADRO 6
O elo perdido
• zinco •

Alguns nutricionistas acham que o zinco pode estar sendo fornecido em pequenas quantidades nas dietas ocidentais modernas, e existe uma opinião crescente de que estamos mais sujeitos a apresentar uma deficiência de zinco do que de ferro. É bem provável que no futuro os cereais matinais possam ser fortificados também com zinco. O zinco ajuda nosso corpo de duas maneiras: ele está presente em várias enzimas, e mais de uma centena que o contém já foram identificadas; e faz parte da proteína que atua como um dos fatores de transcrição, e estes parecem ser ainda mais numerosos (transcrição é o processo pelo qual RNA é sintetizado a partir de um molde de DNA).

A presença de zinco nas enzimas foi a primeira das suas funções a ser reconhecida, sendo ele o protagonista da maioria destas enzimas — especialmente das enzimas que regulam o crescimento, desenvolvimento, longevidade e fertilidade. Pessoas que vivem em algumas partes do mundo, especialmente no Oriente Médio e Egito, onde a quantidade de zinco no solo é baixa, podem exibir sintomas originados pela carência de zinco tais como o retardamento do crescimento.

A importância do zinco para certas enzimas foi descoberta no início do século XX, mas foi somente em 1968, no Irã, que os primeiros casos da deficiência de zinco vieram à luz. Foi no Irã que o Dr. Ananda Prasad ficou intrigado por um de seus pacientes, um jovem de 21 anos, que tinha o peso e o desenvolvimento sexual de um garoto de 10 anos. A sua dieta consistia principalmente em pão sem fermento, leite e batatas. Ele não era o único exemplo, e Prasad encontrou outros com os mesmos problemas de desenvolvimento. A partir do seu conhecimento dos efeitos da deficiência de zinco em animais, o médico suspeitou que aqueles homens sofriam do mesmo tipo de condição, embora previamente ela não houvesse sido diagnosticada em humanos. Quando Prasad transferiu-se para o Egito ele começou a pesquisar este problema de forma mais profunda, utilizando como sujeitos os jovens que haviam sido recusados pelas forças armadas egípcias devido a sua estatura, similar à dos pigmeus. Usando a metodologia do teste duplo-cego com suplementos de sulfato de zinco ou placebo, ele foi capaz de demonstrar que a deficiência de zinco realmente era a causa, e em 1972 Prasad publicou seus resultados. Ele se tornou uma autoridade mundialmente reconhecida no metabolismo do zinco, e escreveu um livro, *The Biochemistry of Zinc* que passou a ser o trabalho definitivo de referência neste assunto. O livro também inclui considerações da disfunção genética conhecida como acrodermatite enterofática, que antes era considerada fatal para todas as crianças que nasciam com esta disfunção, mas que agora podem ser curadas com doses de zinco.

Para a maioria das pessoas, a ingestão de zinco não é um problema. Um adulto padrão contém cerca de 2,5 g, principalmente nos tecidos do músculos, e da ingestão dos alimentos ele obtém de 5 a 40 mg ao dia, dependendo de sua predileção por carne. A ingestão pelos homens deve ser de aproximadamente 7,5 mg ao dia e a das mulheres, 5,5 mg. Carne de boi, cordeiro e fígado apresentam os maiores níveis de zinco, como também o fazem ostras, arenque e a maioria dos queijos. Vegetarianos estritos podem conseguir zinco de sementes de girassol e abóbora, levedura de cerveja, melados e farelo de cereais.

Em nosso corpo os níveis de zinco são maiores na próstata, músculos, rins e fígado; o sêmen é particularmente rico em zinco. Algumas evidências sugerem para alguns poucos indivíduos, mesmo nos ocidentais, que a sua alimentação pode ser deficiente neste elemento, e que isto seria responsável pela baixa contagem de espermatozóides nos homens de algumas regiões. Ostras são uns dos alimentos mais ricos em zinco e uma libra (1 libra = 453,59 g) delas fornece 120 mg. O grande amante do século XVIII, Casanova, se regozijava com elas, apesar de ele desconhecer o fato de que elas estariam aumentando os seus níveis de zinco, que poderiam estar sendo diminuídos pelas suas atividades promíscuas.

O zinco também desempenha uma função no que diz respeito ao álcool. O álcool é quebrado no fígado por enzimas chamadas de álcool deidrogenase, que tem um átomo de zinco em seu centro. O consumo excessivo de álcool danifica o fígado, e já é conhecido há muito tempo que os doentes de cirrose têm baixos teores de zinco neste órgão vital. Mais uma vez, se o dano não é severo, suplementos de zinco podem restabelecer as funções do fígado.

Felizmente, os sais de zinco não são tóxicos aos humanos, e podem ser adquiridos em várias farmácias. Esses sais são freqüentemente recomendados para enfermidades em que os tratamentos convencionais parecem não funcionar, como nos casos de anorexia nervosa, tensão pré-menstrual, acne e o resfriado comum.

Qual deveria ser a ingestão de ferro, magnésio e zinco para um pessoa padrão? Se você é mulher preocupe-se com o ferro e se você é homem com o zinco. Ambos os sexos, na verdade, devem escutar os conselhos da vovó e começar o seu dia com uma boa tigela de farelo de cereais como o All-Bran. Se bem que estes alimentos sejam recomendados especialmente por causa das fibras que contêm, eles também podem fornecer muitos metais úteis, como a tabela a seguir nos mostra.

Os metais essenciais no farelo e no All-Bran

Metal	Farelo[1]	DDR[2]	All-Bran[3]
potássio	1.160	3.500	480
magnésio	1.520	300	88
cálcio	110	700	45
sódio	28	1.600	36
zinco	16	7,5; 5,5[4]	2,5
ferro	13	9; 15[4]	3,5
cobre	1	2	0,4

[1] mg por 100 g. [2] Dose diária recomendada para um adulto padrão. [3] Quantidades encontradas na porção recomendada de 40 g do produto. [4] O primeiro número é para homens, o segundo para mulheres

O farelo é a casca protetora dos cereais. Essa casca é geralmente removida quando se faz a farinha, porque é constituída essencialmente de celulose que o nosso organismo não pode digerir, embora atue como a fibra que nos ajuda a manter a saúde regular. A tabela fornece as quantidades diárias recomendadas para os sete metais mais importantes requeridos pelo nosso organismo, e também a quantidade que você conseguiria ao ingerir uma tigela de All-Bran no seu café da manhã. Este farelo pode ser tomado com leite semidesnatado, o que aumentaria a quantidade de alguns destes metais como sódio e cálcio. Apesar de ser chamado de All-Bran (algo como só farelo, ou completamente constituído de farelo - N.T.), este cereal matinal na verdade é formado por três quartos de farelo de trigo. O farelo em si não tornaria o café da manhã tão agradável, enquanto que após ser cozido com açúcar, e temperado com malte e sal, ele produzirá um saboroso e nutritivo começo para o seu dia.

QUADRO 7
Bronzeado e bonito
• cobre •

Se olharmos para a tabela contida no início desta galeria veremos que existem oito metais essenciais dos quais temos somente uns poucos miligramas em nosso corpo. Esses metais são: cobre, estanho, vanádio, crômio, manganês, molibdênio, cobalto e níquel. Não existe perigo caso não os obtenhamos em quantidades suficientes no que comemos; na verdade, o perigo ocorre se tomarmos muito destes elementos, uma vez que eles apresentam um efeito antagonista sobre os outros metais de nosso corpo. O cobre é um destes elementos, e grandes ingestões causam sérios problemas.

O cobre é necessário para que as enzimas* envolvidas na utilização do oxigênio o façam de forma eficiente. Não existe perigo caso a nossa dieta não forneça cobre suficiente, o qual não é somente abundante em vários alimentos, mas que também pode vir junto com a água potável se nós moramos em uma região de água leve que é transportada por canos de cobre**. Na verdade, tem sido sugerido que nós tomamos muito cobre, e que ele atua contra o ferro e o zinco em nosso organismo, uma vez que substitui estes metais dos seus sítios ativos.

Em 1818 Christian Friedrich Bucholz detectou cobre nas cinzas vegetais. Em 1850 ele foi detectado nas algas marinhas que haviam sido coletadas perto de Saint-Malo, França. Mas talvez a descoberta mais surpreendente foi a realizada em 1847 por E. Harless, que descobriu que o sangue de polvo e das lesmas, que é azul, contém cobre. Hoje sabemos que as aranhas também têm sangue azul, e que todas essas criaturas usam átomos de cobre na hemocianina para transportar o oxigênio pelo corpo enquanto que os mamíferos utilizam átomos de ferro contidos na hemoglobina para realizar esta tarefa.

O cobre é essencial para todas as espécies, mas ele pode ser tóxico e 30 g de sulfato de cobre matam uma pessoa. O sulfato de cobre já foi um componente muito comum nos kits de química para crianças, porém atualmente é proibido ele integrar estes jogos. Contudo, nós não somos muito predispostos ao envenenamento pelo sulfato de cobre, uma vez que doses altas atuam como um emético, causando rapidamente vômito, o que o colocará para fora de nosso organismo.

Precisamos ingerir cerca de 1,2 mg de cobre ao dia, e mulheres que estão amamentando precisam de cerca de 1,5 mg. Cobre é melhor obtido de carnes, onde ele se encontra na forma de cobre-proteínas. Os alimentos que são mais ricos em cobre são ostras, caranguejos, lagostas, cordeiros, pato, porcos, carne de vaca, especialmente os rins e fígado, amêndoas, nozes, castanhas brasileiras, sementes de girassol, soja, germe de trigo, leveduras, óleo de milho, margarina, cogumelos e, naturalmente, farelo de trigo. A quantidade de cobre em nossa dieta varia consideravelmente entre 0,5 e 6 mg ao dia, dependendo principalmente de quanto dos alimentos mencionados acima consumimos. O cobre se concentra em nosso organismo principalmente no fígado e nos ossos, e uma pessoa padrão apresenta em seu corpo cerca de 72 mg.

Cristais de cobre ocorrem naturalmente e esta é a fonte de onde provavelmente eram feitos os leitos de cobre pelas populações do noroeste do Iraque milhares de anos atrás.

---

* *Na cadeia respiratória existe uma classe de enzimas conhecidas como citocromo-c oxidase que apresentam quelatos que contêm ferro e cobre. É da interação entre os sítios de ferro e cobre nestas enzimas que o oxigênio que respiramos é transformado em água, sendo neste processo liberada energia, que será utilizada em outros processos celulares. (N.T.)*

** *Água leve, ao contrário da água dura, é a que contém baixas concentrações de cálcio e magnésio. Antigamente as tubulações eram constituídas por canos de cobre, hoje no Brasil isto não é mais usual. (N.T.)*

Objetos de puro cobre estão associados às primeiras dinastias do antigo Egito. A fusão de minério de cobre teve início há cerca de sete mil anos, no Egito, mas o cobre só se tornou um metal-chave no desenvolvimento humano, quando foi aproveitado em grande escala na forma de ligas de bronze. A era do bronze teve início por volta de 3000 a.C. e teve fim ao redor de 1000 a.C., embora estas épocas variem consideravelmente de uma civilização para outra. Como o bronze foi descoberto nós não sabemos, mas os povos do Egito, Mesopotâmia e dos vales hindus já estavam familiarizados com ele ao redor de 3000 a.C.

O cobre é um metal que não é difícil de ser obtido de seus minérios, porém é relativamente mole. Somente quando ele é endurecido pela adição de estanho, na proporção de duas partes de cobre para uma de estanho, é que ele forma a liga conhecida como bronze. O nome do cobre deriva do nome romano *Cuprum* para Chipre*, que tinha sido a principal exportadora deste metal muito tempo antes de tornar-se parte do Império Romano.

O principal minério de cobre é um sulfeto amarelo de cobre-ferro chamado de calcopirita, que hoje é extraído nos Estados Unidos, Zaire, Canadá, Chile e Rússia, e corresponde a 80% do cobre obtido (os subprodutos da extração de cobre a partir da calcopirita são prata e ouro). O minério mais famoso de cobre é um mineral verde chamado de malaquita, que é usado para polir tábuas, mesas e colunas, sendo escavado em vários países. A produção mundial de cobre chega a seis milhões de toneladas ao ano, e as reservas exploráveis devem durar apenas por mais 50 anos. Esta previsão pode ser menos pessimista se levarmos em consideração que cada vez menos cobre se faz necessário pois as redes de comunicação estão mais propensas à utilização de fibras de vidro em vez de fios de cobre.

O cobre é ideal para fiação elétrica por ser facilmente trabalhado, podendo ser transformado em fios finos, e ele apresenta uma grande condutividade elétrica. Este metal também conduz calor muito bem, sendo outrora usado para a confecção de panelas, chaleiras e cafeteiras. Tradicionalmente o cobre foi conhecido como um dos metais cunháveis, assim como a prata e o ouro, e foi a base das moedas em circulação do mundo antigo. Visto que ele era o metal mais comum, ele naturalmente era a moeda menos valorizada deste grupo (cobre, prata, ouro).

O cobre é resistente à água e à chuva, e é usado para telhado em edifícios públicos, onde é lentamente recoberto por uma atraente superfície verde de carbonato de cobre.

◆ **Q U A D R O 8** ◆

Um retrato de família

- estanho •
- vanádio •
- crômio •
- manganês •
- molibdênio •
- cobalto •
- níquel •

Estes metais podem ser necessários somente em quantidades muito diminutas cujo fornecimento total durante toda a nossa vida seja menor que 30 g. Eles são considerados essenciais por terem sido achados como constituintes integrais de várias enzimas isoladas em animais, e que catalisam processos que também fazem

---

* Chipre é uma ilha do Mar Mediterrâneo, hoje constituindo-se em uma república independente. O nome Cuprum é mais assemelhado à palavra cobre em inglês, copper. (N.T.)

parte do sistema humano. Parece razoável considerá-los também essenciais para nós. Uma vez que as quantidades de que necessitamos são diminutas, isto geralmente significa que existe pouco risco para nós caso não obtenhamos quantidades suficientes destes elementos. Aqui neste quadro, veremos cada um deles de forma breve, e na ordem decrescente da sua abundância em nosso corpo.

Estanho

Uma pessoa padrão pesando 70 kg tem aproximadamente 20 mg de estanho em seu corpo, sendo que um pouco deste estanho provém das embalagens metálicas e dos alimentos enlatados. Nossa ingestão diária é de cerca 0,3 mg, mas não existem provas da deficiência deste metal em humanos, ou da real necessidade deste elemento. Ele pode ser essencial para alguns seres, e ratos alimentados com uma dieta sem estanho apresentaram problemas de crescimento, sugerindo portanto que ele pode representar algum papel essencial. O mesmo pode ser verdadeiro para humanos.

O estanho era conhecido pelas civilizações antigas. Um anel e um cantil de estanho foram encontrados em uma tumba egípcia da décima oitava dinastia (1580-1350 a.C.). A folha-de-flandres, que é ferro recoberto com uma camada protetora de estanho, foi primeiramente mencionada por Teofrasto em 320 a.C. O símbolo químico para o estanho é Sn, derivado do seu nome em latim *stannum*. O estanho foi comercializado no Mediterrâneo pelos fenícios, que o obtinham da Espanha, Grã-Bretanha, Ilhas Scilly e a Cornualha. Júlio César menciona o estanho britânico em seu livro Comentários sobre a Guerra Gálica (*De Bello Gallica*, em latim). Existia uma ampla indústria de revestimento com estanho na Idade Média nas regiões da Boêmia e Saxônia. No início do século dezenove foi descoberto que comida, particularmnte carne, que era selada em latas feitas de folhas-de-flandres era conservada por longo tempo. Comer esta carne, entretanto, poderia ser mortal como veremos na Galeria 8.

A toxicidade da maioria dos compostos de estanho é baixa, mas existe evidência que alguns compostos orgânicos de estanho podem ter efeitos mutagênicos e carcinogênicos em animais. Nestes compostos o estanho está quimicamente ligado ao carbono, e estes derivados são tóxicos. Alguns compostos orgânicos de estanho são usados em tintas anti-encrustação para navios e barcos para prevenir o crescimento de crustáceos, mas mesmo em níveis muito baixos estes compostos são mortais para outros tipos de vida marinha como ostras, e estão, por isso, sendo retirados.

O estanho é um metal mole e dobrável, mas ele não é usado como tal, pois abaixo de 13° C ele lentamente transforma-se em pó — um efeito conhecido como praga do estanho. Desta propriedade configurou-se o mito de que o Grande Exército de Napoleão, congelou até a morte na sua retirada de Moscou em 1812 porque todos os botões do uniforme dos soldados eram feitos de estanho, os quais se desinte-graram no frio intenso. Hoje o estanho é usado para a confecção de placas de aço usadas em latas e em soldagem. O principal minério é a cassiterita (óxido de estanho), que é extraída na Malásia, Sumatra, Rússia, China, Bolívia e Zaire. A produção mundial é de 165.000 toneladas por ano, e embora as reservas conhecidas se esgotarão em aproximadamente 30 anos considerando-se o consumo atual, é possível reciclá-lo de sua principal utilização, latas de estanho.

Vanádio

Como o estanho, existe mais vanádio no corpo humano do que parece ser necessário. Uma pessoa padrão pesando 70 kg contém aproximadamente 20 mg, e apresenta uma ingestão de cerca de 2 mg ao dia. Credita-se ao vanádio ser o regulador de uma das enzimas que governam a forma pela qual o sódio opera em nosso organismo, mas ele também pode exercer outras funções. Este elemento despertou o interesse dos nutricionistas primeiramente em 1977, quando algumas formulações comerciais de trifosfato de adenosina (ATP) provocaram o descontrole do equilíbrio sódio-potássio que opera o sistema nervoso, e no qual acredita-se que o ATP esteja também atuando. ATP é uma molécula de alta energia presente em cada célula que opere vários processos metabólicos. A causa do desequilíbrio mencionado acima, foi determinada como sendo devida a traços de vanádio encontrado nas amostras das formulações comerciais de ATP. A partir disso gerou-se um grande interesse por este elemento, e apesar de ainda não ser claro como ele atua nos humanos existem fortes evidências de que ele é essencial para nós. Testes de alimentação em galinhas e ratos mostram que o vanádio tem um efeito relacionado com a promoção do crescimento, e o mesmo é igualmente provável para os seres humanos.

O vanádio é um metal brilhante prateado usado principalmente em ligas metálicas, especialmente em aço. Ele foi descoberto em 1801 por Andrés Manuel del Rio na Cidade do México, e depois redescoberto em 1831 por Nils Gabriel Selfström em Falun, Suécia. Embora existam muitos minérios ricos em vanádio,

ele não é extraído como tal, mas geralmente obtido como subproduto de outras fontes, e do petróleo venezuelano. A produção mundial é de 7.000 toneladas por ano.

Crômio

Uma pessoa padrão pesando 70 kg tem ao redor de 14 mg de crômio em seu corpo. Foi demonstrado que animais com deficiência de crômio têm sua capacidade de usar glicose dificultada, sofrendo de diabetes suaves, e têm reduzidos níveis de colesterol. O mesmo pode ser verdadeiro para humanos, mas não se comprovou que o crômio seja um elemento essencial, embora existam poucos casos registrados de pessoas que sofrem de deficiência de crômio. Tem sido observado em norte-americanos que ocorre uma queda acentuada de crômio com o aumento da idade, porém o que origina isto não é conhecido. Caso venha a ser demonstrado que é prejudicial à saúde, então dietas poderão ser suplementadas com alimentos que contêm grandes quantidades deste elemento como levedura de cerveja, melaço, germe de trigo, e rins (não seria sábio suplementar a dieta com sais inorgânicos de crômio, uma vez que eles são altamente tóxicos).

Os alimentos que apresentam as maiores quantidades de crômio são ostras, fígado de vitelo, gema de ovos, amendoim, suco de uva, germe de trigo, e pimenta-do-reino. A média de nosso consumo diário varia de 10 mcg a 1.200 mcg (1,2 mg), enquanto que a excreção diária tem sido medida na faixa de 50 a 200 mcg. Crômio é venenoso por ingestão, e pequenas quantidades como a de 200 mg são perigosas. Ele também é suspeito de ser carcinogênico, e os compostos conhecidos como cromatos têm uma ação corrosiva sobre a pele e tecidos. O crômio é extraído principalmente como um mineral negro de ferro-crômio chamado cromita, na Turquia, África do Sul, Zimbábue, Rússia e Filipinas, e a produção mundial é de aproximadamente 20.000 toneladas por ano. O crômio é um metal duro azul-esbranquiçado, que pode ser polido até se obter um brilho muito intenso e que resiste à oxidação e corrosão ao ar. Os seus maiores usos são em ligas metálicas, galvanização e metais cerâmicos. O seu nome deriva do grego chroma que significa cor, porque freqüentemente os seus sais são muito coloridos. O pigmento amarelo de cromo (cromato de chumbo) foi muito popular entre os pintores devido ao seu brilho marcante.

Manganês

A pessoa padrão pesando 70 kg tem cerca de 12 mg de manganês em seu corpo. Todas as plantas e animais precisam deste metal mas a sua função exata é ainda obscura, embora tenha sido demonstrado que ele está envolvido no metabolismo da glicose e no uso da vitamina B_1, e que ele está associado ao RNA. Em 1931 A. R. Kemmerer e colaboradores provaram que o manganês é essencial para camundongos e ratos, e em 1936 foi demonstrado que a doença perose nas galinhas poderia ser prevenida dando a elas manganês. Compostos de manganês são adicionados aos fertilizantes e rações animais, porque alguns solos são pobres deste elemento e animais que pastam neste tipo de solo podem sofrer de deficiência de manganês.

A ingestão diária em nossa dieta é de 4 mg, mas pode variar de 1 a 10 mg, sendo o valor maior, o qual não é muito distante, da dose perigosa de ingestão que é de 20 mg. Entretanto, a toxicidade do manganês depende muito do tipo de composto em que ele está contido. O íon divalente de manganês (Mn^{2+}), que é como nós normalmente o tomamos, não é muito venenoso, mas o íon permanganato (MnO_4^-) é muito tóxico. Compostos de manganês são carcinogênicos e teratogênicos experimentais. Poucos envenenamentos têm sido causados pela ingestão de compostos de manganês, mas a exposição à poeira ou vapores é um risco à saúde e em condições de trabalho não deve exceder 5 mg/m^3 mesmo por curtos períodos. Trabalhadores que respiram os vapores do metal manganês podem ser afetados com a chamada "febre da fumaça", cujas manifestações são fadiga, anorexia e impotência.

Não é necessário que humanos tomem suplementos de manganês porque nós obtemos mais que o necessário em nossa dieta. Alimentos ricos em manganês são sementes de girassol, coco, amendoim, amêndoa, castanhas brasileiras, mirtilo azul, azeitonas, abacate, milho, trigo, farelo de trigo, arroz, aveia e chá.

A produção mundial de manganês excede o valor de seis milhões de toneladas ao ano, sendo os principais produtores a África do Sul, Rússia, Gabão e Austrália. Existe uma estimativa de que no solo do oceano Pacífico existam cerca de um trilhão (10^{12}) toneladas de manganês, porém se ele fosse coletado ele o seria mais por causa do cobre, níquel e cobalto que estes depósitos minerais contêm, do que pelo manganês propriamente dito. O manganês não é usado como metal puro: 95% do minério escavado é utilizado para a confecção de ligas, principalmente com metais não ferrosos tais como cobre e alumínio; e os outros 5% são usados para produzir compostos de manganês. A adição de manganês melhora a força, propriedades de trabalho e a resistência ao uso do aço.

A cor da ametista verdadeira é devida a traços de manganês. O mineral pirolusita, que é na verdade óxido de manganês, foi usado por fabricantes de vidro na Idade Média para remover o matiz esverdeado do vidro natural — uma pequena quantidade é adicionada ao vidro fundido originando um material cristalino claro. Se quantidades maiores são adicionadas o vidro assume uma coloração púrpura.

O manganês foi um dos primeiros metais a ser encontrado em todos os organismos vivos. Mesmo no século XVIII foi demonstrado que quando ácido clorídrico era adicionado às cinzas de cepos, era liberado gás cloro — um claro sinal de que dióxido de manganês encontrava-se presente, porque esta substância química reage com o ácido clorídrico liberando gás cloro. Também foi observado que o mesmo acontecia com as cinzas de outras plantas. Em 1808 manganês foi encontrado em ossos de boi, em 1811, em ossos humanos, e em 1830 no sangue humano.

Molibdênio

A pessoa padrão possui cerca de 5 mg de molibdênio em seu corpo, mas essa quantidade, se tomada em uma dose única seria perigosa, e 50 mg são suficientes para matar um rato.

Um ser humano comum ingere cerca de 0,3 mg de molibdênio ao dia. Os alimentos que têm a maior quantidade de molibdênio são a carne de porco, cordeiro, fígado, sementes de girassol, soja, lentilhas, ervilhas e aveia.

Apesar da sua toxicidade o molibdênio é essencial para todas as espécies. Existe uma enzima encontrada nos mamíferos, xantina oxidase, na qual o molibdênio está presente e que tem a função de produzir ácido úrico, que é a maneira pela qual nós excretamos o nitrogênio de que não fazemos uso em nosso corpo. Caso esta enzima aumente muito a sua atividade isto pode levar à doença conhecida como gota, que resulta no doloroso acúmulo de cristais pontiagudos de ácido úrico nas articulações. Os tratamentos modernos têm como alvo a enzima, de forma a diminuir a sua atividade.

Existem 20 enzimas que contêm molibdênio, e a mais conhecida delas é a enzima fixadora de nitrogênio, nitrogenase, encontrada nos nódulos das raízes de certas plantas como as leguminosas, como veremos quando examinarmos o quadro sobre o nitrogênio na Galeria 6. Outra enzima que apresenta nitrogênio é necessária no metabolismo do álcool. O álcool é primeiramente convertido em acetaldeído por uma enzima que contém zinco, o aceltadeído então é convertido em ácido acético por uma enzima que contém molibdênio, sendo então utilizado como fonte de energia em nosso organismo e transformado em dióxido de carbono. Alguns povos, como os japoneses, apresentam baixos níveis desta enzima que contém molibdênio, o que acarreta o fato de eles processarem álcool muito mais lentamente que outros grupos étnicos, ficando embriagados com quantidades muito menores de álcool.

O molibdênio também atua no metabolismo do enxofre nas algas, sendo convertido em dimetil sulfóxido, e depois, mediante uma enzima de molibdênio, em dimetil sulfeto, que é volátil. Este gás evolui do mar até a atmosfera onde é oxidado a ácido sulfônico-metano o qual aciona a formação de nuvens. O dimetil sulfeto também é o responsável pela atração das aves marinhas para as áreas onde o mar é rico em nutrientes e onde normalmente é mais provável encontrar maiores quantidades de peixe.

A produção mundial de molibdênio é de cerca 80.000 toneladas por ano, obtidos principalmente de minas nos Estados Unidos, Austrália, Itália, Noruega e Bolívia, porém as reservas conhecidas devem durar por apenas mais 50 anos. A maior parte do molibdênio é convertido em sulfeto de molibdênio que é usado em óleos como lubrificantes e em aditivos anticorrosão. O molibdênio é também usado em catalisadores, eletrodos, ligas de aço, fios de suporte para filamentos em lâmpadas, e em máquinas de raios-X.

Cobalto

A pessoa padrão pesando 70 kg tem em seu corpo cerca de 3 mg de cobalto, e sabemos que este metal é realmente essencial para os seres humanos uma vez que ele é um componente importantíssimo na constituição da molécula da vitamina B_{12}. Ainda temos que um excesso de cobalto em nossa dieta pode afetar a tireóide e danificar o coração, e suspeita-se que o cobalto seja um elemento carcinogênico. A ingestão diária proveniente da dieta é muito variável, e pode ser tanto quanto 1 mg, mas todo cobalto, exceto o que está na forma de vitamina B_{12}, passará através do organismo sem ser absorvido. Alimentos ricos em vitamina B_{12} são sardinhas, salmão, arenque, fígado, rins, amendoim, ervilha, manteiga, farelo e melaço.

Este metal é comercialmente importante e as principais áreas de mineração são o Zaire, Marrocos, Suécia e Canadá. A produção mundial é de 17.000 toneladas por ano.

O cobalto pode ser magnetizado, como o ferro, e é utilizado para fazer magnetos. Ele também encontra utilização em cerâmicas e tintas. O isótopo radioativo cobalto-60 é usado em tratamentos médicos e também pode ser utilizado para irradiar alimentos. Esta irradiação tem como função destruir os organismos que causam a deterioração, e as bactérias prejudiciais que podem causar envenenamento alimentar.

Níquel

A pessoa padrão pesando 70 kg tem cerca de 1 mg de níquel em seu corpo. Níquel tem se mostrado essencial para algumas espécies, e está relacionado ao crescimento, mas o seu exato metabolismo não é claramente entendido. A necessidade humana pode ser tão pequena quanto 5 mcg ao dia, mas a ingestão diária é estimada em 150 mcg. O níquel ocorre nas vagens que contêm a enzima urease do feijão comum, que contém 12 átomos de níquel para cada molécula de enzima. Outra fonte relativamente rica em níquel é o chá, que tem 7,6 mg de níquel por quilo de folhas secas. Outras plantas geralmente têm menos que a metade desta quantidade.

A maioria dos compostos de níquel são não-tóxicos, mas alguns são venenosos, carcinogênicos e teratogênicos. Algumas pessoas são muito sensíveis ao níquel, e uma vez que ele é um componente do aço inoxidável essas pessoas sofrem de coceiras e eczemas quando utilizam relógios que têm pulseiras de aço inoxidável. A razão pela qual acredita-se que o níquel cause câncer é que ele pode substituir zinco e magnésio, os quais são cátions metálicos que atuam na DNA polimerase[*]. O átomo de níquel é um pouco diferente tanto do zinco como do magnésio, e portanto afeta o comportamento deste catalisador, talvez fazendo com que ocorra a ligação de um nucleotídeo errado na fita do DNA, o que resulta em uma seqüência incorreta de DNA. Se isto acontecer e o engano não for interrompido e retificado, então podemos ter uma célula cancerosa. Felizmente para nós, o processo de controle, retificação, inspeção e eliminação são muito eficientes e nos protege todo dia de tal ameaça, mas — claramente — se estivermos expostos a um excesso de níquel, talvez através de nossa atividade profissional, então ficaremos mais

---

As DNA polimerases representam uma classe de enzimas responsáveis pela formação de cadeias de DNA, processo este importante na reprodução celular. (N.T.)

propensos aos riscos causados por esse mecanismo de construção errônea do DNA.

    A produção de níquel metálico é de 510.000 toneladas por ano e as reservas conhecidas se esgotarão em cerca de 140 anos. Este metal é escavado na Rússia, Estados Unidos, Canadá e África do Sul. O níquel é um metal prateado que é fácil de manipular e pode ser moldado na forma de fios. Ele resiste à corrosão mesmo em altas temperaturas, e por esta razão é usado em turbinas e motores de foguetes. Baterias de níquel-cádmio podem ser recarregadas milhares de vezes sem perder a sua eficiência de trabalho, mas o cádmio representa uma ameaça ambiental, como veremos na Galeria 8. A maior parte do níquel acaba sendo utilizado na elaboração de ligas de aço originando o aço inoxidável, o qual é formado por 74% de ferro, 18% de crômio, e 8% de níquel. Existem muitas outras ligas de níquel, mas as ligas do futuro, chamadas de superligas de níquel, usadas em motores de foguetes e turbinas a jato, submetem-se a temperaturas acima dos 1.000° C. A mais utilizada é provavelmente a níquel-alumineto, uma notável liga de alumínio e níquel, que foi primeiramente desenvolvida no Laboratório Nacional Governamental em Oak Ridge, no estado do Tennessee. É até mesmo provável que algum dia esta liga se torne parte dos motores dos automóveis comerciais. O que faz a liga níquel-alumineto tão especial são suas propriedades térmicas particulares em altas temperaturas. A liga é seis vezes mais forte que o aço inoxidável, tornando-se mais forte à medida que aumenta a temperatura. A 800° C ela é duas vezes mais forte do que à temperatura ambiente. Quanto mais quente você opera um motor mais eficiente ele se torna, portanto a pesquisa se direciona à procura de materiais que permitirão a elaboração de motores que funcionem a temperaturas acima dos 1.000° C. A liga de níquel-alumineto é uma das superligas que têm a capacidade de operar a estas temperaturas.

COMEÇANDO VIDAS, SALVANDO VIDAS, ATRAPALHANDO VIDAS

Em exposição, moléculas que podem ajudar e prejudicar o bebê

- Protegendo o que está para nascer
- Leite materno
- Química sexual
- Chifres de rinoceronte
- Um beijo no Natal
- Era a noite da véspera do Natal

GALERIA 3A

Coleção particular — Visitação restrita

- Nas asas de um pássaro
- Acabando com a exploração das drogas
- Hábito desagradável
- Fumar um cigarro ou lamber um sapo
- Talvez sonhar

Nesta galeria nós veremos os quadros de moléculas que podem nos afetar profundamente, e não só a nós mesmos, mas também afetar uma nova vida que carregamos dentro de nós, ou ainda a vida que gostaríamos de criar. Em uma sala particular no fim da galeria estão uns poucos quadros que achamos não serem adequados para uma exibição pública, e a visita a eles será permitida somente para algumas pessoas selecionadas. Nesta sala encontram-se quadros de moléculas consideradas indesejáveis, mas cuja erradicação está se mostrando difícil, se não impossível.

Poucas coisas são mais importantes que a criação de uma nova vida, e a natureza tem uma atitude um tanto quanto nobre neste processo, investindo grandes quantidades da matéria-prima necessária. As mulheres têm a capacidade de produzir cerca de trezentos óvulos durante a vida, e os homens de produzir trezentos milhões de espermatozóides por semana. Apesar desta abundância a população tem sido mantida sob controle de diversas maneiras — altos índices de mortalidade infantil, fome, doenças, guerras; mas mesmo assim, hoje temos um mundo que está superpovoado de seres humanos. Isto aconteceu através dos avanços da ciência, que tem auxiliado na diminuição dos três primeiros flagelos naturais citados, embora tenha tornado a guerra ainda pior. Infelizmente a ciência ainda não trouxe à tona a resposta de como obter um melhor controle dos nascimentos em várias partes do mundo, mas tem feito o possível no planejamento cuidadoso da paternidade. A ciência tem também feito o possível para garantir que, se você decide ter um bebê, então o bebê que você está trazendo ao mundo deve ser perfeito. A única oração que os pais em potencial nas nações desenvolvidas julgam necessária é "por favor, faça com que nosso bebê seja perfeito". Existem umas poucas precauções simples que uma mãe pode tomar para garantir que o seu bebê tenha uma boa chance de evitar alguns riscos que o afetariam seriamente. Nesta parte da Galeria existem duas moléculas que ela precisa considerar.

◆ QUADRO 1 ◆

Protegendo o que está para nascer
• ácido fólico •

O ácido fólico é encontrado em plantas, animais e microrganismos tais como fungos e leveduras. Ele está presente na grama, asas das borboletas e escamas de peixe. Os humanos também precisam dele, como um componente essencial para vários processos metabólicos. E também o feto no útero, particularmente durante as primeiras semanas de crescimento, porque sem ácido fólico ele pode não se desenvolver adequadamente e poderá nascer com uma doença conhecida como espinha bífida. Um bebê com a espinha bífida possui a medula espinhal exposta, a qual pode ser danificada causando a paralisia das pernas. Esta doença pode ser diagnosticada verificando-se a presença de uma proteína não comum no fluido amniótico, ou pelo ultrassom, e se essa doença for detectada então a mãe pode ter a gestação interrompida. Tristemente, nem todos os casos são detectados, mas graças à cirurgia moderna muitos dos que nascem com este problema conseguem ter uma vida normal.

A espinha bífida pode ser prevenida se a futura mãe tiver uma dieta que contenha ácido fólico suficiente. Como já mencionado acima, sem ácido fólico o feto não se desenvolve adequadamente. A mulher pode adquirir seu estoque de ácido fólico ingerindo alimentos tais como fígado, aspargos, espinafre, lentilhas, amendoim, cogumelos, leveduras e farelo de trigo, todos eles contendo quantidades abundantes de ácido fólico. Alguns pães são atualmente enriquecidos com ácido fólico. Os alimentos com os maiores níveis deste composto são fígado, com 250 partes por milhão (ppm); couve-de-bruxelas (100 ppm); espinafre (90 ppm); brócolis (65 ppm); e laranja (50 ppm). Certas marcas de *cornflakes* e farelo de cereais são atualmente fortificadas com ácido fólico em quantidades de até 250 ppm, mas as fontes mais ricas são extratos de carne, como Bovril, e extratos de leveduras, como Marmite e Vegemite, que contêm ácido fólico em quantidades acima de 1.000 ppm.

O ácido fólico apresenta vários efeitos no metabolismo humano, alguns ainda inexplicáveis, tal como um aumento da tolerância à dor. Este ácido é necessário para a síntese de ácidos nucléicos, o crescimento e a formação do sangue. A deficiência do ácido fólico leva a uma reduzida formação de anticorpos. O ácido fólico era chamado de vitamina M, embora hoje ele seja reconhecido como uma das vitaminas do grupo B. Sua principal função parece ser a de auxiliar na construção de outras moléculas, e a sua especialidade reside no fornecimento de uma unidade de carbono para a molécula que está se formando. Ácido fólico é muito eficiente na função de coletar tais unidades de carbono de outras fontes e então manipulá-las até quando elas forem necessárias para os componentes celulares como o DNA, e para os aminoácidos como a metionina.

Nós temos a capacidade de armazenar uma certa quantidade de ácido fólico em nosso fígado, mas quando a mulher está grávida, quando temos idade avançada ou se porventura estamos doentes com diarréia esta reserva pode ser diminuída se não temos um bom suprimento de ácido fólico em nossa dieta — ou das bactérias que vivem em nosso intestino. Elas também produzem ácido fólico que podemos absorver, mas o que elas fornecem é apenas uma pequena parte do que necessitamos. Os níveis de ácido fólico em nosso organismo são normalmente medidos pela análise da sua concentração nas células vermelhas do sangue e no plasma. Sem uma quantidade suficiente de ácido fólico ocorre um tipo de anemia chamada de anemia megaloblástica, e um quarto das mulheres grávidas parecem sofrer desta enfermidade. Por causa do seu bebê a mulher precisa ter uma quantidade de ácido fólico suficiente logo após a concepção — em um período em que ela ainda não pode constatar que está grávida. Se ela está com deficiência desta vitamina então o feto pode sofrer de um defeito no tubo neural, do qual a espinha bífida é o mais comum; o tubo neural forma-se cerca um mês após a concepção. Se uma mulher está planejando ter um bebê então aconselha-se que ela tome suplementos de ácido fólico e a melhor maneira de fazer isto é comprando tabletes de 400 mcg, que podem ser obtidos nas farmácias. Um tablete destes fornece a dose diária recomendada.

O ácido fólico pode ser feito sinteticamente a partir de seus componentes moleculares que são o ácido glutâmico, ácido p-aminobenzóico e pteridina. O ácido fólico puro é obtido na forma de cristais amarelo-escuros a partir da recristalização deste ácido em água morna, mas ele se decompõe quando soluções aquosas são aquecidas até a fervura e ele também é destruído pela ação da luz. Por estas razões uma grande parte desta vitamina é perdida no cozimento: os vegetais que contêm grandes quantidades de ácido fólico são justamente os que necessitam de maiores tempos de cozimento como por exemplo a couve-de-bruxelas e o espinafre. Portanto, para preservar esta vitamina, estes vegetais deveriam ser levados à fervura por curtos períodos de tempo.

O ácido fólico é definido como uma vitamina — em outras palavras, ele é um componente vital em nossa dieta o qual devemos obter dos alimentos que comemos. Outros organismos vivos, como as bactérias, podem produzir todo o ácido fólico de que necessitam, e esta característica pode ser usada para derrotá-las. Os primeiros antibióticos, as drogas à base de sulfa, funcionavam bloqueando a enzima-chave que a bactéria usa para fabricar o ácido fólico de que ela necessita, prevenindo assim a rápida multiplicação das bactérias. Este crescimento mais lento das bactérias permite que nosso organismo ganhe tempo na produção de anticorpos que as destruirão.

A função do ácido fólico na prevenção dos defeitos do tubo neural foi observada

por Richard Smithells da Universidade de Leeds, Inglaterra, em 1983, como resultado de um amplo estudo que foi realizado envolvendo 1.800 mulheres que previamente haviam dado à luz a bebês com espinha bífida, e que pretendiam ter uma outra criança. A elas foi administrada uma série de suplementos vitamínicos, sendo que metade delas recebeu ácido fólico. Um relatório publicado em 1991 mostrou que de 1.200 mulheres que deram à luz a um segundo filho, 27 bebês tinham defeitos no tubo neural. Destes, 21 haviam nascido de mulheres que não haviam tomado suplementos de ácido fólico, e que apenas seis eram de mulheres que haviam seguido as recomendações da ingestão de suplementos de ácido fólico.

O ácido fólico sozinho não previne todos os casos de defeitos no tubo neural, sendo esta a conclusão de um grupo de cientistas do Trinity College, de Dublin, Irlanda. Em 1993, eles publicaram um artigo no *Quarterly Journal of Medicine*, de um estudo envolvendo 56.000 mulheres grávidas. Segundo Ann Molloy, uma das médicas do grupo, a pesquisa demonstrou que tanto o ácido fólico como a vitamina B_{12} são fatores importantes na prevenção deste tipo de anomalia, sendo que ambos deveriam ser utilizados no enriquecimento de alimentos. O grupo de Dublin também sugere que as doses recomendadas ainda eram muito baixas. A Organização Mundial de Saúde utiliza como dose diária recomendada 200 mcg de ácido fólico, mas na experimentação com as mulheres grávidas foram utilizadas doses de 500 mcg e as diretrizes atuais sugerem que ao menos 400 mcg são necessários. Esta é portanto a quantidade que cada mulher jovem deveria cuidar de ter.

◆ QUADRO 2 ◆

Leite materno
• ácido araquidônico •

Mesmo que o feto se desenvolva seguramente ao longo dos três primeiros meses, que são os mais perigosos, podem ocorrer coisas erradas que levam o corpo a rejeitar o bebê antes que se complete a gravidez. Muitas vezes os cuidados médicos, assim como a utilização equipamentos de última geração podem não ser suficientes para garantir a vida destes bebês.

Apesar de todo o cuidado que lhes é dispensado, os bebês nascidos prematuramente demoram mais para ficarem em pé e são menores que os bebês normais mesmo quando atingem a idade de um ano. Eles também apresentam um alto risco de apresentar algumas incapacidades como paralisia mental e cegueira. Pesquisas têm demonstrado que estes bebês provavelmente estão em desvantagem em relação aos bebês normais devido à falta de ácido araquidônico em sua dieta. A placenta de uma mulher grávida fornece ao feto quantidades abundantes de ácido araquidônico, e o leite materno continua a fornecer este composto após o nascimento do bebê. Um bebê prematuro é subitamente cortado do suprimento de ácido araquidônico de que ele precisa; portanto, o bebê prematuro terá de obter o ácido araquidônico da alimentação que lhe será fornecida. Até recentemente a maioria dos substitutos do leite não forneciam ácido araquidônico, e o nível desta substância química no sangue dos bebês prematuros cai rapidamente a menos da metade dos de um bebê que ainda está no útero.

Michael Crawford, do Instituto de Química do Cérebro, do Hospital Hackney, Londres, tem pesquisado o efeito do ácido araquidônico no desenvolvimento do cérebro há mais de 20 anos. Em 1992 ele mostrou que a falta de ácido araquidônico era um sério problema para os bebês prematuros, e que esta era a principal razão por que eles não adquiriam o peso esperado nas semanas sucessivas ao nascimento. Crawford acredita que o ácido araquidônico deve ser incluído em fórmulas alimentares de maneira que o seu conteúdo nutricional seja o mais próximo possível do fornecido pela placenta. Pesquisas demonstram que bebês prematuros apresentam um sério déficit de ácido araquidônico imediatamente após o nascimento. O ácido araquidônico e o correspondente ácido graxo[*] o ácido docosahexaenóico (freqüentemente abreviado como DHA), são essenciais para o crescimento e funcionamento dos vasos sangüíneos do cérebro e para o cérebro propriamente dito.

Em 1991 a Sociedade Européia para Gastroenterologia Pediátrica e Nutrição apresentou um estudo sobre o conteúdo de gorduras em fórmulas alimentares. Foi recomendado que essas fórmulas alimentares devem apresentar ácidos graxos de cadeias longas como os encontrados no leite materno, e, em particular, suprir as gorduras poliinsaturadas, as quais um bebê não pode produzir por si mesmo. Um grupo destas gorduras é conhecido como ácidos graxos ômega-6, sendo o número 6 relacionado à estrutura química, que consiste em uma cadeia longa de carbonos com uma ou mais ligações duplas em intervalos ao longo da cadeia.

O número 6 significa que a primeira destas ligações duplas (também conhecidas como ligações insaturadas) está presente no sexto átomo de carbono, ligando assim o sexto átomo de carbono ao sétimo, contados a partir do fim da cadeia. O ácido araquidônico é um ácido ômega-6.

Os seres humanos produzem o ácido araquidônico de que necessitam a partir de outro ácido ômega-6 mais comum, conhecido como ácido linoléico, que é obtido através de nossa alimentação. O ácido linoléico é especialmente abundante nos óleos extraídos de sementes, como o óleo de girassol (50%), no amendoim (14%) e no toucinho defumado (5%). No devido tempo um bebê torna-se capaz de produzir o seu ácido araquidônico a partir do ácido linoléico, desde que ele tenha desenvolvido as enzimas necessárias para realizar esta função. Enquanto isso não acontecer ele terá de contar com a sua mãe para produzir o ácido araquidônico de que ele necessita, mas se ele nasce prematuramente, ele terá de ser alimentado através de tubos com fórmulas alimentares, ou alimentado com o próprio leite materno (era comum a prática de alimentar bebês prematuros com o leite fornecido por outras mães, porém isto não é mais feito devido aos riscos de contaminação com o vírus HIV).

Por ser a taxa de desenvolvimento do cérebro e dos vasos sangüíneos muito alta neste período crítico, e pelo fato de o ácido araquidônico ser tão necessário, então certamente ele deveria estar contido nas fórmulas alimentares mesmo para os bebês que nascem no tempo normal de gestação. Diferentemente do ácido linoléico o ácido araquidônico raramente é encontrado em plantas ou animais, fato que originou um problema para os fabricantes das fórmulas alimentares. A primeira a apresentar uma resposta para este problema da escassez do ácido araquidônico foi a companhia holandesa Milupa, que patenteou um processo de extração tanto do ácido araquidônico como do DHA das gemas de ovos, e misturou-os a suas formulações alimentares em quantidades e proporções similares às do leite materno. Recentemente uma empresa norte-americana de biotecnologia, Martek Bioscience, encontrou uma maneira de extrair ácido araquidônico de fungos (e DHA de algas), sendo que então grandes empresas que fabricam fórmulas alimentares assinaram acordos com ela para a obtenção e produção destes compostos. No entanto, continua o debate sobre a questão — se os bebês que nascem no período normal de gestação precisam ou não destes ácidos graxos em sua alimentação, porque teoricamente eles podem produzi-los a partir do ácido linoléico.

O ácido araquidônico foi descoberto há cerca de 50 anos e encontra-se no fígado, cérebro e em várias glândulas do corpo. Ele

---

*Ácidos graxos são ácidos orgânicos, ou seja, possuem um grupo de ácido carboxílico, que estão ligados a cadeias contendo vários átomos de carbono. Os átomos de carbono que formam esta cadeia podem estar ligados entre sí por ligações simples, quando então recebe a denominação de ácido graxo saturado, ou apresentar ligações simples e duplas, recebendo então a denominação de ácido graxo insaturado. Os ácidos graxos, também conhecidos como "ácidos gordos", recebem este nome uma vez que são provenientes da hidrólise das gorduras. (N.T.)

é essencial porque precisamos dele para produzir prostaglandinas, hormônios e membranas celulares. Mais da metade da estrutura do cérebro é formada por membranas, e elas precisam tanto de ácido araquidônico como de DHA. O ácido araquidônico pode ter outras funções, e foi mostrado que sem ácido linoléico e sem ácido araquidônico ocorre o desenvolvimento de eczemas em ratos. Contanto que recebamos cerca de 5 g de ácidos como o linoléico todos os dias, teremos o suficiente para manter nossa pele em boas condições.

Algumas vezes as células de nosso corpo produzem ácido araquidônico quando na verdade elas não precisam. Isto acontece, por exemplo, quando ocorre um estiramenro muscular, uma infecção, ou artritismo em uma articulação, sendo a primeira etapa na formação de prostaglandinas, e um excesso delas causa inflamação e dor no local em que ocorreu o dano. Quando isto acontece então podemos tomar analgésicos como aspirina ou paracetamol, e embora estes analgésicos não removam o ácido araquidônico, eles inibem as enzimas que o transformam em prostaglandinas.

Avanços na química de alimentos têm resultado em alimentos para bebês completamente balanceados, os quais fornecem todos os nutrientes de que ele necessita. Uma mãe pode ter várias razões para alimentar o seu bebê com leite industrializado, mas se ela o alimentar com leite materno ela fornecerá ao bebê também anticorpos que ele produz para protegê-lo contra infecções. O leite materno pode proteger contra doenças como as gastroenterites, que são mais comumente encontradas nos bebês alimentados com leite industrializado. Todos os bebês estão expostos aos perigos provocados pelas bactérias, as quais podem se multiplicar no intestino e estômago dos bebês e causar vômito, diarréia e desidratação, e enquanto um bebê em países desenvolvidos pode ser tratado com antibióticos, obtendo facilmente a cura para estas infecções, nos países em desenvolvimento uma infecção desta natureza pode custar a vida do bebê, e por isso as mães sempre deveriam alimentá-los com leite materno.

O primeiro leite que uma mãe produz após dar à luz, é chamado de colostro; esse leite é particularmente rico em uma substância, a lactoferrina, que é um antibiótico natural. O colostro pode ter até 15 g de lactoferrina por litro. À medida que os dias avançam após a mãe dar à luz, a quantidade de lactoferrina no leite materno diminui conforme o perigo de uma infecção retrocede e o bebê desenvolve suas próprias defesas. O leite de vaca não tem lactoferrina, mas, em princípio, ela poderia ser adicionada a fórmulas alimentares fazendo com que elas ficassem melhores. Entretanto, até agora nenhuma formulação alimentar contém lactoferrina.

A lactoferrina atua seqüestrando átomos de ferro, por este motivo impedindo que ele seja capturado pelas bactérias que precisam dele para se multiplicar (veja o Quadro 4 na Galeria 2). Todos nós temos lactoferrina em nosso organismo, sendo função dela transportar o ferro e evitar que o ferro gere radicais livres. A lactoferrina é produzida em nosso organismo quando ela se faz necessária, e não pode ser obtida da nossa dieta. Altos níveis de lactoferrina são encontrados nas lágrimas, saliva e esperma.

QUADRO 3

Química sexual
• óxido nítrico •

"Na primavera a imaginação de um jovem homem volta-se para os pensamentos do amor."

Assim escreveu Alfred, Lord Tennyson, em seu poema *Locksley Hall* em 1842. Hoje nós sabemos que os rapazes pensam em sexo pelo menos quatro vezes por hora, e não apenas na primavera. Mas toda vez que a imaginação de um rapaz volta-se para os pensamentos do amor, para que tais pensamentos resultem em algo concreto ele precisa gerar a molécula de óxido nítrico. Sem essa molécula simples nada acontecerá para ajudá-lo a concretizar os seus desejos românticos.

O óxido nítrico é utilizado por nosso corpo para relaxar os músculos, para matar células estranhas e para reforçar a memória. O óxido nítrico relaxa os músculos dos vasos sangüíneos, o que origina um abrandamento dos ataques de angina em pessoas idosas. No nosso "jovem homem" o óxido nítrico acionará o processo de ereção. Estímulos e pensamentos eróticos enviam uma mensagem aos nervos dos corpos cavernosos que são os músculos esponjosos do pênis, os quais liberam o óxido nítrico.

Isto produz o relaxamento muscular das artérias do pênis que permite a entrada de sangue nos tecidos, causando o aumento da dimensão do pênis[*]. Esta função do óxido nítrico foi descoberta em 1991 pela equipe chefiada por Karl-Erik Andersson do Hospital Universitário de Lund, Suécia, e este fato mudou a nossa percepção sobre esta molécula que, até 1987, era considerada apenas como um poluente ambiental gerado pelos motores automotivos, e um precursor da chuva ácida. Não se suspeitava que ela fizesse parte do metabolismo humano, e mesmo quando a sua participação foi proposta, isto causou um certo dilema, pois trata-se de uma espécie muito reativa com um caráter de radical livre, uma vez que apresenta um elétron desemparelhado. (*Uma descrição da atuação dos radicais livres em nosso organismo é fornecida no Quadro 3 da Galeria 1 - N.T.*) Tais moléculas geralmente sobrevivem por apenas uma fração de segundo, mas o óxido nítrico por si só é estável. Contudo, na presença de outras moléculas existe uma grande chance de que ele reagirá com elas.

O óxido nítrico é um gás incolor que pode ser facilmente preparado em laboratório — você simplesmente adiciona ácido nítrico diluído a raspas de cobre e

---

(*) Na verdade, não é o óxido nítrico que causa o relaxamento muscular, mas sim, induz o relaxamento muscular. O relaxamento da musculatura perto dos vasos sangüíneos origina a vasodilatação. Quando o óxido nítrico é produzido ele ativa uma enzima que transforma guanosina trifosfato (GTP) (um ribonucleotídeo ligado a uma cadeia que contém três fosfatos) em guanosina monofosfato cíclica (GMPc) (aqui parte da cadeia dos fosfatos é modificada de forma que dois fosfatos são eliminados e o fosfato remanescente liga-se ao ribonucleotídeo formando uma estrutura cíclica). É a GMPc que apresenta as propriedades vasodilatadoras e enquanto elas persistirem o pênis mantém-se ereto. Existe uma outra enzima que atua na conversão da GMPc em um outro composto (GMP) onde o fosfato remanescente não adquire uma estrutura cíclica com o ribonucleotídeo. Este composto não é vasodilatador; logo, quando esta enzima transforma GMPc em GMP. diminui o fluxo de sangue através dos corpos cavernosos e a ereção cessa. O medicamento Viagra atua justamente inibindo a enzima que converte a GMPc em GMP, aumentando pois o tempo que ela permanece no pênis, portanto prolongando o tempo de ereção. Um equívoco comum sobre a atuação do Viagra é que, na verdade, ele não é aplicável a todos os tipos de impotência, mas somente àquelas em que o indivíduo apresenta dificuldade na manutenção da ereção e não nos que têm dificuldade em obter uma ereção. Outra curiosidade é que a utilização do Viagra no tratamento destes tipos de impotência foi descoberto por acaso, pois este medicamento estava sendo testado como vasodilatador para pacientes que tinham problemas cardíacos. Portanto, aqui temos mais um exemplo, adicionalmente aos mostrados no Quadro 4 da Galeria 1, da importância dos compostos que contém fosfato. (N.T.)

coleta o gás obtido desta reação sob a água. Coletando-o sob a água, evita-se que ele entre em contato com o oxigênio do ar, oxigênio esse que reage prontamente com o óxido nítrico, transformando-o no gás marrom de dióxido de nitrogênio. O óxido nítrico já é conhecido há bem mais que dois séculos, e ele quase matou o grande químico Sir Humphry Davy quando ele tentou respirá-lo em 1800.

A constituição do óxido nítrico é muito simples, ele é formado apenas por um átomo de nitrogênio ligado a um átomo de oxigênio. No entanto, é uma molécula tão simples quanto maravilhosa, até para os que escrevem as manchetes na literatura química. A sua fórmula é NO* e as revistas científicas têm utilizado esta fórmula em abundância na construção de trocadilhos: *NO Sex*; *NO wonder*; *NO way*; *NO news is good news*; *NO is the way our body says "yes"***.

Quando NO é liberado pelas células no interior dos vasos sangüíneos, ele relaxa as células musculares próximas e com isso ocorre uma diminuição da pressão do sangue. Em 1987 Salvador Moncada e colaboradores do Wellcome Research Laboratories, em Beckenham, Inglaterra, foram os primeiros a constatar que os vasos sangüíneos poderiam produzir NO, e um ano mais tarde eles descobriram que ele provinha do aminoácido arginina, o qual é abundante em nosso organismo. Prontamente eles foram capazes de explicar

como um grupo de drogas, incluindo nitrato de amila e nitroglicerina realmente atuavam. Estas drogas têm a capacidade de interromper um doloroso ataque de angina pela liberação de NO, o qual relaxa os vasos que estão constritos, o que diminui o suprimento de sangue e oxigênio para o coração. Você não pode tratar pessoas diretamente com o NO porque ele é um gás tóxico, mas pode administrar substâncias químicas que liberam NO dentro de nosso organismo. O NO liberado em nosso organismo dura apenas poucos segundos, mas é tempo suficiente para que ele faça o de tem que fazer.

As drogas para o coração têm uma longa história. O efeito de se respirar vapores de nitrato de amila sobre a pressão sangüínea já havia sido notado em 1867,

---

* *Cada elemento químico é representado no máximo por duas letras, sendo a primeira delas sempre maiúscula. As letras que representam respectivamente nitrogênio e oxigênio são N e O. Uma molécula é formada pela união de dois ou mais átomos; logo, como o óxido nítrico é formado por nitrogênio e oxigênio a fórmula da molécula é NO (não vamos aqui discutir a ordem das letras na elaboração da fórmula). (N.T.).*
** *Na língua portuguesa este trocadilho perde a graça e não temos como reproduzir a fórmula do óxido nítrico na construção da frase. A tradução seria algo como:* Nada de Sexo; Sem Surpresas; De Jeito Nenhum; Não Ter Notícias É uma Boa Notícia; "Não" é a maneira pela qual o nosso corpo diz "sim". *(N.T.)*

sendo mencionado na estória de Sherlock Holmes *The Case of the Resident Patient*. Na Primeira Guerra Mundial os médicos relataram que os trabalhadores encarregados do preenchimento de artefatos de guerra com o explosivo nitroglicerina tinham pressão sangüínea muito baixa, o que levou à utilização deste composto como uma droga vasodilatadora.

A segunda função do NO é proteger o corpo, o que ele faz matando células que são indesejadas. Micrófagos são células contidas no sangue que caçam partículas estranhas, tais como báctérias invasoras e células mutantes, e então as destroem injetando uma dose fatal de NO. Algumas vezes os micrófagos são tão ativos na defesa de nosso corpo que eles produzem muito NO, em uma quantidade que pode ser ameaçadora para o nosso organismo. Uma das principais causas de morte entre pacientes que estão em terapia intensiva é o choque séptico. Conforme o corpo gera NO para combater as infecções ele pode também diminuir a pressão sangüínea a níveis perigosos. Substâncias que bloqueiam as enzimas que formam o NO podem restabelecer a pressão sangüínea dentro de poucos minutos, sendo este o tratamento atualmente utilizado nestes casos.

Ainda não está claro como uma substância como a nitroglicerina, a qual nós consideramos apenas como um explosivo, produz NO em nosso corpo. Os cientistas estão atualmente pesquisando a forma pela qual ela atua, e conseqüentemente eles deverão ser capazes de produzir um novo grupo de drogas com melhores propriedades na liberação de NO. As companhias farmacêuticas esperam elaborar compostos que sejam mais eficazes no tratamento dos problemas circulatórios, e alguns estão atualmente sendo testados.

O óxido nítrico também desempenha uma importante função em nosso corpo como mensageiro. Uma vez que se trata de uma molécula pequena, ela pode difundir-se facilmente para dentro e para fora das células. O óxido nítrico também pode ser visualizado como um "mensageiro retrógrado" que é a base da memória. Como é que um receptor celular em nosso cérebro, que tenha sido uma vez estimulado, reconhece novamente o mesmo estímulo? O receptor faz isto enviando uma sinal de "mensagem recebida e entendida" para a célula que enviou a mensagem. O NO atua como este mensageiro, e não só confirma que a mensagem foi recebida mas também programa a célula que enviou a mensagem de forma que ela envie um sinal mais forte da próxima vez.

O óxido nítrico foi identificado pela primeira vez no cérebro por John Carthwaite e colaboradores da Universidade de Liverpool, Inglaterra, e ao mesmo tempo o grupo coordenado por Salvador Moncada descobriu que o cérebro produz NO da mesma forma que os vasos sangüíneos o fazem. Estas descobertas foram confirmadas quando Solomon Snyder, da Universidade Johns Hopkins, Estados Unidos, clonou a enzima que produz NO, a NO-sintetase, e descobriu que esta enzima era abundante no cérebro.

Quanto mais nós aprendemos sobre o NO, maiores são as informações que podem ser adicionadas ao elenco de suas atribuições. Agora descobrimos que o NO vem protegendo nossos alimentos há mais de cem anos. Os produtores de carne usam nitrito de sódio para inibir o crescimento de bactérias perigosas no presunto e carne enlatada, embora ninguém soubesse exatamente como esta substância química atuava. Agora somos capazes de entender: Este sal simples funciona atuando como uma fonte de NO. E mesmo quando comemos estes alimentos o NO pode estar lá para nos ajudar – porque esta é a molécula que aciona as contrações que movem o alimento através do nosso estômago e intestinos.

Claramente a bioquímica do NO ainda se encontra na sua infância e esta molécula simples nos contemplará com muitas surpresas no futuro. A ligação com a excitação sexual masculina sugere que um dia poderá existir um afrodisíaco que produziria os efeitos desejados pela liberação controlada de NO nos sítios adequados. Qualquer que seja o jovem cientista que descubra esta molécula mágica, ele fará certamente fortuna. Este cientista também ficará satisfeito sabendo que ele também pode salvar os poucos rinocerontes que restam no mundo, por razões que nós descobriremos agora.

◆ QUADRO 4 ◆
Chifres de rinoceronte
• queratina •

Os seres humanos são fascinados pela idéia de uma pílula do amor ou poção que despertará o objeto do seu desejo, ou desperte o membro preguiçoso de seu sono.

A demanda por afrodisíacos tem caído constantemente ao longo do tempo, e quase todos têm se mostrado sem valor, embora as pessoas não tenham parado de comprá-los.

Um grande número de substâncias naturais têm angariado fama como afrodisíacos bem-sucedidos. Alguns são as substâncias conhecidas por atrair o sexo oposto em outras espécies animais, como o almíscar, que aciona o contato sexual entre os cervídeos, ou androsterona, que faz o mesmo com os porcos. Estas substâncias não apresentam efeitos notórios em seres humanos, embora o seu uso não tenha sido impedido. Nenhum dos odores que o ser humano produz funciona desta forma, então nós nos voltamos para os perfumes de forma a nos tornarmos mais atraentes para as outras pessoas. Porém perfumes não são afrodisíacos, embora eles possam criar uma atmosfera romântica.

De forma ideal, um afrodisíaco é algo que nós tomamos e que afeta nossas emoções e respostas sexuais. Álcool e maconha podem parecer ser afrodisíacos suaves, mas só pelo fato de eles nos deixarem menos inibidos; e a bebida irlandesa Guinness possui a reputação de ser um afrodisíaco em alguns países. Suspeita-se que vários alimentos contenham substâncias afrodisíacas, como bananas, aspargos, cogumelo, figos, ostras, aveia, sementes de girassol, avelãs, abacate, cenouras, manga e alho. Cada cultura apresenta uma comida à qual é atribuído algum tipo de propriedade relacionada à melhora do desempenho ou do impulso sexual, porém nenhuma é um verdadeiro afrodisíaco.

O melhor que podemos dizer sobre elas é que podem conter vitaminas ou sais minerais que nos auxiliam a ter o nosso sistema reprodutivo funcionando de forma adequada. O zinco, que foi examinado na Galeria 2, é essencial para o funcionamento das glândulas e hormônios que governam nosso impulso sexual. O sêmen apresenta altos níveis de zinco, sendo que precisamos estar continuamente repondo este elemento em nosso organismo. Uma dieta rica neste metal não traria ao homem nenhum risco. A vitamina A é necessária para que o corpo converta colesterol no hormônio testosterona, e se um homem não obtém vitamina A em quantidades suficientes ele pode tornar-se estéril. Entretanto é muito raro que não seja obtida a quantidade necessária a partir de uma dieta normal, sendo o contrário mais perigoso — ou seja, a ingestão de grandes quantidades pode provocar uma resposta tóxica no organismo.

Existem moléculas que têm a propriedade de produzir um estímulo nos genitais tanto do homem como da mulher: yohimbina e cantharides. Yohimbina é um composto cristalino proveniente da casca da árvore de yohimbé (*Corynanthe yohimbé*) que cresce na África Central. Homens e mulheres locais há têm usado por séculos para estimular as suas potencialidades sexuais, e testes em ratos e seres humanos provaram que o efeito é real. Quantidades pequenas tais como 10 mg de yohimbina são capazes de acionar uma ereção no homem e fazer uma mulher tilintar, porém em quantidades maiores ela pode ser perigosa. A dose fatal é de 3.000 mg e 1.800 mg já levam o indivíduo a entrar em coma. Teoricamente não seria difícil encontrar variantes mais seguras desta molécula, se soubermos como ela atua em nosso corpo. Encontrar patrocinadores para financiar a pesquisa pode ser um problema, ainda que eu desconfie que não haveria escassez de voluntários muito interessados em testar as novas moléculas.

O outro afrodisíaco é a cantárida, que provém da mosca espanhola, o pó que cai no solo do brilhante besouro verde, *Lytta vesicatoria*, mas há riscos porque este produto químico pode matar. A mosca espanhola age por meio de seu efeito irritante nas paredes da uretra, o tubo pelo qual a bexiga se esvazia.

Uma molécula que não é um afrodisíaco é a proteína queratina, porém nos chifres do rinoceronte ela tem a reputação de ser o afrodisíaco mais potente de todos. A medicina chinesa, que está em moda no Ocidente, prescreve a utilização de chifres de rinoceronte na cura de febre, artrite, reumatismo muscular e impotência masculina. Talvez por causa disto, muitos acreditem que ele seja um afrodisíaco, o que talvez também justifique o seu alto preço uma vez que um par de gramas custa cerca de 30 dólares. O chifre, na verdade, simboliza as proezas sexuais do rinoceronte:

quando ele se atraca com uma fêmea, o ato sexual dura uma hora e durante este tempo ele ejacula umas doze vezes ou mais.

É claro que o chifre do rinoceronte não é um afrodisíaco. Ele é apenas uma outra forma de um polipeptídeo conhecido como queratina, que constitui os pés dos porcos, o casco das vacas e cavalos, e nos seres humanos forma nossas unhas. Beber o chá do chifre de rinoceronte, a forma tradicional de consumi-lo, teria o mesmo efeito que beber o chá feito de nossas unhas.

A queratina é constituída a partir de aminoácidos comuns, porém ela apresenta um alto conteúdo de um deles: cisteína. Por causa da presença de cisteína a queratina apresenta um grande número de ligações enxofre-enxofre entre as cadeias do polipeptídeo que estão próximas uma das outras[*], o que confere ao material a dureza e resistência contra a decomposição gerada pelas enzimas que atacam materiais protéicos. Por estas razões ela é inútil como alimento e deveria ser deixada de lado como afrodisíaco. Contudo, rinocerontes continuam a ser massacrados por causa de seus chifres, apesar dos acordos internacionais que estipulam que o comércio é ilegal. Na África existem pouco mais que 5.000 rinocerontes, e na Índia acredita-se que o número tenha caído abaixo dos 2.000. Se eles tornarem-se extintos, isto será uma vergonha para todos nós.

A utilização de chifres de rinoceronte demonstra claramente a necessidade humana de poções do amor, e enquanto acreditarmos que esses chifres têm poderes miraculosos eles serão usados e o destino dos rinocerontes estará na corda bamba. O que podem fazer os químicos para salvar estes nobres animais? Muito pouco, eu acredito. Nós poderíamos elaborar uma forma sintética da queratina do chifre dos rinocerontes contendo mais cisteína e

---

[*] *Estas ligações entre cadeias de polipetídeos ou outros polímeros são conhecidas como ligações cruzadas. São ligações que amarram uma cadeia a outra, originando estruturas normalmente rígidas. (N.T.)*

sugerir que fosse mais resistente que o material natural, mas isto seria apenas substituir um mito por outro. A única maneira de parar com a matança dos rinocerontes é educando as pessoas com um pouco de química — então elas conheceriam exatamente o que é a queratina e quão inútil ela é tanto como um medicamento como um afrodisíaco.

◆ Q U A D R O 5 ◆
Um beijo no Natal
• visco •

Beijar-se embaixo do visco* fazia parte das festas natalinas, um aceitável flerte entre os jovens que a sociedade perdoaria naquele momento, mas que normalmente seria reprovado. Embora este costume fizesse parte das festividade natalinas, ele remonta a épocas pagãs, quando esta planta era associada à fertilidade. Acreditava-se que beijar-se embaixo do visco ajudava nos casamentos e na vinda dos bebês. Infelizmente, o visco não apresenta propriedades mágicas neste sentido, entretanto se ele as tivesse, talvez isto ajudaria a preservá-lo. Existe o temor de que ele se torne uma espécie em risco no Reino Unido, lugar onde a tradição teve origem nos rituais da velha religião dos druidas. A organização *Plant Life* está tentando reviver o costume de pendurar o visco nas casas durante o Natal, na esperança de que isto criará um mercado para ele, desta forma encorajando as pessoas a cultivá-lo, e adicionalmente salvando alguns pomares antigos onde ele é mais comumente encontrado.

Uma razão para o declínio do visco é o temor de que os seus frutos são venenosos, e embora isto seja verdade, este perigo é muito exagerado. A substância química que ele contém só foi recentemente caracterizada de forma completa, e já está sendo utilizada na Alemanha como um agente anti-cancerígeno.

O visco é uma planta parasita que cresce principalmente sobre as árvores da maçã, álamos, salgueiros e espinheiros. O visco não é inteiramente parasita, uma vez que produz clorofila o que permite que ele utilize a luz solar para produzir seu próprio alimento, embora ele drene água e outros nutrientes das árvores hospedeiras em que se encontra. A variedade principal é a *Viscum album*, que é uma das cerca de 1.300 espécies distribuídas pelo mundo. Algumas delas são parasitas do próprio visco.

É raro encontrar o visco crescendo em árvores de carvalho, a árvore sagrada dos druidas, mas quando isto ocorria era um fato que recebia uma atenção especial. O autor romano Plínio, o Velho, escreveu em seu livro de ciências *História Natural*, publicado em 77 d.C., que os druidas cortavam a planta com uma foice dourada e a recolhiam em uma manta branca. Ela nunca deveria tocar o chão pois isto estragaria suas propriedades especiais. O visco recolhido do carvalho era usado em sacrifícios humanos e provas disto foram encontradas. Em 1984 o corpo bem preservado de um jovem despido, foi encontrado nos pântanos de Lindow Moss, Cheshire, Inglaterra, sendo que ele havia comido visco antes de ser virtualmente assassinado. Este sacrifício ocorreu ao redor do ano 300 a.C.

Existem duas famílias principais de

---

* *Visco é uma planta semiparasita da família da lorantáceas, originária da Europa. (N.T.)*

visco, que se distinguem entre si pelos seus frutos brancos ou vermelhos, sendo que os frutos brancos são tóxicos. Os frutos são ricos em glicose, e em algumas partes do mundo, como a África do Sul, o visco tem sido usado junto da forragem na alimentação do gado em tempos de seca, e mesmo na alimentação de pessoas. Os frutos são preenchidos com uma polpa semitransparente que é muito pegajosa. Os frutos esmagados eram um dos principais constituintes das armadilhas usadas para caçar pássaros pequenos.

Os frutos brancos não causam a morte, porém se ingeridos provocam espasmos estomacais e diarréia. *Plantas e Fungos Venenosos*, um manual publicado pelo ministério da Agricultura do Reino Unido, recomenda a indução do vômito como primeiro socorro para aqueles que tenham comido o fruto branco do visco. Apesar da sua toxicidade, ele foi incluído na medicina folclórica utilizada pelas gerações mais antigas. O suco extraído dos bagos das frutas foi usado como um ungüento para aliviar luxações, feridas, caspa, verrugas e infecções cutâneas. A infusão dos frutos era bebida para combater epilepsia, resfriados, febre, sífilis, gota e verminose. Ele era considerado particularmente potente contra a infertilidade tanto nos seres humanos como no gado, e para minimizar as dores do parto. Claramente ele era ineficaz contra todas estas doenças, mas provavelmente os seus benefícios psicológicos compensavam a sua falta de propriedades curativas.

O visco não é totalmente inútil como pode parecer até aqui. Pesquisas realizadas no começo do século XX mostraram que extratos de visco atuam como diuréticos e reduzem a pressão sangüínea, e é um agente antiespasmódico. O ingrediente ativo nos frutos é uma substância conhecida como lectina do visco. Na companhia farmacêutica Madaus, situada em Colônia, Alemanha, o pesquisador Hans Lentzen está dirigindo um projeto para produzir a lectina do visco, que já vem sendo ministrada a pacientes com câncer que estão sob tratamentos quimioterápicos ou radioterápicos. Segundo Uwe Pfülller, da Faculdade de Medicina da Universidade Witten-Herdecke, os principais efeitos observados nestes pacientes são um prolongamento e uma melhor qualidade de vida, ocorrendo também em alguns casos regressão dos tumores. Ele acredita que a lectina do visco não só mata as células cancerígenas, como também estimula o sistema imunológico.

Em 1995 a estrutura da lectina do visco foi finalmente elucidada por Rex Palmer e Edel Sweeney do Birkbeck College, Londres, após seis anos de trabalho. Eles obtiveram este resultado analisando os cristais de lectina do visco utilizando raios-X gerados por feixes de elétrons especiais, que se movem com velocidades próximas à da velocidade da luz. Eles descobriram que a lectina do visco, que tem as propriedades tóxicas que já mencionamos, consiste em dois pares de proteínas e uma enzima. Cada um destes pares de proteínas possui uma região que pode se ligar às paredes celulares, e a enzima libera o seu poder destruidor impedindo que a célula alvo produza proteínas essenciais para sua sobrevivência[*]. Técnicas atuais estão sendo usadas para melhorar a eficiência da lectina do visco, ligando a enzima tóxica a um anticorpo que procura a célula cancerígena e que então pode destruí-la, aumentando assim a especificidade da toxina. A lectina do visco também pode ser usada para controlar os glóbulos brancos do sangue prevenindo assim a rejeição no transplante de órgãos. Palmer pretende agora, utilizando técnicas de engenharia genética, produzir alterações nas proteínas fixadoras da lectina do visco, de tal forma que elas tenham como alvo apenas as células do câncer (eliminando assim a necessidade de se introduzir um anticorpo – N.T.).

Parece que o visco tem algo para

(*) *Portanto, as cadeias protéicas funcionam como ganchos que se fixam à parede celular e permitem que a enzima altere o metabolismo destas células. (N.T.)*

oferecer aos seres humanos, porém não da forma como foi originalmente concebido. O convite nos solstícios de inverno sob o visco para beijar ou ser beijado, já não faz parte das festividades de Natal, mas da mesma forma como este costume desapareceu, o visco também corre este perigo, levando consigo uma pequena parte da nossa herança pagã. Entretanto, se ele trouxer alívio para alguns dos que sofrem de câncer, então nós estaremos inclinados a continuar a cultivar esta planta notável.

◆ Q U A D R O 6 ◆
Era a noite da véspera de Natal
• penicilina •

A penicilina, a substância química que tem trazido alívio para centenas de milhões de pessoas, também tem uma estória ligada ao tema do Natal. Foi em 24/25 de dezembro de 1940 que o nosso herói desconhecido, Norman Heatley, completou os preparativos para produzir penicilina em uma escala grande o suficiente para tratar um paciente humano pela primeira vez.

Alexander Fleming descobriu a penicilina por acidente em 1928. Um esporo do bolor *Penicillium* tinha "aterrissado" nas placas de cultura. Como o próprio Fleming relatou: "Foi surpreendente que a uma considerável distância em volta do bolor a colônia de estafilococos estava sofrendo lise". Em outras palavras, alguma coisa estava dissolvendo aqueles micróbios mortais e matando-os. Fleming cultivou uma quantidade maior deste bolor notável e descobriu que mesmo quando o caldo no qual ele era cultivado era diluído a um centésimo, ele ainda assim matava as bactérias tais como estafilococos, pneumococos e estreptococos. Fleming enviou amostras do fungo para outros laboratórios, mas nenhum foi capaz de extrair a substância química que possuía o poder antibiótico. Esta descoberta parecia estar apenas destinada ao interesse acadêmico. Até o início da Segunda Guerra Mundial, em setembro de 1939, pequeno progresso havia sido realizado, mas já no Dia D, em 6 de junho de 1944, as forças Aliadas contavam com um estoque suficiente de penicilina para tratar todos os que desejassem e precisassem dela. A produção total de penicilina foi de 5 bilhões de unidades em 1943, mas ao fim de 1944 ela alcançou a marca de 300 bilhões de unidades, quantidade essa suficiente para tratar 500.000 pessoas por mês. Dez anos após o término da Segunda Guerra Mundial a penicilina estava salvando a vida de milhões de pessoas em todo o mundo do ataque cruel das bactérias.

Existe um lado obscuro no quadro da penicilina: embora ela tenha sido um triunfo científico para as pessoas do Império Britânico, a penicilina foi um péssimo negócio. Embora ela tenha sido descoberta, pesquisada e primeiramente produzida na Inglaterra, os seus cidadãos tinham de pagar *royalties* para as empresas norte-americanas quando utilizavam este medicamento. Nós iremos descobrir como este estranho episódio dos negócios ocorreu, porém primeiro vamos olhar mais atentamente uma parte mais brilhante e freqüentemente negligenciada desta pintura. Escondida ao fundo temos a figura de Norman Heatley. Sem ele a penicilina poderia não ter se transformado nunca em um sucesso comercial.

Heatley nasceu na pequena cidade de Woodbridge no condado de Suffolk, Inglaterra, onde o seu pai era um veterinário. Heatley foi para Cambridge para estudar ciências, e após a sua graduação em 1933 ele obteve um PhD[*] em bioquímica. Após isto ele obteve um emprego temporário na Sir William Dunn

---

[*] *PhD é a abreviação de Doctor of Philosophy, grau universitário de doutorado. (N.T.)*

School of Pathology, que faz parte da Universidade de Oxford. Lá as suas habilidades práticas mostraram-se de pouca valia, e graças, em grande parte, à engenhosidade prática de Heatley é que foi possível produzir quantidades de penicilina suficientes para os testes com animais.

A virada do jogo com a penicilina começou em um sábado, 25 de maio de 1940, quando Heatley vigiava hora após hora oito camundongos, aos quais haviam sido administrados naquela manhã 110 milhões de estreptococos, uma cepa virulenta que os mataria em um dia. Em quatro deles haviam sido injetadas uma hora após soluções de penicilina que Heatley havia preparado, e os outros quatro permaneceriam como controles. No fim da tarde os quatro camundongos controle já estavam muito doentes, e logo após a meia-noite eles começaram a morrer. Às 3 horas e 30 da madrugada todos já estavam mortos. Os quatro tratados com a penicilina, porém, estavam bem. Heatley então pedalou pela Oxford, que se mantinha às escuras devido àqueles tempos de guerra, até o seu alojamento para repousar algumas horas antes de voltar ao laboratório e contar as boas novas para o seu supervisor, o professor Howard Florey, diretor da Dunn School. "Parece muito promissor" foi o comentário relutante de Florey ao relato de Heatley. Na verdade, aquilo parecia mais um pequeno tipo de milagre do que outra coisa.

No entanto, Florey tinha suas razões para ser cauteloso, porque ele sabia o quão difícil seria aumentar a produção de penicilina em larga escala de forma que fosse possível tratar pacientes humanos, que são 3.000 vezes mais pesados que um camundongo. Os artefatos improvisados que Heatley estava utilizando como recipientes de fermentação (latas de biscoito, pratos e urinóis hospitalares) não eram nada adequados. As companhias que tinham os equipamentos necessários para a cultura de microrganismos nas quantidades que Florey necessitava, encontravam-se próximas, porém estavam envolvidas com os esforços de guerra e não podiam destinar recursos e pessoal para testar uma droga ainda não testada. A Batalha da Grã-Bretanha estava para começar e nos meses seguintes, até junho de 1941, a Luftwaffe bombardearia cidades e vilarejos, noite após noite. Felizmente Oxford foi poupada.

A única alternativa que restou para Heatley foi a de produzir a penicilina em vastas quantidades na Dunn School sozinho. Ele precisava encontrar uma maneira de produzir o fungo do *Penicillium notatum*, do qual o agente ativo havia sido extraído, em uma escala muito maior. O próprio Heatley havia inventado o método de extração que tornou possível os primeiros testes em animais, e que seriam usados, por fim, em uma escala comercial. Então, para fazer crescer o *Penicillium*, foram projetados frascos especiais de cultura. Eles tinham o tamanho de um livro grande, com um bico de descarga em uma extremidade, tendo a forma ideal para serem fixados em grande número nas autoclaves do departamento, que não possuíam grandes dimensões. Todavia, consultas feitas à companhia de vidros Pyrex frustraram o plano: os recipientes custariam muito caro e levariam seis meses para estar prontos.

Então Heatley teve uma idéia brilhante: a penicilina não precisa necessariamente se desenvolver em frasco de vidro como o pyrex — poderia ser mais fácil desenvolver as culturas em frascos de porcelana. Esses frascos poderiam ser feitos de forma mais econômica, e se elas fossem vitrificadas somente na parte interna e ásperas na parte externa, elas seriam fáceis de manipular (Heatley ainda mantém um destes frascos históricos para mostrar aos visitantes interessados).

Florey foi persuadido a tentar o plano de Heatley, e então escreveu para o Dr. J. P. Stock da localidade de Stoke-on-Trent, enviando-lhe desenhos do tipo que ele necessitava e solicitando a sua colaboração. Stoke-on-Trent era renomada pela manufatura de porcelanas finas há centenas de anos. Stock contatou a firma James MacIntyre and Co., que então comunicou que estavam aptos para confeccionar os frascos.

Heatley pegou o trem que ia de Oxford para Stoke-on-Trent, mas a viagem de 160 quilômetros durou um dia inteiro por causa de um ataque aéreo que ocorreu em Birmingham, por onde o trem passava para chegar a Stoke-on-Trent. Mas, quando Heatley chegou à fábrica da MacIntyre ele ficou maravilhado ao saber que eles já haviam feito alguns modelos de frascos, e com alguns pequenos ajustes eles ficaram prontos para serem aquecidos e vitrificados, processos que consomem cerca de três semanas.

Ao fim de novembro de 1940 três frascos de teste chegaram à Dunn School e quando testados mostraram-se completamente satisfatórios. Uma encomenda de várias centenas de frascos foi feita e no dia 23 de dezembro Heatley emprestou uma caminhonete e trouxe para Oxford a primeira leva de 174 frascos. Na véspera de Natal Heatley e alguns assistentes de laboratório consumiram o dia lavando, esterilizando e preenchendo os novos frascos de fermentação que Heatley havia idealizado. No dia de Natal Heatley retornou ao laboratório e semeou os frascos com os esporos do fungo *Penicillium notatum*. Ele então acondicionou os frascos para o período de dez dias de incubação e ao fim deste período ele coletou o líquido no qual os fungos haviam crescido e que continham penicilina suficiente para ser testada nos seres humanos.

Um mês mais tarde, Heatley tinha extraído penicilina parcialmente purificada de 80 litros de solução bruta de penicilina. Com cerca de 1-2 unidades de penicilina por mililitro (mL) isto equivalia a cerca de 100.000 unidades no total — uma unidade sendo definida em termos da potência medida em um experimento realizado em uma placa de cultura especial, inventada por Heatley. (Poucos anos mais tarde foi demonstrado que uma unidade era equivalente a 0,6 mcg de penicilina, mas desde então os avanços técnicos e comerciais aumentaram o rendimento de forma que são obtidas 40.000 unidade de penicilina por mL.)

Florey agora acreditava que tinha uma quantidade suficiente de penicilina para prová-la em pacientes humanos. Na enfermaria de Radcliffe em Oxford estava internado um policial de 43 anos, Albert Alexander, morrendo de infecção causada por estafilococos e estreptococos, que ele havia contraído alguns meses antes ao arranhar o rosto em um arbusto de rosas. Apesar do esforço dos médicos, ele havia sido internado com abscessos supurosos por toda a cabeça, um dos quais havia exigido a remoção de um olho. Nada o havia ajudado, nem mesmo as sulfonamidas — este antibiótico não funciona quando os pacientes estão saturados de pus. No dia 12 de fevereiro foi dada a ele uma infusão de penicilina e ele imediatamente começou a melhorar. Mais penicilina foi administrada, e novos avanços no seu estado clínico foram observados. No dia 19 de fevereiro ele estava bem, de forma que o tratamento foi interrompido. O seu estado permaneceu estável por cerca de dez dias, depois Albert começou a piorar novamente e morreu em 15 de março. Ao mesmo tempo a penicilina estava sendo usada em um outro paciente.

Ele era Kenneth Jones, um rapaz de 15 anos que tinha sofrido uma operação na bacia em 24 de janeiro de 1941 para inserir um pino, mas o pino tornara-se infectado e os tratamentos com sulfonamidas também não estavam apresentando resultados positivos. Ele estava com febre alta já há duas semanas, quando, em 22 de fevereiro foi ministrada penicilina, parte dela extraída da urina do então convalescente Albert Alexander. Dois dias após o início do tratamento a temperatura do rapaz estava normal e em quatro semanas ele já tinha condições de passar por outra cirurgia para retirar o pino que causara a infecção. Kenneth Jones se restabeleceu completamente e morreu em 1996 quando contava com 70 anos.

Heatley continuou produzindo mais penicilina, e em maio de 1941 ele contava com uma quantidade suficiente para permitir que outros pacientes fossem tratados com êxito.

Algumas vezes o sucesso é agridoce: um caso triste foi o de John Cox, de 4 anos, que tinha trombose dos seios cavernosos da face que se seguiu a um sarampo que ele havia contraído poucas semanas antes. Essa trombose é invariavelmente uma doença fatal. Ele respondeu bem ao tratamento com a penicilina e estava bem melhor quando sofreu um aneurisma micótico e morreu. A autópsia revelou, porém, que a infecção dos seios cavernosos havia sido debelada.

Os resultados deste e de vários outros casos foram descritos em um artigo histórico modestamente intitulado "Observações preliminares sobre a penicilina", publicado na revista especializada Lancet (16 de agosto de 1941, páginas 177-201), contando com o nome dos seguintes autores: E.P. Abraham, E. Chain, C.M. Fletcher, W.H. Florey, A.D. Gardener, N.G. Heatley e M.A. Jennings.

Não existe dúvida que a Dunn School provou a eficiência da nova droga. Fazia-se então necessário agilizar e otimizar a sua produção. A Fundação Rockefeller, a qual vinha financiando o grupo de Florey, solicitou urgentemente que os visitasse nos Estados Unidos e que prestasse ajuda às companhias farmacêuticas locais. Em julho de 1941 Florey e Heatley voaram até Nova York. Foi nos Laboratórios de Pesquisa da Regional Norte do Ministério da Agricultura, em Peoria, Illinois, que as suas solicitações de ajuda encontraram solo fértil. O chefe da divisão de fermentação, Dr. Robert Coghill, concordou em realizar um projeto de grande escala usando o bolor que Heatley havia trazido de Oxford. Heatley permaneceu colaborando em Peoria enquanto Florey iniciou uma série de visitas com o objetivo de incentivar as companhias farmacêuticas particulares americanas a produzir a penicilina, aparentemente sem sucesso, embora algumas delas, então, começassem seus próprios experimentos na produção da penicilina.

Enquanto isso, Heatley estava trabalhando com o Dr. Andrew J. Moyer, que sugeriu adicionar um licor de milho, que era um subproduto da extração de amido, ao meio de cultura em que crescia a penicilina. Com esta e outras mudanças sutis, como usar lactose em vez de glicose, eles foram capazes de aumentar os rendimentos de penicilina para 20 unidades por mL. Mas a cooperação entre eles foi se tornando cada vez mais unilateral, e Heatley ficou surpreso uma vez que Moyer tornara-se cada vez mais reticente, não mais confiando em seus colegas britânicos. Em julho de 1942 Heatley retornou a Oxford, e logo entendeu o porquê. Quando Moyer publicou os seus resultados de pesquisa ele omitiu o nome de Heatley na autoria dos artigos, apesar de um contrato original que estipulava que qualquer publicação deveria ser de autoria conjunta. Mais tarde ele também aprenderia que Moyer tinha boas razões para tomar todos os créditos do trabalho para si próprio. A inclusão do nome de Heatley teria dificultado a solicitação de patentes de forma que Moyer fosse o único inventor, e foi exatamente isto que Moyer acabou fazendo.

Enquanto isso Heatley tinha outras coisas na cabeça — seu futuro emprego. O seu contrato com a Dunn School estava chegando ao fim, e Heatley, pensando que seu contrato não seria renovado, candidatou-se a um outro emprego em uma companhia de produtos químicos e foi aceito. Quando Florey tomou conhecimento do que estava acontecendo, repreendeu severamente Heatley por querer partir da Dunn School. Por fim Heatley permaneceu na Dunn School até o fim de sua carreira, pesquisando antibióticos e escrevendo ou sendo co-autor de 65 artigos científicos.

O sucesso da penicilina trouxe a Florey grande aclamação: ele foi condecorado em 1944, tornou-se Barão Florey em 1965, e recebeu a Ordem do Mérito Britânico por criatividade. Juntamente com Ernst Chain, que também trabalhou na Dunn School, e Alexander Fleming, ele dividiu o Prêmio Nobel de Fisiologia e Medicina de 1945. Fleming e Chain também foram agraciados com títulos de nobreza pelo governo britânico.

Nosso herói, Heatley, não foi tão contemplado. Quando ele se aposentou, em 1978, foi premiado com uma Ordem do Império Britânico (OBE, Order of the British Empire), e em 1990, quando ele tinha quase 80 anos, a Universidade de Oxford lhe outorgou o grau honorário de Doutor em Medicina. Mas Heatley sobreviveu aos outros, e quando eu estava escrevendo este livro, ele vivia na mesma casa modesta que ele e sua esposa, Mercy, compraram em 1948 no pitoresco vilarejo de Old Marston, localizado a poucos quilômetros ao norte de Oxford.

A Universidade de Oxford nunca recebeu nenhum dos lucros gerados pela penicilina ao redor do mundo nos 20 anos seguintes. Todos estes dividendos foram para as firmas norte-americanas. A razão disto é que Florey foi persuadido por Sir Henry Dale, diretor do Conselho de Pesquisa Médica, que não era ético patentear uma descoberta médica, então ele não o fez. O resultado deste conselho tolo, foi que durante 25 anos também os britânicos tiveram de pagar *royalties* para a droga maravilhosa que eles tinham descoberto, pesquisado e desenvolvido na Grã-Bretanha.

Jamais, no campo do conflito humano contra a doença, tantos perderam tanto por motivo nenhum.

QUADRO 7
Nas asas de um pássaro
• ecstasy •

Em seu romance *Admirável Mundo Novo*, Aldous Huxley ridiculariza um mundo futuro guiado pelos preceitos da ciência, genética e determinismo. É um mundo livre de estresse devido, principalmente, ao uso de "soma" pelos seus habitantes, a pílula antidepressiva perfeita, que é disponível gratuitamente para todos.

No mundo de hoje pessoas que sofrem de depressão clinica podem ter prescritas, por seus médicos, várias pílulas como Valium ou Prozac, mas para o restante de nós, que precisamos de um pequeno alivio do estresse da vida, álcool e nicotina são disponíveis legalmente. Existem ainda diversas substâncias ilegais que oferecem fuga temporária, mas muitas delas são consideradas perigosas. Uma classe delas, as anfetaminas, parece mais segura que a maioria, e algumas pessoas são a favor de seu uso como drogas recreacionais. De fato, quando Huxley escreveu *Admirável Mundo Novo*, em 1932, uma destas anfetaminas já era utilizada por médicos — como um descongestionante nasal. Uma variedade ainda mais segura também foi sintetizada, mas nunca utilizada. Hoje nós a conhecemos com o nome de ecstasy. Mas, mesmo o ecstasy pode matar.

O ecstasy foi originalmente concebido como um auxiliar na dieta de emagrecimento. Ele foi patenteado na Alemanha em 1914 pela companhia farmacêutica E. Merck como parte do tratamento para obesidade, mas nunca foi comercializado. Hoje é um grande negócio, com um número estimado de 100 milhões de comprimidos vendidos ilegalmente por ano apenas no Reino Unido. Seu nome químico é 3,4-metilenedioximetanfetamina (abreviado para MDMA), mas é melhor conhecida como "ecstasy" ou "E". É listada como uma substância proibida no Estatuto I (Schedule I) da Lei Contra o Mau Uso de Drogas (Misuse of Drugs Act).

O ecstasy funciona mudando as quantidades de varias substâncias químicas no cérebro. Ele dispara a liberação de dopamina, que nos faz sentir bem, e noradrenalina que, tanto nos dá energia quanto inibe a ação da serotonina, que controla o sono – nos fazendo sentir completamente acordados. Isso explica o porquê de sua popularidade entre os *ravers**, que não sentem nada mais que uma leve ressaca no dia seguinte. Não é viciante, entretanto pode ter alguns efeitos alucinógenos leves.

Quando o ecstasy é ingerido, ele age nas células nervosas na base do cérebro causando uma prazerosa sensação de torpor. O uso prolongado de ecstasy pode danificar os axônios que ligam estas células a outras partes do cérebro, embora eles sejam reconstituídos. De acordo com usuários, o efeito do ecstasy dura aproximadamente duas horas, mas pode ser prolongado tomando-se uma cápsula de Prozac ao mesmo tempo, e isso torna o "dia seguinte" mais fácil, sem ressaca.

A atual mania por ecstasy pode ser associada a psiquiatras da Califórnia nos anos sessenta que começaram a tratar seus pacientes com MDMA, supostamente para ajudá-los a ganhar confiança para lidar com outras pessoas. As leis da Califórnia permitiram o uso do MDMA sob supervisão, mas ele rapidamente apareceu nas ruas, e laboratórios clandestinos começaram a sintetizá-lo e distribuí-lo. Na metade dos anos setenta o ecstasy tinha o uso muito difundido nos EUA. Avisos sobre estes fatos começaram a surgir no início dos anos oitenta, seguidos de testes que mostravam que ele provocava alterações no cérebro de ratos. Em 1996 um grupo de médicos reportou no *British Medical Journal* que mesmo uma única dose de ecstasy produz um dano de longa duração às células cerebrais de macacos. O US Food and Drugs Administration (FDA) a classificou como uma substância do Estatuto I da Lei Americana das Substâncias Controladas de 1985, apesar de psiquiatras que a utilizam

---

* Ravers *são eventos musicais que duram a noite toda, realizados em locais isolados, como um clube de campo ou uma fazenda, com presença exclusiva de jovens, nos quais o ecstasy é largamente consumido.* Allnight ravers *são os freqüentadores.*

se oporem a esta ação. Outros pensam que o FDA está sendo exagerado pelo fato de o ecstasy ser relativamente livre de efeitos colaterais danosos comparado com outras drogas ilegais em uso.

John Davies, professor de psicologia na Strathclyde University, Escócia, e autor de *The Myth of Addiction*, acha que a atual campanha contra o ecstasy está na direção errada: ele aponta que, mesmo utilizando as estimativas mais alarmantes, o ecstasy não é a maior causa da morte entre jovens; e as indicações são que, no máximo, ocorre apenas uma morte a cada dois milhões de comprimidos ingeridos. Comparativamente, afirma Davies, mortes acidentais devido a reações adversas à penicilina receitada são aproximadamente dez vezes maiores. Davies acredita que o controle e a regulamentação são os melhores caminhos a seguir, e que nós devemos aprender a conviver com substâncias como o ecstasy, e nos concentrar em reduzir o mal que elas fazem. Ele sugere que uma guerra contra as drogas, e o inatingível objetivo de eliminá-las, é inconcebível.

A anfetamina é a molécula básica que origina todas as outras. Trata-se de um derivado químico simples do benzeno, ao qual está ligada uma pequena cadeia de três átomos de carbono com um nitrogênio no carbono do meio. Convertê-la em metanfetamina (também conhecida como "*speed*" ou "*ice*") requer apenas um carbono extra ligado a este nitrogênio. A própria anfetamina foi preparada pela primeira vez em 1897, mas seu efeito estimulante foi descoberto apenas em 1928. Foi comercializada como Benzedrina, e prescrita como descongestionante nasal, pois agia no alívio das membranas mucosas. Entretanto, seus efeitos estimulantes eram mais notáveis, e tanto a Benzedrina quanto uma forma modificada da metanfetamina (Metedrina) foram amplamente utilizadas pelas forças armadas na Segunda Guerra Mundial. As equipes dos bombardeiros as tomavam para se manterem acordadas durante vôos longos e, além disso, eram distribuídas aos soldados para combater a fadiga da batalha.

Suprimentos excessivos destas drogas foram vendidos abertamente após a guerra, especialmente no Japão e, na metade dos anos cinqüenta, mais de dois milhões de pessoas estavam utilizando-as como estimulante diário. Na Grã-Bretanha anfetaminas eram comercializadas nas discotecas nos anos 60 como "purple hearts" — corações púrpura, uma mistura de anfetamina e barbiturato. Médicos ainda prescrevem anfetaminas para narcolepsia, uma doença rara caracterizada por um irresistível desejo de dormir durante o dia.

Tanto as anfetaminas como as metanfetaminas agem estimulando o sistema nervoso central, além de aumentar a pressão sanguínea e o ritmo cardíaco. Metanfetaminas são preferidas para o tratamento médico pois possuem maior efeito estimulante, afetando pouco a pressão sanguínea. MDMA também se comporta da mesma forma que as anfetaminas, mas seus efeitos são mais prazerosos, pois essa molécula também atua em receptores cerebrais que controlam a serotonina e liberam dopamina. A molécula de MDMA é como as metanfetaminas, mas com um anel de 5 membros ligado ao benzeno compartilhando dois átomos. MDMA é um óleo, mas é facilmente convertido em sólido ao reagir com ácido clorídrico. Isso forma um cloreto, o pó branco conhecido como ecstasy.

O ecstasy surgiu inicialmente nos clubes noturnos da Grã-Bretanha em 1989, e o *National Poisons Unit* estima que ele cause 10 mortes por ano. As poucas vítimas que morrem devido ao ecstasy morrem de ataque cardíaco, pois a droga aumenta a temperatura do corpo em 4° C, que na quente atmosfera de uma festa pode atingir os críticos 5° C, nos quais mudanças irreversíveis podem ocorrer e órgãos vitais falham.

QUADRO 8

Acabando com a exploração das drogas
• cocaína •
• heroína •
• drogas sintéticas •

É possível, pelo menos em teoria, acabar com drogas ilícitas como a cocaína e heroína, controlando as substâncias necessárias para sua fabricação. Essa idéia está por trás das listas de substâncias proibidas compiladas pelo Home Office no Reino Unido e pelo Drug Enforcement Administration (DEA), nos EUA. Uma lista de 22 substâncias a serem controladas foi aprovada em nível internacional no acordo assinado na Convenção de Viena Contra o Tráfico de Drogas de 1988. Alguns países vão mais além ainda: os Estados Unidos, por exemplo, têm uma lista de 33 substâncias controladas.

Duas categorias de substâncias são identificadas. Existem substâncias essenciais, que são necessárias para extrair materiais de produtos naturais, como heroína do ópio da papoula ou cocaína das folhas de coca. Substâncias essenciais são reagentes como anidrido acético e permanganato de potássio, ou solventes como a metiletilcetona e éter dietílico. Compradores destas substâncias devem fornecer uma razão convincente para precisarem delas se quiserem mais do que uma quantidade mínima. Essa estratégia não está se mostrando muito efetiva porque, enquanto pode apresentar apenas um limitado efeito na produção de cocaína, pode não ter nenhum efeito na produção de heroína.

A outra categoria são substâncias precursoras: aquelas que eventualmente surgem com uma parte da molécula da droga. Com a decidida ajuda de companhias químicas, controlando essas substâncias, pode-se eventualmente acabar com a fabricação de *speed* (metanfetamina), *angel dust* e outras drogas sintéticas. *Angel dust* é fenciclina ou PCP. Esse composto foi desenvolvido nos anos 50 como anestésico geral, mas um terço dos pacientes experimentaram alucinações prazerosas ao retornar de suas operações.

É impossível controlar a heroína por meios indiretos. Essa substância vem do ópio, que contém aproximadamente 10% de morfina. Ela é extraída inicialmente das cabeças das papoulas, reagindo-se, em seguida, com anidrido acético para ser convertida em heroína. Mais de um milhão de toneladas de anidrido acético é produzido no mundo todo anualmente, e usado na fabricação de uma grande quantidade de produtos, desde detergentes de baixa temperatura até tintas de impressão. Pode ser quase impossível impedir que produtores de heroína tenham em suas mãos a pequena quantidade de que necessitam. Além disso, o anidrido acético está listado como substância essencial pelo DEA, devendo todas as vendas acima de 1.000 l ser comunicadas.

Cocaína é uma outra história, podendo ser possível parar sua produção, que requer umas poucas substâncias essenciais para a extração das folhas de coca e refinamento. A produção de cocaína na Colômbia é provavelmente superior a 1.000 toneladas por ano, necessitando da importação de 20.000 toneladas de solventes orgânicos, 15.000 toneladas a mais do que a indústria necessita realmente. No caminho que leva até o pó branco, o processo utiliza metiletilcetona como solvente e permanganato de potássio como agente oxidante. A Colômbia importa mais de um terço de toda metiletilcetona exportada dos Estados Unidos para a América do Sul. Obviamente, grande parte desta substância é destinada aos laboratórios de cocaína. As autoridades colombianas estão tentando ainda controlar o éter dietílico, que pode ser usado no lugar de metiletilcetona, não tendo distribuído nenhuma licença de importação para o solvente desde 1987.

Entretanto, a polícia confisca quase 1.250.000 l desta substância por ano ao invadir laboratórios de cocaína, e estima que a cada ano dez vezes esta quantidade é trazida para o país ilegalmente.

As indústrias químicas que fabricam solventes têm consciência do problema e mantêm checagem de toda a venda a granel, porém não é possível controlar compras individuais ao longo de sua cadeia de distribuição, onde o solvente é transferido do tanque para o tambor. Um tambor de solvente pode hoje atingir muitas vezes o seu preço normal no mercado negro colombiano. Claramente o controle de substâncias atrapalha a indústria da cocaína, mesmo que não consiga parar a produção. Uma grande quantidade de cocaína colombiana é exportada para a Europa e as apreensões aumentaram para mais de 20 toneladas por ano com carregamentos únicos de mais de uma tonelada sendo descobertos.

Para drogas sintéticas, o controle é possível acabando com suprimento de substâncias precursoras. Por exemplo, a fenciclidina (PCP) conhecida como *angel dust*, que é barata e fácil de fazer, despontava como a droga de rua mais popular nos EUA antes do aparecimento do crack, a forma fumável de cocaína. Hoje a *angel dust* está fora do caminho e não retomará seu posto, pois a piperidina, a substância necessária para sua fabricação, é agora uma substância controlada pelo DEA. Da mesma forma, o *speed* precisa de efedrina ou fenilacetona, ambas controladas, tornando esta droga de rua também relativamente rara. Em teoria, o ecstasy deveria já ter sido eliminado, mas o controle de suas substâncias precursoras tem sido menos bem-sucedido.

Os atraentes efeitos da anfetamina e cocaína são produzidos pela interferência no caminho da 5-hidroxitriptamina (5-HT) neurônios do mesencéfalo e o centro de processamento superior no cérebro anterior. Esta via utiliza dopamina como mensageiro químico e mudanças na sua liberação produzem os efeitos prazerosos destas drogas. O mesmo sistema pode desempenhar um papel nos efeitos atraentes de outras drogas como a heroína, nicotina e álcool.

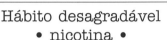

Hábito desagradável
• nicotina •

Nicotina é uma droga que atua tanto como estimulante intelectual quanto como relaxante emocional. Ela é legal, prontamente disponível, indolor na utilização e não causa câncer. Mas existe um empecilho. Para termos nossa compensação nós temos de fumar tabaco, e o fumo de tabaco é perigoso. Existem outras formas de ingerir nicotina, mas estas são maneiras para parar de utilizar a droga. Uma nova maneira de administrar nicotina é através da pele: emplastros à prova d'água impregnados com a droga liberam uma quantidade definida para ser absorvida pelo corpo. Estes emplastros são caros, mas são mais baratos do que fumar vinte cigarros por dia, e a longo prazo podem até salvar sua vida. Por enquanto, ainda não existem evidências de que, sozinhos, os emplastros de nicotina induzam ao vício.

A nicotina se origina da *Nicotiana tabacum*, a planta do tabaco, que recebeu esse nome de Jean Nicot, o embaixador francês em Portugal, que mandou algumas sementes para Paris em 1550. Ela é uma prima distante do ácido nicotínico, melhor conhecido como a vitamina niacina, produzida comercialmente a partir de nicotina pelo seu tratamento com ácido nítrico. Porém, ao contrário da vitamina, a nicotina pode ser mortalmente venenosa, e sulfato de nicotina já foi freqüentemente utilizado como um poderoso inseticida.

Fumar é o modo mais rápido de se consumir nicotina – uma baforada inalada age em 7 segundos. Ela passa dos pulmões para as artérias indo direto para o cérebro, mas seus efeitos têm vida curta. Pesquisas mostram que apesar da meia-vida da nicotina no corpo ser de aproximadamente 2 horas, seus níveis no cérebro caem mais rapidamente, o que explica por que fumantes regulares precisam em torno de um cigarro por hora. Os mesmos níveis de nicotina no sangue e o mesmo grau de dependência foram observados entre aqueles que utilizam rapé nasal seco. Que foi um método popular de utilizar nicotina no século 18 e início do 19, ou quem masca tabaco, que foi popular nos séculos 19 e início do 20, ou quem mantém uma porção de rapé oral úmido na boca, um método de utilizar nicotina que começou no século 20. Enquanto dormimos, o nível de nicotina no corpo diminui e nós perdemos parte de nossa tolerância a ela. É por isso que muitas pessoas consideram o primeiro cigarro do dia como o melhor: seu efeito é mais dramático.

Até aproximadamente 1980 a nicotina não era considerada uma droga viciante. Acreditava-se ser um hábito adquirido, como beber chá, e algo que poderia ser facilmente interrompido – em outras palavras, que se nós decidirmos não fumar nós simplesmente pararíamos. Desde então se tem aceitado que a nicotina está longe de ser meramente uma diversão agradável. Ela é muito mais irresistível que isso: o desejo pela nicotina resulta em uma intensa ansiedade em fumantes que estão sem cigarros mesmo por apenas poucas horas. Se a utilização de nicotina não é propriamente um vício, é certamente um hábito difícil de parar.

Além disso, a nicotina tem seus atrativos: ela nos anima, aumenta nossa concentração, aumenta nossa capacidade de aprender, combate nosso anseio por alimentos doces (fazendo com que estejamos menos propensos a estar acima do peso) e reduz o estresse. Anúncios de cigarro costumam utilizar esses fatos para listar os benefícios do fumo. As afirmações têm origem no principal efeito da nicotina, que é aumentar a liberação de dopamina. Este impulso extra de dopamina reduz o sentimento de ansiedade em pessoas sob estresse. Mas existe um preço a pagar: repetidas doses de nicotina gradualmente aumentam o número de receptores de nicotina no cérebro, que é o motivo pelo qual os fumantes sentem desejo por muitas semanas quando tentam eliminar o hábito.

Apesar de a nicotina ser utilizada diariamente por centenas de milhões de pessoas no mundo todo, ela é classificada como uma substância altamente tóxica. Irving Sax, em *Dangerous Properties of Industrial Materials,* cita a nicotina como um líquido incolor, inodoro de gosto característico, que causa diarréia e convulsões se nós a ingerirmos, respirarmos ou se for absorvida pela pele. A dose fatal para um adulto médio é 60 mg (2 gotas de nicotina pura). Nós podemos sentir sintomas de envenenamento na primeira vez que fumamos um cigarro e absorvemos aproximadamente 1 mg.

Então, de quanta nicotina o fumante precisa para satisfazer suas necessidades? Um maço diário de vinte cigarros contém mais de 30 mg, aproximadamente metade da dose fatal. Nem tudo está disponível para o fumante, mas a maioria está. O emplastro de nicotina contém 50 mg, das quais 20 mg são absorvidas por quem o utiliza. Controlar a velocidade em que a absorção ocorre, e ao mesmo tempo prevenir a perda de nicotina requer um tipo especial de emplastro com alguma tecnologia sofisticada. Para prevenir a evaporação da nicotina, ou que o emplastro se solte ao se tomar banho, ele é feito de uma camada superior de poliéster, o plástico utilizado nas garrafas de bebidas carbonatadas, com uma película interna de alumínio. Abaixo disso existe uma camada de raiom impregnada de nicotina. Sua liberação é controlada de película de poliéster e três camadas de adesivo plástico. Os emplastros são fornecidos em embalagem à prova de crianças.

Quando a pessoa aceita receber nicotina através da pele, o desejo por cigarros deve diminuir. Quando isso acontece, utiliza-se um emplastro com cada vez menos nicotina até que se esteja curado. A eficácia do emplastro tem sido confirmada em uma série de testes de duplo-cego. Fumantes desejando parar, e que utilizaram o emplastro, foram duas vezes mais bem-sucedidos em não fumar depois de três meses, do que aqueles que receberam o emplastro com placebo. Além disso, aqueles utilizando emplastro de nicotina não tiveram aumento de peso, enquanto os com placebo engordaram mais de 4,5 kg.

♦ QUADRO 10 ♦

Fumar um cigarro ou lamber um sapo
• epibatidina •

À primeira vista, o artigo científico intitulado "Epibatidine: a novel (*chloropyridyl*)-*azabicycloheptane* with potent analgesic activity from an Ecuadorean poison frog" parece pouco interessante. Seus autores são Thomas Spande, Hugo Carraffo, Michael Edwards, Herman Yeh, Lewis Pannell e John Daly do *US National Institute of Diabetes and Digestive and Kidney Diseases, National Institutes of Health, Bethesda, Maryland*. Eles extraíram e identificaram a substância tóxica com a qual sapos tropicais se armam contra predadores. Porém eles publicaram seus resultados na principal publicação mundial de química, o *Journal of the American Chemical Society* (1992, volume 114, página 3475), o que sugere que existe algum interesse especial dos químicos no artigo. É verdade.

A epibatidina não é somente muito tóxica, é a razão pela qual este sapo era usado pelos índios para fazer flechas venenosas, mas também parece ser um anestésico magnífico. Esta capacidade anestésica reside na crença popular de que a natureza tem em algum lugar a cura para cada aflição humana. Epibatidina é também um composto organoclorado, o que confunde de alguma maneira as crenças dos ambientalistas de que os organoclorados são substâncias totalmente sintéticas que causam doenças e danos ao ambiente. Esta idéia vem de anos de campanha contra organoclorados como o DDT, dioxinas e CFCs. Epibatidina também é muito perigosa, mas é totalmente natural. Seria um pouco injusto com os sapos erradicá-los porque eles estão fabricando uma perigosa molécula organoclorada.

Infelizmente, os pesquisadores tiveram de matar 750 destas bonitas criaturas listradas de vermelho e branco para obter material suficiente para análise, pois cada sapo rende menos que um décimo de mg da substância para análise. Esse foi um sacrifício único, pois eles descobriram que o composto era uma molécula simples, facilmente preparável em laboratório. Eles também mostraram que ela era 200 vezes mais forte que a morfina, o que podia ser demonstrado utilizando um teste de chapa quente. Neste teste um pouco primitivo o anestésico é dado a um rato que é deixado sobre uma placa aquecida eletricamente. Normalmente o rato deveria saltar imediatamente, mas aqueles aos quais foi dada uma dose de apenas 5 microgramas de epibatidina, apenas ficaram lá e esperaram, sem medo do dano que o calor estava causando.

Ainda mais enigmática foi a observação de que quando se injeta naxolona num rato ao qual foi dado epibatidina, — naxolona é a substância que neutraliza anestésicos como morfina — ele ainda falhava em responder ao calor cauterizante. Obviamente este novo analgésico não trabalhava bloqueando os receptores de dor convencionais. Teria o cérebro do animal algum outro mecanismo para controlar a dor? De fato, postulou-se que a epibatidina tinha como alvo os receptores de nicotina. As moléculas de nicotina e epibatidina têm forma muito parecida, a diferença reside no fato de a epibatidina se ligar mais fortemente ao receptor. A dedução óbvia é que essa molécula é mais potente que a nicotina e pode ter os mesmos efeitos.

Como nós vimos com a nicotina, existem alguns benefícios como resultado dos altos níveis de dopamina que ela produz no cérebro, mas o preço a pagar com sua utilização é alto. Poderia a epibatidina oferecer uma alternativa mais segura à nicotina? Ou isto será apenas muito arriscado?

A epibatidina atormenta os químicos por outras razões. Os sapos de colorido brilhante encontram nela uma forma efetiva de dissuadir predadores, além de serem altamente tóxicos, o que é sem dúvida porque eles a confinam à sua pele. Então como eles produzem a substância? Criados no conforto e segurança do cativeiro eles não produzem epibatidina, sugerindo que deve haver algo em sua dieta natural necessário para elaborá-la, ou talvez eles apenas a produzam vivendo na natureza sob constante ameaça de predadores.

Nós vimos que as substâncias que a natureza têm fornecido, mal utilizadas por nós para nosso prazer, são realmente um pouco rudes, e com um pequeno aperfeiçoamento por químicos elas podem se tornar seguras. Isso aconteceu com o anestésico natural ácido salicílico, que foi originalmente usado para tratar a febre, apesar do seu efeito corrosivo no estômago. Hoje ele é ingerido por milhões como uma versão muito mais segura, quimicamente modificada, que conhecemos como aspirina. A história da epibatidina está apenas começando. Ela pode acabar bem, na forma de um melhor anestésico, ou como uma pílula que fumantes podem utilizar se querem parar de fumar. Ela pode ainda resultar em uma pílula que poderá melhorar o aprendizado ou aumentar nosso prazer em outras buscas intelectuais.

♦ **Q U A D R O   1 1** ♦

Talvez sonhar
• melatonina •

Pareceu-me ouvir uma voz dizer, "desperte!..."
Shakespeare, *Macbeth*, 2.º ato, cena 2

Muitos executivos estão sobrecarregados de trabalho e estressados, e uma característica deste estilo de vida sob pressão é a insônia. Um crescente número deles procura a molécula de melatonina para ajudá-los a dormir e enfrentar a exaustão. As empresas que fabricam esta droga relatam uma demanda recorde.

Melatonina é um hormônio produzido pela glândula pineal, que é aproximadamente do tamanho de uma ervilha e se encontra no centro do cérebro.

Ela regula o sono pela liberação da molécula de melatonina à noite, em resposta às mudanças na intensidade de luz que atingem o olho. Os níveis de melatonina na corrente sanguínea atingem seu pico logo após a meia-noite em aproximadamente 80 partes por bilhão (ppb), diminuindo lentamente, caindo abruptamente até atingir 10 ppb. Quando ficamos mais velhos, nossa capacidade de produzir melatonina diminui, e os níveis de tempo de sono podem ser apenas metade dos de uma pessoa jovem.

Ingerir uma cápsula de 3 mg de melatonina é o suficiente para aumentar rapidamente o nível desta substância no sangue, e fará você dormir em aproximadamente 5 minutos. A melatonina pode ser comprada em lojas de alimentos naturais, onde se afirma ser um nutriente, apesar de o Comitê Britânico de Segurança de Medicamentos ter proibido sua venda como medicamento sem prescrição.

A Sociedade Pineal Européia, se bem que admite que a melatonina é útil no tratamento de desordens do sono, emitiu um aviso. Dizem eles que não existem evidências científicas suficientes para o uso terapêutico da melatonina em humanos, e que ainda não existe informação suficiente sobre os possíveis efeitos colaterais danosos na utilização a longo prazo. Eles previnem que a melatonina pode ser perigosa se cronometrada incorretamente, e não deve ser usada sem supervisão médica. Talvez eles estejam sendo de alguma forma cautelosos demais, mas já existem sinais de que algumas pessoas consideram a melatonina como um tipo de substância mágica. Nos EUA ela é promovida como um "cura tudo", com afirmações de que ela poderia eliminar câncer, doenças cardíacas, mal de Alzheimer, catarata, Aids, depressão e envelhecimento. A mania por melatonina foi alimentada por best-sellers como *The Melatonin Miracle* de Walter Pierpaoli e William Regelson, que diz que ela previne o envelhecimento; e *Melatonin: Your Body's Natural Wonder Drug* de Russel Reiter e Jo Robinson, que afirma que ela pode combater o dano celular causado por radicais livres, e desta forma pode prevenir o câncer. Ainda não existe suporte convincente para nenhuma teoria, mas isso ainda não diminuiu a demanda, e em alguns estados dos Estados Unidos a melatonina atualmente supera a venda de aspirina. As embalagens de comprimidos vendidos de forma descontrolada no Reino Unido são mais contidas em suas afirmações, e uma marca, Bio-Melatonina, é curiosamente rotulada como "um poderoso nutriente antioxidante encontrado nas frutas", fazendo soar mais como vitamina C do que uma substância do cérebro.

Leitores querendo um trabalho escrito melhor fundamentado e lúcido sobre o assunto podem consultar *Melatonin and the Mammalian Pineal Gland* de Josephine Arendt, que tem pesquisado os efeitos da melatonina em diferentes ritmos biológicos humanos, e desenvolveu um sofisticado método com isótopos para medir a substância no corpo.

No Departamento de Anatomia da Universidade de Cambridge os Drs. Mike Hasting e Francis Ebling estão realizando uma pesquisa sobre como a melatonina controla o relógio biológico, com alguns achados incríveis. Descobriram que o cérebro tem dois mecanismos relacionados ao tempo: um que regula o ritmo do dia a dia de nossas vidas; e outro que controla nossas respostas a mudanças sazonais. Ambos são sensíveis a baixas concentrações de melatonina encontradas naturalmente. O relógio biológico se localiza no hipotálamo, enquanto o calendário biológico está próximo da glândula pituitária. Melatonina (N-acetil-5-metoxitriptamina) pode facilmente ser sintetizada, quando pura é amarelo pálido, com cristais em formato de folhas que fundem a 117° C. A glândula pineal a produz a partir da serotonina, a substância química que regula o humor, e essa — por sua vez — é feita a partir do triptofano. Elas são todas derivadas de indol, uma molécula simples que tem dois anéis de átomos associados de forma muito próxima; um anel tem seis átomos de carbono, e o outro tem quatro carbonos e um nitrogênio.

O dermatologista Aaron Lerner descobriu a melatonina na Universidade de Yale em 1958, e relatou que em sapos ela causava mudanças dramáticas na cor de células da pele chamadas melanóforos, por isso o nome melatonina. Desde então ela tem sido encontrada em organismos que variam desde algas unicelulares até mamíferos. Ela tem diversos papéis: em humanos ajuda a ajustar nossos padrões de sono à rotação diária do planeta e seu ciclo anual em torno do Sol. Ela também controla a temperatura do nosso corpo, reduzindo-a levemente durante as horas de sono. Em carneiros e veados, a melatonina sinaliza a época de acasalamento, enquanto em outros animais causa mudanças físicas, e para alguns determina a época de hibernação.

Existem usos adequados para a melatonina, para reduzir a exaustão de pessoas que viajam através de diferentes fusos horários, e para aumentar a atenção e desempenho nas pessoas que têm de lidar com mudanças súbitas no ritmo de trabalho. A melatonina também tem sido usada no tratamento de crianças que sofrem de distúrbios do padrão do sono.

Permitir que executivos superestressados tenham uma boa noite de sono também pode ser uma outra forma de uso legítimo.

◆ ◆ ◆ ◆ ◆ ◆ ◆ ◆ ◆ ◆ ◆ ◆ ◆

Nós esperamos que você tenha se beneficiado da sua visita à mostra na galeria 3a, que foi incluída como um serviço público sobre os perigos da ingestão de substâncias ilícitas ou potencialmente perigosas.

GALERIA 4

LAR, DOCE LAR

Em exposição, detergentes, perigos, encantos e alucinações

- Mantenha limpo
- Julgado e declarado inocente
- O homem de terno branco
- Elimine os germes
- Claro como cristal e enevoado em mistério
- Do que é feito isso? (1)
- Do que é feito isso? (2)
- Perigo em casa
- O amargo segredo da segurança
- Elementos celestiais (1)
- Elementos celestiais (2)

Poucas pessoas hoje levam uma vida caseira, e talvez esta é a forma como deveria ser. Para gerações anteriores o lar era muito importante: era um lugar de conforto após um dia pesado de trabalho, um lugar para se sentir orgulho, o lugar de amor e segurança para crianças pequenas e possivelmente o lugar de trabalho duro, aborrecimento, brigas e maus-tratos. Mas, não importa como o lar fosse, era um lugar que a química estava para transformar, tanto que hoje a casa é mais limpa, saudável, segura de se viver, com alguns incríveis dispositivos que poupam trabalho e instalações de entretenimento. Ela é mais limpa por causa dos detergentes, mais saudável devido aos desinfetantes e mais segura, pois os produtos que nós usamos podem ser protegidos por outros produtos, como vamos ver.

Durante os anos 60, 70 e 80, o uso de detergentes foi retratado por alguns como quase insensata poluição de rios e lagos. As substâncias que tiram a gordura e sujeira das louças, roupas e até mesmo de nossos corpos são acusadas de causar "eutroficação": o desequilíbrio em rios, lagos ou baías que produzem um excesso de algas viscosas ou ervas daninhas. O fosfato dos detergentes é tido como o principal culpado, mas até os surfactantes, em quem reside a capacidade de limpar, estão sob uma nuvem negra, pois são produzidos a partir de óleo. Esta foi a reclamação sobre a qual trabalharam os fabricantes de detergentes, esforçando-se para produzir alternativas "verdes", livres de fosfato. Infelizmente, muitos consumidores não gostam deles, mas a sua rejeição no final não importa, pois se descobriu que os fosfatos não são tão danosos assim para o ambiente afinal.

◆ Q U A D R O 1 ◆

Mantenha limpo
• surfactantes •

Durante a Guerra do Golfo, em 1991, milhões de barris de petróleo cru foram deliberadamente lançados pelos invasores iraquianos nas águas do Golfo Pérsico. Como normalmente acontece, foram os pássaros locais que receberam o impacto deste vandalismo ecológico. Alguns mamíferos marinhos, como os *dugongs*, foram também seriamente afetados. Pássaros mergulhadores de pescoço negro foram as principais espécies a serem afetadas, mas particularmente apavorante foi a ameaça de extinção de uma espécie, a *socotra cormorant*. A Sociedade Real para a Prevenção à Crueldade aos Animais do Reino Unido (RSPCA) foi consultada pelas autoridades sauditas para ajudar, na medida em que sua experiência em resgatar pássaros marinhos cobertos de petróleo é muito reconhecida — eles têm sido aptos em salvar as vidas de 70% dos pássaros deixados aos seus cuidados. O principal produto que o RSPCA usou para remover o petróleo foram Fairy Liquid e Co-op Green, duas marcas proprietárias de líquidos de limpeza.

O segredo do líquido de limpeza são os surfactantes químicos. O nome vem do termo "agente de superfície ativo". A ação de um surfactante tem dois lados: ele promove o umedecimento da superfície seja de pele, roupas, louças ou penas, e ainda retira partículas de sujeira e gordura. As moléculas de surfactantes são longas e finas. Numa ponta a cabeça é atraída pela água; na outra, a cauda é repelida pela água, mas atraída por materiais orgânicos como o petróleo. O efeito da cabeça deve dominar, já que o surfactante se dissolve na água. Quando ele atua contra o petróleo deve ser então capaz de atacá-lo pela cauda e fazer com ele também seja dissolvido. (O petróleo não se dissolve realmente, mas se torna preso como gotas diminutas dentro de uma cobertura de surfactante, um estado conhecido como microemulsão.)

Os surfactantes estão em todos os detergentes e na maioria dos utensílios de limpeza de uma casa, incluindo o sabão. O sabão foi o primeiro surfactante, e ele é ainda o preferido para nossa higiene pessoal. Ele é feito a partir de óleos naturais como óleo de coco ou gordura animal, mas tem a desvantagem de precipitar uma espuma de sais de cálcio quando reage com carbonato de cálcio da água pesada. Para lavar a maioria das coisas, é melhor utilizar surfactantes sintéticos. Estes não formam depósitos insolúveis com cálcio.

O RSPCA começou a recuperar pássaros vitimados quando teve de lidar com o maior desastre envolvendo petróleo, no qual o petroleiro *Torrey Canyon* totalmente cheio ia pela superfície da costa sudoeste da Grã-Bretanha em 1967 e despejou sua carga no mar. Eles descobriram que duas marcas de líquidos de limpeza eram preferíveis, não porque removiam o petróleo melhor que outros líquidos, mas porque sua molécula de surfactante era melhor enxaguada. A cauda de algumas moléculas de surfactante vai se associar às penas dos pássaros reduzindo sua essencial capacidade à prova d'água, tanto que os pássaros não poderiam viver muito. Uma vez que a equipe do RSPCA os tenha limpado, enxaguado e secado, os pássaros irão rapidamente se recuperar e ser lançados de volta à natureza em alguns poucos dias. Infelizmente, muitos pássaros que foram resgatados e limpos não sobreviveram muito tempo — o trauma foi muito grande para eles.

Muitos fabricantes de detergente confiam em surfactantes feitos a partir de óleo, e têm feito isso por mais de 50 anos.

A Shell começou a comercializar o Teepol, o primeiro deles, nos anos quarenta. Parecia infelizmente que nós não poderíamos parar de utilizar as vantagens de surfactantes como este; houve então uma movimentação no sentido de encontrar alternativas renováveis para surfactantes derivados de óleo. Muitas companhias desenvolveram surfactantes "verdes", que são quimicamente similares mas são feitos a partir de óleos vegetais e outros recursos renováveis. Empresas no Japão e Alemanha patentearam surfactantes, chamados de monoalquilfosfatos, que os químicos desenvolveram a partir de açúcar e óleo vegetal, e estes foram comercializados. Apesar da exposição da mídia, eles tiveram pequeno impacto.

  No entanto, sua comercialização não foi em vão, e o seu possível sucesso foi fazer com que produtores de detergentes estabelecidos olhassem novamente para seus produtos. Não surpreendentemente eles descobriram que neles havia, na verdade, um grande desperdício de materiais e embalagem. Rapidamente eles estavam oferecendo versões concentradas, em pequenas embalagens, que também limpavam tão bem quanto as versões anteriores, mas em temperaturas muito mais baixas, como 40°C, desta forma economizando os recursos de energia dos clientes e do mundo. O que intrigou a indústria foi o fato de muitas pessoas escolherem usar o mesmo volume de pó como anteriormente, obtendo menos lavagens por embalagem de detergente. As vendas de detergentes concentrados por fim diminuíram enquanto os clientes retornaram ao antigo tipo de "caixonas" de pó, apesar de estas terem se tornado na verdade muito mais sofisticadas, podendo lavar em baixas temperaturas. (Na verdade eles lavam ainda melhor em temperaturas mais altas.)

  Não importa se são feitos a partir de óleo ou de recursos renováveis, estes surfactantes são ainda moléculas muito parecidas. Surfactantes naturais, em outras palavras aqueles feitos a partir de coisas vivas, são muito mais complicados. Alguns são essenciais para a vida. É uma curiosa ironia que biólogos tenham descoberto que humanos produzem surfactantes quando estudaram os efeitos dos gases utilizados na Segunda Guerra Mundial sobre os pulmões. Muitos bebês prematuros costumavam morrer, pois em seus pulmões faltavam surfactantes, que são necessários para manter os pequenos canais aéreos abertos. A molécula de surfactante faz isto superando a tensão superficial da água, que é a força interna da água que deve ser reduzida nos pulmões para permitir que as vias aéreas abram. Em alguns bebês prematuros em que o surfactante natural está faltando, os pulmões entram em colapso e eles morrem.

  Colin Morley, do Hospital Addenbrookes em Cambridge, tem pesquisado este surfactante humano, que é feito de lipídeos e proteínas. De acordo com Morley, os surfactantes naturais têm uma capacidade química impressionante. Quando inspiramos, nossos surfactantes reduzem a tensão superficial da água, permitindo que nossos pulmões se expandam facilmente. Entretanto, é quando nós expiramos que seu caráter único é revelado. Os surfactantes solidificam, e isto impede que as pequenas passagens de ar de nossos pulmões entrem em colapso. Morley tem feito e modificado versões da variedade original e as utiliza no lugar dos surfactantes naturais para manter bebês respirando até que eles produzam os seus próprios. Isto reduziu em 50% a taxa de mortalidade de bebês prematuros.

  A cabeça da maioria das moléculas de surfactantes se liga à água pois leva um grupo de átomos carregados negativamente. No sabão é o grupo carboxilato; em surfactantes sintéticos é o grupo sulfonato; nos surfactantes humanos é o grupo fosfato. Alguns surfactantes podem ser carregados positivamente, e alguns não possuem carga alguma, e dependem de átomos de oxigênio para se ligarem à água.

Os surfactantes carregados negativamente são responsáveis por mais da metade das vendas de todos os surfactantes, e são o componente ativo de líquidos de lavagem utilizados para recuperar pássaros.

A cauda dos surfactantes são longas cadeias de hidrocarbonetos, o que explica por que elas são tão boas para penetrar óleos e gordura — "semelhante atrai semelhante" — permitindo que a cabeça do surfactante permaneça dissolvida na água e capaz de puxar o óleo e gordura para a água também. Contudo, a cauda de hidrocarboneto dos surfactantes já teve sérias implicações ambientais. Os primeiros surfactantes sintéticos eram feitos de propileno, o qual, como veremos na Galeria 5, é um polímero de cadeias de carbono com metilas como grupos laterais. Infelizmente, as metilas impedem que bactérias em estações de tratamento de esgotos sejam capazes de digerir a molécula de surfactante, e elas, então, passam juntamente com a água residual levando à formação de bolhas espumosas em rios nos anos 60. Químicos então revisaram as cadeias de polímeros, e fazendo-as a partir do etileno, que não tem grupos laterais, eles produziram uma molécula que as bactérias podem digerir.

Manchas de petróleo no mar podem ser, com segurança, entregues à dispersão natural de ventos, ondas e tempestades, e isto é de longe menos danoso que tentar dispersá-las jogando surfactantes. Os surfactantes carregados negativamente que foram uma vez utilizados para isso, causaram mais dano à vida marinha do que o próprio petróleo.

◆ Q U A D R O   2 ◆
Julgado e declarado inocente
• fosfatos •

Os fosfatos não têm sido muito populares devido a algumas campanhas que os culpam por poluir rios, lagos e baías. (Os fosfatos não chegam a ser uma ameaça aos oceanos, onde eles são rapidamente utilizados na cadeia alimentar e por fim caem para o fundo.) Parte deste fosfato poluente veio de fertilizantes artificiais e de esgoto doméstico, mas a maioria vem de detergentes utilizados para lavar roupas e louças.

Tripolifosfato de sódio (STPP), que já foi o ingrediente principal em detergentes, torna a água menos pesada por seqüestrar o cálcio, e mantém a sujeira em suspensão uma vez que esta tenha sido removida das roupas. Em alguns sabões em pó, mais de um terço do seu peso era fosfato. Nos anos oitenta os fabricantes de detergentes reduziram a quantidade de STPP em seus produtos, e alguns foram até o fim para poderem rotular seus produtos como "sem fosfato". Em muitas partes da Europa detergentes de lavanderia que utilizavam fosfato desapareceram das prateleiras dos supermercados pela ação dos ambientalistas — na verdade, os detergentes de cozinha ainda continuam a depender do STPP.

O problema começa quando o STPP entra nos esgotos e se associa ao fosfato das excretas humanas e do resíduo industrial. Parte deste fosfato foi removido por tratamentos de esgoto convencionais, mas a maioria termina nos rios. Muitas cidades investiram pesado em melhorar as usinas de tratamento de água para remover o ofensivo fosfato. Em teoria, fazer isto pode não ter sido uma coisa ruim, embora tenha sido caro, em termos econômicos. Nova tecnologia no tratamento de esgoto permite a recuperação e reciclagem do fosfato, e podemos ainda encontrar atualmente detergentes que mais uma vez declaram com orgulho que contêm fosfatos (reciclados). Um dia nós poderemos até lavar nossas louças com a ajuda do fosfato recuperado do esgoto. Podemos também estar utilizando-o para manter nossa salada de frango livre de germes (veja abaixo); podemos até mesmo estar reciclando-o novamentea nos refrigerantes de cola (veja Galeria 1).

No passado, rios como o Reno e os Grandes Lagos na América do Norte sofriam de eutroficação, e qualquer detergente de fosfato pode não ser tão ambientalmente danoso como se acreditava. Esta foi a conclusão do *The phosphate report*, escrito por Bryn Jones, antigo diretor do Greenpeace, e o Dr. Bob Wilson. Eles realizaram uma auditoria ambiental do STPP, e o compararam com um componente alternativo no detergente, a zeólita, que é um silicato de alumínio e tido como ambientalmente benigno. O relatório é uma análise de cabo a rabo destas substâncias, e leva em conta todos os custos ambientais, incluindo a mineração de materiais brutos, produção industrial, gastos de energia, custos de transporte, uso pelos consumidores e poluição ambiental. O resultado geral é que existe pouco a escolher entre o desvalorizado fosfato e as admiradas zeólitas, e melhorias no tratamento de esgoto podem muito bem favorecer um retorno do fosfato no século 21.

Na Suécia os fosfatos são ativamente encorajados, enquanto que a Holanda já providencia o retorno do fosfato na forma de fosfato de cálcio, e uma companhia química mostrou que este pode ser reciclado em STPP. Recuperar fosfato do esgoto traz seus benefícios, inclusive pelo fato de também extrair impurezas contendo metais pesados, como cádmio e cromo, deixando para trás um lodo que pode ser utilizado como fertilizante para fazendas

Fosfato de cálcio é a forma como a maioria dos fosfatos ocorre na crosta terrestre, e é encontrado em vastos depósitos. Ele tem sido usado para fazer fertilizantes nos últimos 150 anos.

Originalmente foi utilizada farinha de osso, que é fosfato de cálcio, mas isto proporciona relativamente pouco fertilizante atualmente, e é apenas utilizada por jardineiros e fazendeiros "orgânicos". A maioria das colheitas cresce utilizando superfosfato de cálcio, na forma mais solúvel, feita tratando-se uma pedra de fosfato de cálcio com ácido sulfúrico.

Alguns fosfatos detergentes têm reemergido sob nova aparência. Fosfato trissódico foi por muitos anos o ingrediente milagroso do Flash, o limpador de superfícies doméstico mais vendido. Hoje este fosfato tem sido usado para remover germes que envenenam os alimentos do frango cru. Bactérias de superfície, como a salmonela, são eliminadas quando uma carcaça é borrifada com uma solução de fosfato trissódico, que funciona removendo a camada de gordura superficial que encoberta os germes e lhes permite agarrarem-se à carne. O processo teve aprovação em 1992 pelo FDA nos EUA. Muitos dos mihares de casos de envenenamento por salmonela que ocorrem a cada dia podem ser associados a carnes de aves infectadas, e muitos estão sendo prevenidos com uma pequena ajuda dos fosfatos.

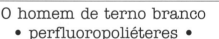

QUADRO 3

O homem de terno branco
• perfluoropoliéteres •

Em 1951 Alec Guinness estrelou o filme *O homem de terno branco*, que era a estória de um jovem químico que descobriu um tecido que nunca se gastava e nem precisava de limpeza. O enredo gira em torno de uma irreverente aliança entre donos de fábricas de tecidos e líderes do sindicato que estavam determinados a ver se a ameaça ao seu ganha-pão poderia ser sabotada. No final o novo tecido derrota a si mesmo desmanchando-se de qualquer forma. O que foi comédia e sátira pode então se tornar realidade no século que se inicia. Já existem substâncias químicas que podem ser usadas para tratar superfícies de forma a repelir a sujeira, mas se elas serão algum dia utilizadas para tratar tecidos é improvável mas não impossível.

As substâncias são os perfluoropoliéteres (PFPE para abreviar), e eles já têm sido utilizados para proteger prédios e são adicionados a algumas massas de polir. PFPEs não são modernos, mas até os anos oitenta eles eram um pouco caros (eles podem custar mais de 500 dólares por litro). Seu uso poderia ser justificado apenas em veículos no espaço, onde as condições são tão extremas que óleos convencionais não podem enfrentar. Os PFPEs têm uma série única de propriedades que fazem deles substâncias ideais como lubrificantes: eles se espalham uniformemente, não são afetados por temperaturas altas ou baixas, podem entrar em contato com substâncias corrosivas como ácidos e agentes oxidantes, e não são inflamáveis.

Estas propriedades desejáveis originam-se da estrutura molecular dos PFPEs, que consiste em cadeias de átomos de carbono, cada um dos quais possui ligados a si dois átomos de flúor. Essas cadeias são ligadas entre si através de átomos de oxigênio para formar cadeias cada vez maiores. Os átomos de flúor criam um duro revestimento que protege a cadeia enquanto os átomos de oxigênio dão a ela flexibilidade. O resultado é um polímero que é impermeável a qualquer ataque, e que não se mistura com nada além de seu próprio tipo. Diferentemente de óleos comuns, os PFPEs não penetram a superfície de plásticos, podendo ser utilizados como fabulosos lubrificantes para videoteipes, luvas de borracha e camisinhas.

Mas lubrificação não é a única vantagem dos PFPEs. Sua característica única faz deles boas barreiras para a sujeira e o encardido. Além disso, eles são perfeitamente seguros biológica e ambientalmente. Eles apresentam vantagens sobre outros compostos como os poliuretanos e silicones, quando utilizados como camada protetora, pois eles não descoloram em contato com forte luz do sol e eles impedem o crescimento de bactérias e fungos.

O PFPE foi descoberto 20 anos atrás pelos químicos italianos Dario Sianesi, Adolfo Pasetti e Constante Corti. Eles são preparados reagindo tetrafluoretileno ou hexafluorpropileno com gás oxigênio puro em luz ultravioleta a $-40°$ C. Isto forma peróxidos que então reagem com gás flúor a $200°$ C formando os PFPEs com uma variedade de comprimentos de cadeia que pode ser separada em óleos leves e pesados por destilação. Os leves são usados para testar equipamentos eletrônicos, pois podem absorver calor, além de serem não condutores. Uma televisão ou um computador podem ser mergulhados nele e ainda continuar funcionando. Os óleos pesados com cadeias maiores são ideais para proteger prédios. As cadeias curtas também foram testadas no mercado em produtos como xampus, óleos de banho, sabões e bronzeadores, pois eles são inodoros, incolores, transparentes, atóxicos, não irritantes e proporcionam um sentimento de maciez na pele e cabelos.

O PFPE tem sido utilizado na Itália para proteger prédios históricos. Corrosão é uma problema sério enfrentado por muitos monumentos antigos, catedrais, palácios e outros grandes edifícios em cidades de tráfego congestionado, mas testes realizados durante anos demonstraram que o PFPE, aplicado à pedra e ao mármore após estes terem sido limpos, irá preservar a superfície contra qualquer forma de corrosão adicional. A alta fluidez do PFPE significa que ele penetra até mesmo nas menores fendas. Catedrais inteiras como as que estão em Siracusa na Sicília e Lucia na Toscana, foram renovadas e protegidas com PFPE. Se ele pode fazer o mesmo em ambientes domésticos ainda precisa ser visto.

◆ QUADRO 4 ◆
Elimine os germes
• hipoclorito de sódio •

Os poluentes ambientais podem ser encarados como uma sutil ameaça ao nosso bem-estar, mas eles são quase nada quando comparados com o dano natural à nossa saúde por vírus e bactérias causadores de doenças. Destruí-los é parte da batalha que enfrentamos para nos mantermos saudáveis, e que munição pode ser melhor que uma humilde garrafa de alvejante para protegermos a nós mesmos, nossas famílias e nossos lares? Alvejante, como os anunciantes afirmam, realmente mata todos os germes conhecidos, e tem feito isto há quase um século. Não é possível a nenhum germe evoluir para se opor ao ataque, porque ele causa danos onde quer que eles sejam tocados. Vírus e bactérias podem nos atingir uma vez que tenham tido acesso a nossos corpos, mas nossa primeira linha de defesa é ter certeza de que eles não estão rondando por aí, e é neste ponto que os alvejantes podem ajudar.

Alvejante é feito com gás cloro. Ele foi utilizado pela primeira vez para desinfetar torneiras de água em Maidstone, Inglaterra, em 1897, durante uma epidemia de tifo, e sua eficácia foi confirmada quando ele ajudou a controlar outra epidemia em Lincoln, alguns anos depois. Por fim, o cloro se tornou o método de se purificar água potável nas Ilhas Britânicas, e atualmente a maioria do mundo desenvolvido utiliza este método. Apesar disso, ele é reprovado por alguns ambientalistas por sua reação química com outras espécies presentes na água, formando traços de compostos suspeitos de serem carcinogênicos. Alvejante é também banido por algumas autoridades locais que proibiram seu uso em escolas e até mesmo em hospitais devido ao temor da liberação de vapores perigosos de cloro. Isto algumas vezes acontece se a equipe de limpeza é descuidada.

O alvejante é feito borbulhando-se cloro em uma coluna, onde uma solução alcalina de hidróxido de sódio (soda cáustica) esteja sendo adicionada lentamente. Os dois reagem para formar a molécula de hipoclorito, uma molécula que tem um átomo de oxigênio e um átomo de cloro ligados. O hipoclorito é um forte agente oxidante, e é estável por vários meses desde que não seja exposto ao calor, luz do sol e metais. Como é feito a partir do cloro, o alvejante comum é algumas vezes chamado erroneamente de alvejante de cloro, para distingui-lo do alvejante de peróxido, que é uma solução de peróxido de hidrogênio (água oxigenada). No alvejante de cloro não existe gás cloro livre a menos que a solução se torne ácida, como veremos a seguir. As bolhas que surgem no alvejante quando ele está sendo usado são bolhas de gás oxigênio.

Em todo o mundo milhões de toneladas de cloro são fabricadas a cada ano, e boa parte disso é utilizada para desinfetar a água ou é transformada em alvejantes de hipoclorito para uso doméstico. A água pode ser clorada tanto com alvejante quanto com o próprio gás cloro; em ambos os casos resulta uma solução diluída, mas muito eficiente, solução de hipoclorito. Alvejante também é utilizado industrialmente para remover tinta de papel reciclado e para branquear algodão, uma de suas primeiras aplicações.

Vírus e bactérias são extremamente sensíveis à oxidação e um ataque por solução de hipoclorito, mesmo fraca, normalmente é capaz de matá-los. O hipoclorito irá manter a água livre de germes em concentrações bem baixas e por um longo tempo, que é o motivo pelo qual ele ainda é preferido em detrimento de outros agentes oxidantes como peróxido de hidrogênio e ozônio. Alvejante é ideal para esterilizar a superfície das cozinhas, roupa suja, pias e banheiros. Um alvejante mais sofisticado é produzido adicionando um surfactante que também auxilia na ação de limpeza.

Ainda não existe um substituto para o alvejante de hipoclorito como desinfetante: então, por que ele está sendo ativamente desencorajado? Uma razão é sua capacidade de converter resíduos orgânicos na água em compostos organoclorados que, alguns argumentam, a longo prazo são danosos à saúde humana. Existem poucos dados epidemiológicos que pareçam apoiar estas afirmações: por exemplo, um relatório em 1992 declarou que existiam alguns poucos casos de câncer de reto e bexiga por milhão de pessoas em áreas onde a água potável era fortemente clorada e retirada dos rios, comparado a áreas onde a água era levemente clorada e retirada de fontes e poços. Entretanto, a diferença não compensava, e ficou longe de provar que alguém que beba água clorada esteja colocando a sua saúde em risco.

A água dos rios americanos tem, em média, meros 50 ppb de compostos organoclorados; no Reino Unido, é muito menos que isso. Tanto a Agência de Proteção Ambiental como as autoridades do Reino Unido estipularam um limite de 100 ppb para este tipo de substância na água potável. Alguns compostos organoclorados têm causado câncer entre aqueles fortemente expostos a eles na indústria, mas nos baixos níveis nos quais eles estão presentes na água clorada, os riscos de eles afetarem alguém são desprezíveis. O resíduo organoclorado mais comum na água é o clorofórmio, mas mesmo com 100 ppb você deve consumir apenas 3 g de clorofórmio desta maneira durante toda a sua vida. Esta quantidade deve ser comparada ao clorofórmio que foi utilizado como remédio na primeira metade do século XX. Chlorodyne, um cura-tudo patenteado, contém 14% de clorofórmio, e uma dose única pode fornecer mais clorofórmio do que você obteria bebendo água por 75 anos.

Em 1991 a Agência Internacional de Pesquisa sobre o Câncer (IARC), que é parte da Organização Mundial de Saúde, publicou uma avaliação dos riscos oferecidos por organoclorados na água potável. Eles concluíram que existem evidências insuficientes para causar alarme. O relatório do IARC disse que se existem riscos para a saúde ele são bem pequenos, e devem ser relevados em relação aos riscos muito maiores de se tomar água não clorada. Mas esta nota de aviso chegou muito tarde. Outros estavam levando a ameaça a sério e, alarmados pelos supostos danos dos organoclorados, o governo peruano ouviu atentamente o EPA e parou de clorar a água potável desde 1991. O resultado foi uma epidemia de cólera com mais de um milhão de casos e 10.000 mortes.

No entanto, organoclorados não são a razão por que os alvejantes são desencorajados em escolas, hospitais e ambientes de trabalho. A razão por trás disto é que ele pode liberar gás cloro se utilizado de forma errada. Varias pessoas correm para o hospital todos os anos por causa deste tipo de acidente, e alvejante é citado por escritórios de segurança como uma substância comum que pode ser perigosa. Geralmente é a equipe de limpeza que pode ser preferencialmente atingida se tentarem poupar tempo utilizando um alvejante e um *descaler* juntos. *Descalers* são ácidos fortes e funcionam dissolvendo o carbonato de cálcio que se forma em superfícies, pias e banheiros em áreas que utilizam água pesada. Tão bem quanto neutralizar as incrustações, os *descalers* podem neutralizar a base no alvejante e torná-la ácida o suficiente para converter o hipoclorito de volta no prejudicial gás cloro. Alguns *descalers* contêm ainda ácido clorídrico, que é duplamente perigoso pois libera parte de seu próprio cloro como gás cloro. Aqui o verdadeiro culpado não é o alvejante, que tem salvado milhões de vidas atualmente, mas a ignorância. Se as pessoas soubessem um pouco de química então seria seguro utilizar alvejantes, que realmente podem matar germes e tornar cozinhas e banheiros lugares mais seguros.

Pais têm medo dos alvejantes, pois imaginam que são perigosos se tocarem a pele, e crianças podem brincar com eles e até beber um pouco. Apenas o cheiro deve deter as crianças de bebê-los, mas elas podem tentar. A ameaça não é tão perigosa como se imagina, e se existe suspeita de a criança ter bebido um pouco de alvejante, então o socorro imediato deve ser dar à criança grandes quantidades de água, principalmente com bicarbonato de sódio dissolvido, para neutralizar o ácido no estômago. Outras substâncias domésticas também podem ser uma ameaça, mas os pais podem proteger suas crianças contra eles procurando aqueles que possuem um agente que torna o gosto amargo. Curiosamente, a única substância doméstica que não recebe um agente que a torne amarga é o alvejante. (Mais tarde, nesta galeria nós poderemos admirar a molécula que é a substância mais amarga da Terra.)

◆ **QUADRO 5** ◆

Claro como cristal e enevoado em mistério
• vidro •

No lar moderno nós dependemos muito do vidro para recipientes, louças e embalagens. Uma das grandes vantagens do vidro é que ele limpa facilmente, e pode ser esterilizado com água fervente, e geralmente é forte o suficiente para que possamos batê-lo e lavá-lo sem nos preocuparmos muito com que ele vá quebrar. Em épocas anteriores o vidro era frágil e perigoso, e era poupado para uso apenas em ocasiões especiais. Mas as coisas poderiam ter sido bem diferentes se o inventor de um tipo de vidro difícil de quebrar não tivesse enfrentado um triste destino. Nós não sabemos o seu nome, mas ele viveu na época de Jesus Cristo. Ele proclamava que seu vidro era inquebrável, e ele estava certamente orgulhoso de sua invenção. Notícias sobre seu incrível achado atingiram a corte imperial de Tibério, que foi imperador romano de 14 a 37 da era cristã.

O reinado de Tibério foi marcado por escândalos políticos que cercavam o seu braço direito, o prefeito pretoriano Sejano. Além disso, o imperador era notório pelas suas perversões sexuais como pedófilo, as quais ele se permitia em seu palácio em Capri. Apesar de sua própria impopularidade, Tibério governou em uma época de grande prosperidade — pelo menos para os cidadãos de Roma, se não para seus súditos e escravos. Podemos ver isto refletido na vidraria do período. Sendo assim, alguns dos recipientes que sobreviveram ainda estão entre os mais bonitos trabalhos de arte jamais feitos em vidro, como no vaso Portland de camadas azuis e brancas no Museu Britânico. Este recipiente em particular foi deliberadamente esmagado por um jovem em 1845, mas ele foi por duas vezes cuidadosamente restaurado, e o esforço foi recompensado, na forma da qualidade do acabamento e o caráter artístico que ele representa.

Vidros romanos, como a maioria dos vidros através da história, foram facilmente destruídos. A única exceção, antes do advento do vidro Pirex, foi visto pela Corte Imperial, quando nosso intrépido artesão trouxe uma de suas criações, um bonito vaso transparente, para mostrar ao imperador. Ele então, deliberadamente, deixou-o cair no chão e, para o espanto de todos, o vaso não quebrou. Os observadores ficaram espantados, mas alguns ficaram alarmados, e outros suspeitaram que ele estivesse utilizando algum tipo de mágica. O imperador manteve a calma e perguntou ao vidreiro sobre seu maravilhoso novo vidro. Do que ele é feito? Quem mais sabe o segredo de como fabricá-lo? O vidreiro disse que era feito de *martiolum*, e declarou orgulhosamente que apenas ele sabia os ingredientes. Ao ouvir isto, o imperador ordenou sua execução, e o segredo do vidreiro morreu com ele. Apenas para se garantir, Tibério ordenou também a destruição da oficina do homem. O motivo que ele deu foi o compreensível de sempre, proteger o valor dos investimentos do palácio em artefatos de vidro e louças — não muito diferente do motivo dos que se opuseram ao homem de terno branco no filme de 1951.

Os antigos escritores Plínio e Petrônio, que relataram o incidente, chamaram o vidro de *vitrium flexible* (vidro flexível) e disseram que ele era feito de *martiolum*. Nós não podemos identificar este material atualmente. Ou será que podemos? Eu acredito que deve ter sido uma forma de borato de sódio, que é um complexo composto de sódio, boro e oxigênio. Este é o ingrediente-chave do borossilicato, ou vidro Pyrex, e é a razão por que isto pode suportar impactos fortes, mudanças de temperatura e ataque químico. O borato é um ingrediente fundamental pois ele pode ajustar suas ligações químicas para absorver estas repentinas variações energéticas.

O Pyrex foi descoberto (ou eventualmente "redescoberto", se minha teoria está correta) nos anos 1880 por Otto Schott, Karl Zeiss e Ernst Abbé na Alemanha. Ele foi comercializado como louça para forno pela Companhia de Vidro Corning em 1912, e rapidamente se tornou parte de todas as casas — e permanece como o mais importante material em laboratórios de química. O vidro comum, não resistente, é feito de areia (dióxido de silício), calcário (carbonato de cálcio) e cinzas de soda (carbonato de sódio) e tem uma composição típica de 70% de óxido de silicone, 15% óxido de sódio, 10% óxido de cálcio e 5% de outros óxidos. Mas adicione a este tipo de vidro um pouquinho de borato de sódio e você transforma completamente as suas propriedades. Para fazer vidro com borossilicato você precisa, tipicamente, adicionar por volta de 10% de óxido de boro.

Poderia nosso desconhecido vidreiro ter tropeçado em um tipo de vidro Pyrex? Se os relatos estão corretos, e ele realmente fez um vaso à prova de impacto, então ele deve ter adicionado algum borato, sobre isso nós podemos ter certeza, pois não existe outro elemento que não seja o boro, que possa dar ao vidro esta resistência a impacto e choques térmicos. Ele provavelmente utilizou bórax, o mineral natural mais comum de borato de sódio, mas onde ele conseguiu isto?

A única fonte de bórax no mundo antigo era o distante Tibete, onde ele cristaliza no lago Yamdok Cho, ao sul de

Lhasa. De lá era exportado ao Oriente Próximo e Europa até quase o fim do século dezoito. Ele era utilizado como uma mistura para mineradores de ouro, mas um pouco de bórax percorreu um longo caminho, e ser importado de tão longe era uma despesa que o negociante podia sustentar. Não existem evidências de que mineradores de ouro utilizaram bórax com este propósito, e além disso existem referências ao bórax na literatura babilônica, egípcia e romana, mas não podemos saber se era realmente borato de sódio ou outros sais. Talvez uma parte fosse bórax, e pode ter sido disto que nosso intrépido químico de vidros conseguiu um pouco. Ele pode ter até mesmo tropeçado em alguma forma de suprimento próprio.

Desconhecidos dos romanos naquele tempo, existiam grandes depósitos de bórax nas fronteiras do Império, por exemplo na Ásia Menor (Turquia), que hoje é o maior exportador do mineral. Muito mais perto de Roma existia outra fonte, em Maremma, na Toscana. Este depósito foi minerado no século dezenove, e por 30 anos, até 1850, a Itália foi o maior produtor mundial de bórax. Talvez nosso vidreiro tenha experimentado com o ácido bórico, que ele pode ter recolhido ao redor das correntes de vapor da região de Maremma, e que poderia se comportar de forma muito semelhante ao bórax se adicionado ao vidro derretido. O nome que ele deu ao material foi *martiolum*, que pode ter sido batizado em homenagem ao local onde foi encontrado, que é uma pista adicional de que ele deve ter usado um composto contendo boro, vindo desta região.

Infelizmente, nosso antigo químico de vidros levou seu segredo com ele para a cova, e o mundo teve de esperar quase 2.000 anos antes que alguém experimentasse adicionar bórax ao vidro derretido. Se Tibério tivesse recompensado o vidreiro com um orçamento de pesquisa, na expectativa de novas descobertas, ele poderia ter fundado a Companhia Imperial de Pyrex, uma indústria que seria não somente geradora de riqueza, mas também

melhoraria a saúde de seus súditos. Taças e talheres de estanho e chumbo era o que a aristocracia romana utilizava, e admite-se que isto contribuiu para a queda de Roma, pelo aumento da quantidade de chumbo em sua dieta em níveis que poderiam ter afetado a fertilidade. Nós retomaremos esta teoria na Galeria 8.

Claro que, mesmo que os romanos tivessem desenvolvido um vidro difícil de ser quebrado, isso ainda assim não teria modificado seus utensílios domésticos da forma como os novos materiais passaram a modificar nossos objetos no século XX.

◆ Q U A D R O 6 ◆
De que é feito isso? (1)
• acrilato de etila •

Na quinta-feira 3 de maio de 1991 o navio cargueiro *Nordic Pride* foi pego em uma tempestade no Mar do Norte. Duas plataformas de tanque, cada uma contendo 24.000 litros (5.000 galões) de acrilato de etila foram jogadas para fora do navio. Eles surgiram em terra firme na costa leste da Inglaterra, perto de Kelling, no condado de Norfolk, em 6 de maio e foram descobertos por um homem andando com seu cachorro. Um dos contêineres estava vazando um pouco por uma válvula. No mesmo dia moradores locais relataram um forte cheiro parecido com alho, o que não causa surpresa, já que acrilato de etila tem um terrível odor.

O serviço de emergência de Norfolk entrou em ação quando eles descobriram que estavam lidando com acrilato de etila porque ele é classificado como uma substância potencialmente danosa à saúde. (Pode-se lidar com ele fazendo-se uma diluição com grandes quantidades de água, que é o melhor método de descontaminação.) Eles montaram uma operação de emergência completa, e delimitaram uma zona de exclusão de uns três quilômetros dentro da qual a polícia aconselhava as pessoas a deixar seus lares. Outros, dentro de um raio de uns dezesseis quilômetros, foram orientados para permanecer dentro de casa e fechar as janelas.

A sempre vigilante mídia farejou o que parecia ser um importante desastre químico e divulgou que vapores tóxicos estavam atingindo uma vasta área. O hospital local cuidou de 48 pessoas que acharam que tinham sido afetadas pelos vapores de acrilato de etila, mas nenhuma foi hospitalizada. Enquanto isso uma companhia especializada em descarte tirou com um sifão o acrilato de etila e o eliminou. Apenas um pouco estava faltando. O interesse da mídia se esgotou imediatamente — não havia nuvens de gases tóxicos envolvendo pessoas inocentes — mas a falta de acompanhamento deixou algumas pessoas com perguntas não respondidas. O que era esta estranha substância que se lançou na praia? Por que havia uma quantidade tão grande dela? Para que era utilizada? Era realmente perigosa?

O acrilato de etila é matéria-prima para a indústria química, sendo utilizado para fabricar polímeros acrílicos. É um líquido penetrante e incolor que entra em ebulição exatamente na mesma temperatura da água, sendo muito irritante aos olhos e pulmões. O produto final, inofensivo, tem pouca relação com o desagradável acrilato de etila cru. Nós o manipulamos muitas vezes por dia, pois ele recobre paredes, assoalhos, aço, papel e couro. Ele também é utilizado como adesivo para tecidos descartáveis não urdidos, como forro de fraldas e capas de encosto de cabeça em aviões. Mais de três milhões de toneladas de polímeros acrílicos são fabricadas em todo o mundo anualmente, e a produção cresce mais de cinco por cento a cada ano.

Grande parte da produção de acrilato de etila torna-se tinta. Um pouco é utilizado em tintas domésticas à base de água, cujo alto preço é compensado pela sua resistência à umidade em cozinhas e banheiros. A maior parte é utilizada na indústria como tinta à base de solvente, para cobrir utensílios domésticos e carrocerias de carros, que são pulverizados com a tinta que é então é curada rapidamente. Este polímero é ideal para recobrir superfícies, pois é flexível, resistente, suporta bem a limpeza regular, e tem uma excelente resistência ao mau tempo e à forte luz solar. Acrilato de etila é totalmente seguro quando polimerizado e tem sido usado nesta forma para revestir o interior de latas de alumínio de forma que seu conteúdo, especialmente frutas ácidas e drinques, não reaja com o metal, contaminando o produto.

Os polímeros de acrilato realizam seu trabalho ligando os pigmentos em tintas e garantindo que eles irão aderir à superfície que está sendo decorada. Acrilato de etila é adicionado a uma formulação se a tinta é destinada a superfícies onde uma certa flexibilidade é exigida, como a encontrada em papel de parede texturizado. Neste tipo de tinta o acrilato de etila é copolimerizado com metilmetacrilato, que além de mais rígido é o componente principal da mistura. Geralmente, tintas acrílicas são utilizadas para cobrir superfícies metálicas, como geladeiras, máquinas de lavar, lavadoras de louça e carros, dando a elas um acabamento que imita o laqueado. Desta forma, elas são tão fortes que podem ser aplicadas à folha de aço antes de o metal ser estampado num componente de peça. Mesmo sendo boas como são, as tintas acrílicas têm sido criticadas devido aos solventes necessários para sua aplicação, mas novas tintas acrílicas mais "amistosas" para com o ambiente têm sido desenvolvidas baseadas em água, e já estão sendo utilizadas pelos fabricantes de veículos europeus e norte-americanos para pulverizar carrocerias de carros.

Acrílico é um nome genérico dado a uma classe de polímeros, não só para aqueles feitos de acrilato de etila. O plástico metilmetacrilato é conhecido como Perspex e Plexiglas. Outro tipo, o metilcianoacrilato, é a base de supercolas. Ele é vendido como um composto não polimerizado, e foi desenvolvido por químicos para polimerizar apenas quando exposto ao ar. Sua capacidade superior de colar se origina das longas cadeias de polímeros que se formam nas superfícies que ele está juntando, ligando-as como se elas fossem pedaços de uma mesma peça.

◆ QUADRO 7 ◆

De que é feito isso? (2)
• anidrido maléico •

Assim como o acrilato de etila, você provavelmente nunca entrou em contato com o próprio anidrido maléico. Pode até nunca ter ouvido falar nisso antes de entrar na Galeria 4, mas a partir do momento em que você levanta da cama de manhã, dificilmente pode evitar de lidar com materiais feitos com ele. Você pode se apresentar cercado por eles, pulverizando-os sobre seu cabelo e bebendo-os no café da manhã. No seu carro você depende deles para manter o motor funcionando suavemente, e para protegê-lo se você bater o carro de frente. Eles estão lá quando você adoça seu café, come um biscoito e lê este livro. E você pode até dizer boa noite para eles quando retira sua dentadura.

O conglomerado de empresas Huntsman, sediado em Salt Lake City, Utah, EUA, é o maior produtor mundial de anidrido maléico, e é o fabricante líder de plásticos e resinas, com faturamento anual em torno de 2 bilhões de dólares. Em 1993 a Huntsman comprou a divisão de anidrido maléico da gigante química Monsanto, e o vice-presidente sênior da Huntsman afirmou que eles tinham adquirido uma instalação incrível que fazia anidrido maléico a partir de um gás que é 98% ar. Ele não estava se vangloriando à toa: na indústria química que eles tinham comprado, o anidrido maléico era feito em questão de segundos, passando ar contendo 2% de butano, um hidrocarboneto parafínico derivado de petróleo, sobre uma mistura de óxidos metálicos como os de vanádio ou molibdênio, a 350° C. Mais de 200.000 toneladas de anidrido maléico são fabricadas por ano, e ele é uma das poucas substâncias químicas cuja produção aumenta 10% de ano para ano.

Anidrido maléico pode ser feito a partir de uma grande variedade de substâncias químicas, como o benzeno ou butano, simplesmente passando uma corrente de ar contendo estes vapores sobre um óxido metálico catalisador. O anidrido maléico é uma molécula simples com um anel de cinco átomos: quatro carbonos e um oxigênio. Os carbonos de cada lado deste oxigênio também têm ligado a eles outro oxigênio. Anidrido maléico é um sólido branco cristalino que funde a 53° C. Ele é tóxico e irritante para a pele, e nunca é usado nesta forma; é convertido em outras substâncias que são modificadas em uma grande variedade de produtos: plásticos para banheiros e pára-choques de carro; aditivos para pisos vinílicos e anti-séptico bucal; e ingrediente de alimentos como adoçante artificial e fermento. Outras utilizações para anidrido maléico são óleos para motor, onde polímeros feitos com ele mantêm o óleo viscoso quando se torna quente, e tintas, onde age como fixador.

Pode parecer estranho que a mesma substância pode se transformar numa variedade tão grande de produtos, mas isso ocorre, pois o anidrido maléico é apenas o material de partida. Ele pode realizar muitas reações químicas, cada uma transformando-o em um material mais sofisticado, com um novo conjunto de propriedades. Este tipo de transformação química não deve causar espanto. Um material de partida que nos é mais familiar é o açúcar, e ele também pode sofrer mudanças marcantes. Nós podemos transformá-lo em um caramelo levemente amarronzado, uma calda grossa, ou um doce cristalino cozido; podemos fiá-lo em fibras como em um algodão doce ou moldá-lo como se fosse uma lâmina de vidro, que atores quebram dramaticamente em cenários de filmes.

A principal aplicação para o anidrido maléico são resinas de poliéster, e mais da metade da produção de anidrido maléico acaba desta forma, como casco para barcos, box de chuveiro, e superfícies trabalhadas imitando mármore. Ele é ideal para estas aplicações, pois é leve, forte, seguro e não sofre corrosão. A resina é feita quimicamente reagindo-se anidrido maléico com um diol* como propilenoglicol para formar um poliéster. Ao contrário do poliéster usado em tecidos, este tipo tem suas ligações cruzadas em suas cadeias poliméricas, tornando-o rígido. A resina pode ser ainda fortalecida com fibra de vidro, e, se pulverizada em um molde teremos uma maneira rápida e barata de construir não somente barcos, mas também cenários de filmes, apoios de teatro e até parques temáticos. O mais notável uso do poliéster pode ser observado na fabricação de resinas cristalinas utilizadas como peso para papel, nos quais *souvenirs*, moedas e outros itens são encravados, como moscas em âmbar.

Anidrido é um termo químico que se refere a um ácido do qual os elementos que formam a água, dois átomos de hidrogênio e um de oxigênio (H_2O), foram retirados; a palavra é derivada do grego "sem água". Quando este procedimento é adotado para o ácido maléico, o resultado é o anidrido maléico. O processo pode ser revertido, e adicionando-se água ao anidrido maléico reconstitui-se o ácido maléico. Novamente, ele não é comercializado desta forma, mas é convertido em substâncias relacionadas que ocorrem naturalmente, ácido málico, ácido tartárico e ácido fumárico.

O ácido fumárico tem a mesma composição química do ácido maléico, mas com uma diferente torção à estrutura da molécula*. Ele é essencial na respiração de tecidos de plantas e animais. Ácido fumárico é usado como agente flavorizante e como antioxidante em alguns alimentos, principalmente sobremesas instantâneas e misturas para queijadinhas. Ele é perfeitamente seguro, e apesar de se apresentar naturalmente em muitas plantas, ele não está presente em quantidades que tornem a extração um processo economicamente viável. Em vez disso ele é produzido industrialmente, tanto a partir da glicose pela ação de fungos, como a partir do ácido maléico.

Ácido málico é feito aquecendo-se anidrido maléico com corrente sobre pressão, e é usado para fazer marmeladas, geléias e bebidas de frutas. O sangue humano tem naturalmente 5 ppm de ácido málico. O gosto amargo de maçãs verdes é devido ao ácido málico, e dele elas contêm 1%, cuja maioria desaparece conforme a fruta amadurece (apesar de algumas variedades, em particular aquelas conhecidas como maçãs para cozinhar, possuírem altos níveis mesmo quando maduras). Ruibarbo e groselha possuem mais de 2% de ácido málico. Adicionar ácido málico a bebidas de frutas dá a elas um azedume refrescante.

O mesmo efeito, mas com um gosto mais "grosseiro", pode também ser encontrado em outro ácido natural, o ácido tartárico. Este também é atualmente feito de anidrido maléico, reagindo-o com peróxido de hidrogênio. Algum ácido tartárico é extraído dos sedimentos dos vinhos, que é de onde a maior parte dele

---

* Dióis são moléculas que contêm dois grupamentos OH, caracterizando duas funções álcool. (N.T.)

* Os ácidos fumárico e maléico são ácidos dicarboxílicos, sendo isômeros geométricos. Seus grupos carboxílicos estão ou do mesmo lado do plano (maléico) ou em lados opostos (fumárico).

provém. O ácido tartárico é usado em fermentos na forma de seu sal de potássio, e tem sido vendido por séculos com o nome de "creme de tártaro". O anidrido maléico não é somente responsável por tornar o gosto dos alimentos azedo; ele também é responsável por torná-los mais doces, pois é uma das substâncias envolvidas na fabricação do adoçante artificial aspartame (melhor conhecido como NutraSweet).

Nos Estados Unidos um derivado do anidrido maléico é usado como substância agrícola. Chamada hidrazida maléica, ela favorece o amadurecimento mais rápido das frutas, mas também desacelera o crescimento das folhas: por exemplo, ele é usado para fazer a grama crescer mais lentamente, especialmente à beira de estradas. Também é usado para prevenir que novas folhas de tabaco brotem, resultando na redução da qualidade das folhas existentes. No Reino Unido ele pode ser usado em batatas e cebolas para evitar que brotem durante a estocagem. As quantidades necessárias são mínimas, e não existe perigo para a saúde em comer frutas e legumes que foram tratadas desta maneira.

◆ **QUADRO 8** ◆
___
Perigo em casa
• monóxido de carbono •

Os dois quadros que olhamos, acrilato de etila e anidrido maléico, devem ser admirados, pois eles tornam nossos lares um ambiente mais seguro. Como a maioria das substâncias químicas, eles ocupam uma posição segura na lista de riscos domésticos, e os riscos reais com que nos deparamos em casa se originam de acidentes, como quedas, choques elétricos, e cortes com instrumentos afiados. Mas nem todas as substâncias são tão inocentes como aquelas feitas a partir de acrilato de etila e ácido maléico, e uma em particular pode ser mortal. Ela não é algo que nós compramos, mas algo que produzimos acidentalmente.

No primeiro domingo da primavera de 1993, um jovem casal, Michael e Deborah Mason, partiram do subúrbio de Fulham, em Londres, para passar um final de semana em sua casa de campo em Muddiford, North Devon. Com eles estavam seus dois filhos, Christopher, de quatro anos, e Jeremy de dois. Enquanto isso, em Muddiford, a primavera estava também no ar e um par de pássaros tinha construído um ninho para chocar alguns ovos. O que os Masons não sabiam é que os pássaros resolveram construir seu ninho no duto de gás do aquecedor da casa de campo, efetivamente bloqueando-o. Naquele final de semana Michael, Deborah, Chistopher e Jeremy morreram por envenenamento por monóxido de carbono.

O monóxido de carbono age sobre a hemoglobina nas células vermelhas do sangue e torna-as inúteis no desempenho de sua função essencial de transportar oxigênio pelo corpo. Sem oxigênio nós rapidamente morremos, e nosso cérebro morre primeiro. O monóxido de carbono (fórmula química: CO) é um gás incolor, inodoro e altamente tóxico. Todos nós estamos expostos a ele porque ele está presente em quantidades mínimas na atmosfera, com os níveis mais elevados nas cidades, onde ele provém principalmente do escapamento dos veículos. Grande parte do carbono em um combustível se torna dióxido de carbono (CO_2) com dois oxigênios por molécula, mas um pouco do combustível em um motor ou caldeira pode se considerar com pouco oxigênio para completar a combustão, e o carbono então se torna monóxido de carbono com apenas um oxigênio por molécula.

O monóxido de carbono no ar que respiramos pode se ligar a mais de 5% da hemoglobina em nossas células vermelhas do sangue, e se também fumamos este quadro pode ser superior a 10%. Pequena quantidade de CO no sangue é perfeitamente natural, pois a degradação metabólica da hemoglobina produz CO, e a cada dia nós geramos aproximadamente 10 mg desta substância. Isso é suficiente para converter 0,5% da hemoglobina à forma de CO, e isso não tem efeito sobre a capacidade do sangue em transportar oxigênio no corpo. Desta forma, testes em camundongos mostram que um pouco de CO parece incentivar a hemoglobina não afetada a pegar mais oxigênio que o normal, e pode, na verdade, ajudar a respiração. Mas, se ele atinge 30% nós experimentamos os sintomas de envenenamento por monóxido de carbono: sonolência, dor de cabeça, tontura e dores no peito. Apenas 1% do CO no ar converte mais de 50% da hemoglobina no sangue na forma inútil CO e causará a morte dentro de uma hora. E nem a vítima em potencial está consciente de alguma dificuldade na respiração, mas quando o nível atinge 50% o transporte de oxigênio pelo sangue repentinamente cessa. (Algumas espécies são imunes aos seus efeitos tóxicos e baratas podem sobreviver em uma atmosfera de 80% de CO e 20% de oxigênio.)

Vítimas de envenenamento por monóxido de carbono tornam-se rosa brilhante devido à carboxiemoglobina em seu sangue. Se forem atendidas a tempo podem ser salvas, e o tratamento é simples: ar fresco, ou, melhor ainda, oxigênio. De acordo com o livro *Introdução à Toxicologia* de John Timbrell, quatro horas é o tempo necessário para reduzir o nível de monóxido de carbono no sangue pela metade, mas apenas uma hora se a vítima respirar oxigênio puro. Apesar disso, uma pessoa que sobrevive ao envenenamento por monóxido de carbono pode sofrer um dano permanente ao seu coração e cérebro.

O pior envenenamento acidental em massa por monóxido de carbono ocorreu em 2 de março de 1944 em Balvano, Itália, quando um trem carregado enguiçou no túnel Armi e 521 pessoas morreram. A formação de monóxido de carbono pode ser muito rápida se carvão mineral (ou óleo ou gasolina) for queimado com um suprimento inadequado de ar, e isso foi o que aconteceu no túnel. O gás mortal inicialmente atingiu o maquinista da locomotiva, e depois lentamente preencheu o espaço confinado do trem até que todos sucumbiram.

Geralmente as pessoas estão mais expostas aos riscos de envenenamento por monóxido de carbono quando se mudam para novas acomodações ou estão em um apartamento alugado para férias, quando podem não perceber que os ocupantes anteriores fecharam a ventilação ou se a chaminé estiver bloqueada. Os sinais de perigo são gases que queimam com chama amarela, e marcas de fuligem ou fumaças que demonstram que um aquecedor está faminto de ar. A cada ano muitos veranistas morrem por envenenamento por monóxido de carbono, eventualmente em um banheiro com a porta ou janela fechadas, onde a água quente é fornecida por um aquecedor sem ventilação no próprio ambiente.

A maior fonte de monóxido de carbono é o escapamento de carros, e isso pode resultar em níveis maiores que 50 ppm (0,005%) em trânsito pesado. Exposição a 120 ppm por uma hora é considerado o limite máximo para exposição nos EUA, e até mesmo 75 ppm podem resultar em uma saturação de 30% do sangue e mudanças corporais detectáveis. Nem fechar as janelas do carro nos protege do monóxido de carbono emitido por outros veículos – o nível de monóxido de carbono dentro do carro pode ser mais que o dobro do do lado de fora.

Os gases vindos dos escapamentos dos carros contêm 4% de monóxido de carbono quando o veículo está em movimento, mas aumentam para 8% quando o carro está em marcha lenta. Suicidas que conectam uma mangueira ao escapamento e canalizam os vapores para dentro do carro morrem rapidamente, assim como pessoas que colocam suas cabeças no forno a gás quando a casa é abastecida com gás de carvão, que contém 8% de monóxido de carbono.

O monóxido de carbono constitui entre 0,5 e 0,2 ppm da atmosfera, e existem aproximadamente 500 milhões de toneladas do gás circundando o globo. O tempo de permanência do monóxido de carbono na atmosfera é de aproximadamente dois meses. Durante os anos noventa a quantidade total diminuiu, ainda que a cada ano as atividades humanas lancem 450 milhões de toneladas de monóxido de carbono na atmosfera. Praticamente metade do monóxido de carbono que os humanos produzem vem da queima de combustíveis fósseis, e a outra metade da queima de madeira e palha formando as clareiras das florestas. Existe ainda muito monóxido de carbono gerado naturalmente da oxidação de moléculas orgânicas na atmosfera, como o metano e hidrocarbonetos voláteis. Aonde todo este monóxido de carbono vai parar ainda não está completamente entendido, mas o solo é um sorvedouro natural para este gás, e os microrganismos do solo são capazes de absorver a maior parte.

O International Geosphere Biosphere Programme está estudando todos os gases na atmosfera que vêm de fontes naturais. O monóxido de carbono está sendo medido em pontos ao redor do mundo, porém em concentrações menores que 0,1 ppm não é simples monitorá-lo. Analistas estão tentando encontrar modos melhores de medir monóxido de carbono em níveis baixos utilizando técnicas como lasers ajustáveis, espectroscopia fotoacústica e espectroscopia de infravermelho.

Embora seja perigoso, o monóxido de carbono é fabricado em larga escala pela indústria química, e a maior parte é preparada reagindo-se gás metano com vapor. A mistura de gás hidrogênio e monóxido de carbono que é produzida é conhecida como *syngas*, abreviação de gás para síntese, cuja maior parte é utilizada na fabricação de metanol, um líquido de muitas aplicações. Um pouco é misturado com petróleo para gerar um combustível de motor a combustão mais limpo, com a agradável vantagem de menos monóxido de carbono sendo emitido dos escapamentos dos carros. Boa parte do metanol reage com mais monóxido de carbono e é convertida em ácido acético e anidrido acético, substâncias que são então utilizadas para fabricar plásticos, tintas, tintas de impressão, analgésicos e cebolas em conserva. Existe um quadro do metanol na Galeria 7.

Proteger a nós mesmos do monóxido de carbono não é fácil, pois não sabemos que estamos sendo afetados por ele. Isso pode ser medido utilizando um detector de monóxido de carbono, e se você tem um cômodo no qual exista um aquecedor a gás, então você deve utilizar este tipo de detector da mesma forma como deve utilizar um detector de fumaça.

♦ Q U A D R O 9 ♦
O amargo segredo da segurança
• Bitrex •

Apesar dos olhos atentos de pais e avós, a cada ano milhares de crianças precisam de cuidados médicos porque beberam alguma substância química utilizada em suas casas. Muitas precisam de hospitalização, mas felizmente poucas morrem. Existem duas formas de reduzir o risco destes perigos para as crianças: o primeiro é certificar-se de que todas as embalagens contendo substâncias perigosas têm fecho resistente a crianças; e o segundo é pôr na substância de uso doméstico algo que torne o gosto tão horrível que qualquer criança que tome um gole imediatamente irá cuspi-lo.

Envenenamento acidental ocorre no banheiro, cozinha, garagem ou no barracão do jardim quando crianças pequenas encontram uma garrafa de líquido, quase sempre de colorido atraente, e decidem beber um pouco. Dentre os líquidos mais consumidos estão o xampu, alvejante, condicionador de cabelo, thinner, removedor de tinta, água sanitária, parafina, inseticidas, desinfetantes, veneno de rato e álcool. Os registros dos hospitais mostram que as substâncias mais perigosas que podem ser ingeridas pelas crianças são terebentina, parafina, soda cáustica, álcool (em um perfume ou loção após barba) e removedor de tintas. A extensão do pânico dos pais ao descobrirem o que a criança fez depende de seu conhecimento do que realmente a substância é.

Eles podem acreditar que alvejante é altamente perigoso, enquanto álcool não, apesar de ser — neste caso — justamente o oposto. Eles podem ficar mais alarmados por desinfetantes do que pelo xampu, mas em todos os casos eles devem procurar ajuda médica, e quanto mais rápido, melhor. Felizmente, a maioria deste tipo de emergência são alarmes falsos, e a maioria das crianças que são levadas às pressas aos centros médicos e hospitais precisam mais de tranqüilização do que de tratamento. Mesmo o tratamento pode consistir em não mais do que dar ao estômago atingido da criança remédios para melhorar o intestino inflamado, e grandes quantidades de água para beber, para ajudar o corpo a eliminar as substâncias químicas. Apenas raramente é necessário utilizar a popularmente temida lavagem estomacal. Contudo, estas evidências não alteram o fato de que as substâncias químicas utilizadas em casa são fonte de preocupação para todos os pais, e se as coisas fossem feitas de forma mais segura, muito do valioso tempo médico poderia ser poupado, e as crianças poderiam estar menos propensas a serem traumatizadas pelo ocorrido. Além disso, não devemos esquecer a aflição dos pais, que muitas vezes, ficam mais transtornados que a criança.

Uma precaução óbvia a ser tomada é tornar as substâncias que existem em casa repulsivas ao paladar, e o que se precisa é de uma substância extremamente amarga, sendo esta a sensação de paladar de que menos gostamos. (Na Era Vitoriana, quando a ameaça de envenenamento acidental vinha quase sempre dos remédios da família, eles eram feitos de forma a possuírem um paladar muito amargo para que as crianças não os consumissem.) Além disso, o aditivo não deve interferir na função para a qual a substância química utilizada na casa é necessária, e apenas uma pequena quantidade do agente que dá o gosto amargo deve ser necessária, de forma que os fabricantes não deixem de adicioná-lo por razões econômicas.

A natureza produz uma série de substâncias muito amargas, como o aloés amargo, absinto das folhas da *Artemisia absinthium*, genciana das raízes de *Gentiana lutea*, e quássia do caule da *Jamaica quassia*. Elas têm algumas vezes sido usadas para dissuadir bebedores, mas muitas vezes têm sido usadas para o efeito contrário. Adicionadas a aperitivos elas são capazes de estimular o apetite. Porém, a molécula que supera o paladar de todas as outras no jogo da amargura é o Bitrex. Ele foi descoberto em 1958 na companhia farmacêutica escocesa, T. & H. Smith Ltd de Edimburgo, durante a procura por novos analgésicos baseados em lignocaína, o tipo que amortece a pele quando aplicado à superfície. O Bitrex é um pó branco atóxico, solúvel em todos os tipos de solventes e ainda é lista no Livro Guinness dos Recordes como a mais amarga substância conhecida. Nós podemos detectar o Bitrex ao nível de apenas 10 ppb e notá-lo amargo com 50 ppb. Ele é usado ao nível de partes por milhão — por exemplo, o álcool industrial torna-se impossível de ser bebido com 10 ppm de Bitrex.

Bitrex se adapta perfeitamente nos receptores de gosto amargo de nossas línguas, o que explica por que ele provoca resposta imediata, mas que dura muito uma vez que você tenha colocado um pouco em sua boca. O nome químico do Bitrex é benzoato de denatônio, e é a porção do denatônio o componente ativo. Ele tem dois grupos etil e um benzil ligados a um átomo de nitrogênio. Se estes grupos são substituídos pelo menor, porém quimicamente similar, metil, então o amargor é reduzido 100.000 vezes. Sendo assim, qualquer leve mudança da molécula de Bitrex a torna muito menos efetiva.

Além de ser adicionado às substâncias químicas utilizadas em casa, existem outros usos para o Bitrex. Produtos que podem conter Bitrex como proteção são: polidores, purificadores de ambientes, tinta para cabelo, limpeza médica, fricção com álcool, lava-rápido, polidores de peças cromadas, fluido para isqueiros. Tinta contendo Bitrex pode ser usada para recobrir velhas pinturas com chumbo, e então desencorajar crianças pequenas de arrancarem flocos e comê-los, o que algumas então dispostas a fazer. Poucos fabricantes resistem a utilizá-lo, apesar de o mínimo custo adicional não ser realmente a razão. Ele tem sido colocado em balas repelentes para afastar pássaros, e em árvores jovens para fazer com que animais parem de se alimentar de suas folhas e cascas, e em esmaltes de unha especiais para impedir que se roa as unhas. O maior uso do Bitrex é tornar o álcool industrial difícil de ser ingerido.

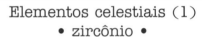

QUADRO 10

Elementos celestiais (1)
• zircônio •

Você pode estar lendo isso com hidroxicloreto de zircônio sobre seus braços, principalmente se você usou um antiperspirante esta manhã. Este curioso composto é feito de um metal pouco conhecido que tem uma crescente importância.

O ano de 1789 é melhor conhecido como o início da Revolução Francesa. Mas também houve um outro evento que ocorreu na Alemanha naquele ano, algo que estava destinado a revolucionar nossas vidas no século seguinte. Este evento foi a descoberta do elemento zircônio, um dos mais seguros elementos químicos. Produtos feitos de zircônio estarão invadindo nossos lares em alguns disfarces bizarros, como um faqueiro de cerâmica, diamantes falsos e novas cores. Alguns já estão entre nós. A indústria também encontrou incríveis usos para este metal e especialmente para seu óxido, chamado de zircônia, que funde apenas acima de 2.500° C.

O químico Martin Heinrich Klaproth (1743-1817) descobriu o zircônio em pedras semipreciosas vindas do então Ceilão (hoje Sri Lanka). Ele recebeu instrução para ser farmacêutico, mas se interessou por química analítica e foi finalmente nomeado como o primeiro professor de química na Universidade de Berlim quando tinha 60 anos. No mesmo ano em que descobriu o zircônio, Klaproth também descobriu o urânio. Os destinos destes dois elementos estão intimamente ligados, como veremos.

Gemas que contêm zircônio eram conhecidas nos tempos bíblicos, e chamadas por vários nomes como jacinto, jargão e zircão. Imaginava-se que variedades incolores eram um tipo inferior de diamante. Isso se mostrou falso quando Klaproth decompôs uma pedra preciosa de zircônio aquecendo-a com um álcali (base). Do produto desta reação ele extraiu um novo óxido que chamou de zircônia, e que ele percebeu que era de um novo elemento, o zircônio. O nome veio da palavra árabe *zargum* que significa dourado.

Klaproth foi incapaz de isolar o metal puro, e infelizmente ele não viveu para ver esta realização, o que foi conseguido em 1824 pelo químico suíço Jöns Jacob Berzelius. Além disso, nos 120 anos seguintes pouco uso foi encontrado para o zircônio. Ele não tinha aplicação comercial como metal, e seus compostos químicos não tinham nenhuma característica notável. No entanto, o zircônio metálico tinha um trunfo escondido, que repentinamente o tornou proeminente nos anos quarenta do século vinte, quando a energia atômica foi liberada pela primeira vez. O zircônio provou ser um metal ideal para o interior de reatores nucleares. Ele não se corrói a altas temperaturas, e não absorve os nêutrons que o reator produz, um processo que pode transformar metais em isótopos radioativos perigosos. A indústria nuclear ainda é o maior consumidor final das 7.000 toneladas de zircônio fundidas a cada ano.

O zircônio não é particularmente um elemento raro. Ele é quase três vezes mais abundante que o cobre e dez vezes mais abundante que chumbo, e existe 80 vezes mais zircônio que antimônio na crosta terrestre. Austrália, África do Sul, Índia e EUA têm vastos depósitos de zircônio (na forma de silicatos de zircônio) e de zircônia (que é dióxido de zircônio). A produção global de zircônia pura é de quase 25.000 toneladas ao ano, e ele é usado para fazer quase tudo, de antiperspirantes até brilhantes pedras preciosas, chamadas zircônias.

Felizmente, o zircônio não oferece ameaça biológica, tanto para a saúde humana como para o ambiente. Desta forma, os fabricantes estão mudando para substâncias de zircônio como alternativas mais seguras. Mesmo quantidades mínimas de compostos de chumbo ainda são adicionadas a algumas tintas, para melhorar a secagem, e estão sendo substituídas por sais de zircônio. A indústria de papel e embalagens está descobrindo que compostos de zircônio tornam-se boas coberturas de superfície, pois apresentam excelente resistência à água e força. Igualmente importante é sua baixa toxicidade, e um composto, o carbonato de zircônio, é aprovado para o tratamento do papel de embalagens que entram em contato com o alimento. O hidroxicloreto de zircônio é atualmente o componente antiperspirante preferido em desodorantes do tipo roll-on, substituindo os compostos de alumínio usados anteriormente.

Mais de 600.000 toneladas de minério de zircônio são extraídas a cada ano para serem usadas em revestimentos resistentes ao calor para fornalhas e para fazer conchas gigantes para metal derretido. Ele é resistente a altas temperaturas e não se expande quando aquecido. Entretanto, o uso mais espetacular do zircônio se dá na forma de seu dióxido, em cerâmicas superfortes. Elas foram desenvolvidas de forma a construir motores para tanques militares que não precisassem nem de óleo lubrificante nem de sistema de resfriamento. Desta pesquisa surgiu uma nova *geração de cerâmicas duras e resistentes ao calor, que são mais fortes que metais.* No Japão elas são usadas em ferramentas de corte rápido para a indústria, e para facas, tesouras e tacos de golfe para o mercado doméstico. Zircônio também é utilizado em telas de TV, onde nos protege dos danosos raios-X.

QUADRO 11

Elementos celestiais (2)
• titânio •

Dois anos antes da descoberta do zircônio, outro metal muito similar a ele foi descoberto, o titânio. Este achado foi bastante incomum, já que foi feito por um clérigo, o reverendo William Gregor (1761-1817), em uma vila remota na Cornualha, Inglaterra. Hoje em dia este metal é encontrado em motores de aviões, em torres de petróleo em alto-mar e em navios. O dióxido de titânio é o pigmento mais importante do mundo, e é o branco brilhante dos utensílios de cozinha, encanamentos plásticos, tintas domésticas, e está na tinta branca usada para marcar as linhas nas estradas.

Cerca de 200 anos atrás, o reverendo Gregor, que era o pároco de Creed, analisou uma areia negra que ele encontrara nos arredores da paróquia de Menaccan. Ele achou a areia incomum porque era atraída por um ímã. Ele a analisou o melhor que pôde e deduziu que era constituída de dois óxidos metálicos — óxido de ferro era um, mas o outro ele não pôde identificar. Ele era cientista bastante para perceber que deveria ser um óxido de um metal desconhecido, e relatou o fato à Royal Geological Society of Cornwall. Gregor também escreveu um artigo sobre isso, que surgiu na edição da revista científica alemã *Crell´s Annalen*. Quatro anos mais tarde, Klaproth, o homem que surgira com o novo óxido metálico, zircônia, agora "descobriu" outro óxido de um elemento metálico desconhecido, e deu a ele o nome de titânio.

O titânio é o sétimo metal mais abundante da crosta terrestre. Nem Gregor em Klaproth viveram para ver o metal propriamente, que é muito difícil de extrair dos óxidos dos minérios. Amostras impuras de titânio foram preparadas no século dezenove, mas foi só em 1910 que Matthew Hunter, trabalhando para a General Electric nos EUA, preparou titânio absolutamente puro. A indústria do titânio realmente se iniciou nos anos 30 quando os fabricantes de tinta estavam procurando um substituto para o chumbo branco e voltaram-se para o dióxido de titânio. Assim como o óxido de zircônio é chamado de zircônia, o óxido de titânio é chamado de titânia.

Este nome surge novamente com a rainha das fadas na peça de Shakespeare *Sonhos de uma noite de verão*, o que talvez explique por que as pessoas que trabalham na indústria preferem o nome dióxido de titânio, ou sua fórmula química TiO_2. Esta substância é atualmente uma indústria de três milhões de toneladas ao ano. O dióxido de titânio tornou-se o pigmento mais usado porque é atóxico, não descolora, e tem um índice de refração muito alto. O índice de refração é uma medida da capacidade de uma substância de dispersar a luz, e explica a brancura brilhante que o dióxido de titânio proporciona a utensílios domésticos como refrigeradores, máquinas de lavar e secadoras. Seu índice de refração é 2,7 maior que o do diamante (2,4), que é admirado pelo seu brilho.

Metade da produção de dióxido de titânio vai acabar como tinta, um quarto entra na composição de plásticos como o encontrado em sacolas, janelas e cachimbos, e o resto é usado na produção de papel, fibras sintéticas e cerâmicas. Um pouco é usado em cosméticos, e ele ainda é suficientemente seguro para ser usado em alimentos como açúcar de confeiteiro e adoçantes. O dióxido de titânio também tem a capacidade de absorver os danosos raios ultravioleta da luz do sol, o que explica por que ele é usado para proteger o plástico da moldura das janelas e para proteger o corpo humano em protetores solares. O maior produtor de dióxido de titânio é a Du Pont dos EUA, enquanto na Europa o maior produtor é a Tioxide do Reino Unido.

O dióxido de titânio é preparado por dois processos. O mais antigo envolve dissolver o minério de titânio em ácido sulfúrico, precipitando o óxido molhado e aquecê-lo a 100° C. O processo mais moderno usa gás cloro para converter o minério em tetracloreto de titânio, que é então oxidado com oxigênio a 1.000° C, ou, melhor ainda, em um arco de plasma a 2.000° C. Tetracloreto de titânio é uma substância-chave na indústria de titânio. Este líquido volátil e cristalino entra em ebulição a 136° C e é, conseqüentemente, fácil de purificar. Aquecê-lo tanto com magnésio ou sódio metálico em uma fornalha elétrica libera o titânio metálico.

Na medida em que é difícil de produzir, o titânio justifica o seu custo. O metal é forte, tem um ponto de fusão de 1.660° C (um pouco mais alto que o do ferro), e é leve, e desta forma é usado em motores de avião e em estruturas de aeronaves em uma liga com pequenas porções de alumínio ou vanádio. O titânio é muito reativo, mas é protegido por uma fina camada de óxido em sua superfície. Isto lhe proporciona resistir à ação corrosiva não só da água do mar, mas também de substâncias corrosivas. Alguns submarinos russos têm cascos de titânio. O metal também irá suportar ácido nítrico e gás cloro, o que explica por que engenheiros químicos contam com ele para plantas de indústrias químicas; enquanto engenheiros mecânicos acham que ele é ideal para trocadores de calor em estações de força. Ele é muito usado em torres de petróleo em regiões costeiras. Cerca de 50.000 toneladas de titânio metálico são produzidas a cada ano.

Em 1950, cirurgiões notaram que titânio era ideal para reparar ossos quebrados. Ele não é reativo, portanto não é corroído por fluidos corporais, é atóxico, se liga aos ossos, e não é rejeitado pelo corpo. Substitutos para quadril e joelho, marca-passos, placas ósseas e parafusos e chapas cranianas para fraturas no crânio são feitos de titânio e podem permanecer no lugar por mais de 20 anos. O Príncipe Charles teve o seu cotovelo consertado com uma placa de titânio pelo cirurgião John Webb no Hospital da Universidade de Nottingham. Barry Sheen, o corredor de motocicleta, é conhecido por manter-se unido por suportes de titânio após um terrível acidente que estilhaçou muitos dos seus ossos.

Implantes de titânio são usados para anexar dentes falsos. Plugues de metal são inseridos dentro dos ossos da mandíbula usando uma técnica desenvolvida por Per-Ingvar Brånemark de Göteborg, Suécia, que tinha pacientes com implantes que ele inseriu há tanto tempo como 1965. A chave para o sucesso com implantes de titânio é o metal puro e uma limpeza criteriosa. Com este objetivo, um arco de plasma é usado, eliminando os átomos superficiais e expondo uma nova camada do metal, que é instantaneamente oxidada. É a esse filme de óxido que o tecido do corpo irá se ligar tão fortemente.

Atualmente nada resta do banco de areia perto do rio, ao longo do qual o reverendo Gregor surgiu com o minério de titânio. O lugar foi reconstruído muito tempo atrás. O minério de titânio não é minerado na Cornualha, onde ele foi inicialmente encontrado, mas vastos depósitos na América do Norte, América do Sul e Austrália atendem às necessidades mundiais. A África do Sul tem dunas de areia em sua costa 180 quilômetros ao norte de Durban, onde as ondas do Oceano Índico depositaram os minerais rútila, zircônio e ilmenita por milhões de anos. Rútila é dióxido de titânio, zircônio é silicato de zircônio e ilmenita é uma mistura de óxido de ferro e de titânio. Uma draga flutua em um grande lago artificial e suga a areia que contém cerca de 5% de ilmenita, rútila e zircônio. A ilmenita é separada, purificada e fundida para produzir dióxido de titânio, escória e ferro-gusa. A rútila e o zircônio são separados em um processo eletrostático a seco, e são vendidas em suas formas naturais. Enquanto a draga se move é seguida por um programa de reabilitação ambiental que recria os florescentes arvoredos, terras úmidas e pastagens.

PROGRESSO REAL E OBSERVAÇÕES IRREAIS

Em exposição, uma amostra das moléculas que tornam a vida mais simples

- De volta para o futuro
- Plásticos insalubres e bolas que explodem
- Entorte-me, molde-me, da forma que quiser
- Barato e alegre
- Indo a extremos na Terra e nos céus
- Livrando-se do PET
- Sexo seguro
- Material versátil
- Mais forte que o aço

Você pode pensar em polímeros como sendo totalmente fabricados e portanto artificiais, mas eles são muitas vezes a tentativa de químicos de suplementar e melhorar polímeros biológicos que a natureza produz. Algodão, marfim, couro, linho, papel, borracha, seda, madeira e lã são materiais maravilhosos feitos a partir de polímeros biológicos que plantas e animais produzem, e os quais evoluíram para servir a propósitos úteis como fornecer camadas externas protetoras, isolamento, reforço, armamento e assim vai. Os seres humanos aprenderam que, com pequenas modificações, eles podem transformar estes polímeros em artigos muito úteis, como carteiras e pastas, preservativos e abafadores de chá, ingressos e palitos de dente.

Às vezes, nós queremos polímeros com características que nunca evoluíram na natureza, como isolamento inquebrável para cabos elétricos, roupas que podem ser retiradas da mala depois de uma longa viagem e permanecer sem rugas, ou panelas em que possamos fritar um ovo sem que ele grude. Para estes polímeros nós devemos procurar por químicos. Muitos dos quadros nesta Galeria são deste tipo de polímero — materiais que não têm equivalentes naturais.

Polímeros são moléculas um tanto quanto especiais, consistindo em longas cadeias, normalmente constituídas de átomos de carbono, aos quais outros átomos, como o hidrogênio, flúor e cloro estão ligados. O nome antigo para polímeros é plástico, e você provavelmente conhece muitos deles pelos nomes: polietileno, poliestireno, Teflon, Orlon — mas estes são apenas uns poucos que desempenham um papel importante em nossas vidas. Qualquer papel que os polímeros desempenhem causa em muitos de nós a necessidade de tomar fortes atitudes em relação a eles. Alguns de nós os admiramos, muitos de nós os ignoramos, mas um número crescente os despreza e alguns os detestam e vão evitá-los a qualquer custo. Para um químico, esta oposição aos polímeros parece um pouco estranha. Quando você chegar ao final desta mostra eu espero que visitantes com opiniões fortes tenham visto o bastante para serem persuadidos a mudar seu pensamento.

As atitudes em relação ao plástico mudaram durante a segunda metade do século passado. Nos anos 30, quando o celofane, PVC, poliestireno, Perspex e o náilon foram lançados, os plásticos eram bem-vindos. Isso chegou a ser chamado de Era do Plástico, e havia uma aprovação geral, particularmente de jovens e influenciáveis *designers* que receberam bem o novo material que a química produziu, e aquilo pareceu imune à degradação e decomposição.

A contribuição dos novos plásticos para a vitória aliada em 1945 permitiu uma contínua expectativa a respeito de maravilhas sobre estes novos materiais, e os anos 50 e 60 viram a indústria química fornecer alguns produtos incríveis que transformaram os tecidos e a mobília doméstica. O excesso de confiança está destinado a nos levar a cometer erros, e os plásticos cometeram três gafes nos anos 50. Eles surgiram disfarçados de flores de plástico, copos e talheres descartáveis e filme plástico usado para vedar roupas lavadas a seco.

O primeiro é meramente uma aberração de gosto, mas o segundo enfatiza a característica intrínseca do plástico, a descartabilidade, e o terceiro foi um desastre pois pode fazer com que bebês e crianças morram sufocados. Quando os plásticos atraíram a ira de Norman Mailer, sua humilhação estava garantida, e da metade dos anos 60 para a frente ele comandou uma campanha hostil contra eles. "Eles nos separam dos materiais da terra, a pedra, a madeira, o minério de ferro", Mailer sustentava. "Nós olhamos para novos materiais que foram cozidos em tonéis, derivados longos e complexos de urina que nós chamamos de plástico." Os novos materiais tinham falta "do odor da vida", o seu "toque é estranho à natureza", e eles proliferavam "como as metástases de células de câncer".

Com este tipo de comentário hostil de um dos principais escritores do mundo, dificilmente seria necessário que ambientalistas entrassem com tudo, mas eles entraram. Os plásticos pareciam simbolizar o desperdício dos recursos da Terra e a poluição do planeta. De repente a durabilidade do plástico não era uma vantagem mas uma falta grave. E, sendo assim, os quadros desta galeria não são uma coleção de vilões e monstros, mas de criadores talentosos, trabalhadores honestos, exploradores do espaço e trabalhadores milagrosos.

◆ Q U A D R O   1
De volta para o futuro
• tencel •

Não é de surpreender que os químicos não sejam capazes de melhorar polímeros que a natureza produziu. As plantas produzem bem uma destas maravilhas: a celulose. Ela é feita do carboidrato de glicose, que, por sua vez, é feito de água e do dióxido de carbono do ar. Eles são induzidos a se combinarem através do seqüestro da energia solar em um processo chamado de fotossíntese, que acontece com a ajuda de um catalisador verde, a clorofila. Esta reação química primitiva origina a molécula de glicose, que é a molécula biológica mais abundante produzida na Terra, em quantidades de cerca de 50 bilhões de toneladas por ano. Isto ocorre principalmente na forma dos polímeros amido e celulose

A glicose pode se ligar em si mesma em longas cadeias de dois tipos: o primeiro pode ser facilmente quebrado novamente em suas unidades constituintes e nós o conhecemos como amido; a segunda, que é quase indestrutível e pode durar milhares de anos, nós conhecemos como celulose. O amido é a forma para as plantas armazenarem comida, e celulose é a forma como elas constroem estruturas mais permanentes, como raízes, caules e folhas. A diferença entre amido e celulose é apenas a maneira como uma molécula está ligada a outra; o amido pode ser facilmente desconectado por enzimas digestivas, enquanto a celulose, não.

Nossos ancestrais primatas aprenderam cedo a diferença entre partes das plantas que eram ricas no digerível amido, como as sementes, frutas e tubérculos e as porções onde estava principalmente a dura e indigerível celulose, como a haste, folhas e cascas, apesar de algumas delas servirem para o útil propósito de fornecer fibras para nossa dieta. A celulose pode ser usada de outras maneiras, e quando ela se apresenta em uma forma fibrosa podemos fiá-la e tecê-la, como com algodão ou flax. E se bem que a celulose da madeira não seja facilmente acessível porque está misturado com materiais não fibrosos, ela pode, apesar disso, ser transformada em um bem igualmente valioso, o papel. Já que a celulose da madeira não é diferente daquela vinda do algodão, com um pouco de habilidade ela também pode ser utilizada para nos vestir e mobiliar nossas casas.

A celulose será um dia a matéria-prima de uma grande parte de nossa indústria química, e à medida que o impulso para recursos renováveis continua, isto poderá muito bem acontecer no atual século. De qualquer forma, é interessante examinar o quadro da celulose para ver o que o que ela tem a oferecer, como fibra para fazer tecidos, e como matéria-prima para fabricar plásticos. Ambos os usos foram desenvolvidos no século dezenove, quando a seda artificial e o celulóide foram inventados. Um deles foi recentemente aprimorado com nova tecnologia química, enquanto é melhor deixar o outro no limbo[*], como vamos ver.

O que levou químicos a procurarem uma nova fibra foi a popularidade e o preço elevado de uma que já existia: a seda. A seda tinha uma suavidade, um toque e um farfalhar que a tornavam muito apelativa. Talvez ela devesse ser sempre uma fibra exclusiva, beirando a decadência na forma de pijamas e lençóis de seda, cuja sensualidade foi por muito tempo usada para enfatizar o último lançamento em tecidos luxuosos. Mas na Era Vitoriana a seda se tornou associada ao pranto, especialmente para viúvas. A morte de um ente querido significava vestir-se elegantemente de preto, mas existia um limite para aquilo que as lagartas da seda da China podiam produzir para as tristes viúvas da sociedade ocidental.

---

[*] Para alguns cristãos, limbo é o lugar onde permanecem as almas de crianças não batizadas e daqueles que morreram antes de Cristo. Termo utilizado para fazer referência a um estado intermediário ou condição que espera decisão. (N.T.)

A primeira fibra de celulose artificial foi comercializada pelo químico francês Conde de Chardonnet, que introduziu uma versão de um pano de nitrocelulose em 1884. No começo ele vendeu bem, e a produção da então chamada seda de Chardonnet atingiu 10.000 toneladas ao ano. Infelizmente, ele tinha a perturbadora tendência de consumir-se em chamas, e algumas vezes ele até explodiu (veja o Quadro 2). Uma fibra de celulose mais segura foi desenvolvida por Charles Cross, Edward Bevan e Clayton Beadle, trabalhando em uma pequena loja em South Avenue, Kew, nos arredores de Londres. Eles fizeram o primeiro raiom bem-sucedido comercialmente e o patentearam em 1894. O seu novo material, *art seda*, era tão bom quanto seda natural e custava uma fração do preço. *Art seda* é uma abreviação para seda artificial, se bem que este nome raramente é utilizado hoje em dia, e é melhor conhecido pelos outros nomes do raiom, acetato e viscose. Cross, Bevan e Beadle venderam a sua invenção aos Courtaulds, que eram os principais produtores de seda daquele tempo, e eles começaram a fabricar a nova fibra em 1905, embora tenham tido de superar o complicado problema de moldá-la através de jatos finos para obter a finura que eles procuravam.

Três milhões de toneladas de raiom são produzidas anualmente, mas esta tem sido uma fração que diminui no mercado de fibras artificiais. O raiom outrora reinou supremo antes do advento do náilon no final dos anos 30, e apresenta muitas vantagens: tem um toque suave sob a pele, se move bem e seca bem. O raiom é amplamente usado para roupas de baixo, blusas, vestidos e forros de jaquetas, e é misturado com outras fibras em jogos de cama, estofados e cortinas. Mas ele tem suas desvantagens: amassa facilmente, perde a força quando molhado — e ele pode perder batalhas.

Na sua tentativa de criar um Estado autárquico, os nazistas investiram pesado no raiom, e a produção aumentou dez vezes de 1933 a 1943. Um Estado autárquico é aquele que tenta operar como um sistema econômico auto-suficiente, e é muito apreciado por ditadores, pois isto significa que eles não poderão ser afetados por sanções comerciais internacionais ou boicotes. O Estado nazista decidiu tornar-se independente da importação de algodão substituindo-o pelo raiom, que eles poderiam fabricar a partir das abundantes florestas em seus territórios. Soldados alemães eram equipados com uniformes feitos de raiom, e a isto é algumas vezes atribuída a razão pela qual tantos foram vítimas de congelamento no *front* russo — isso deve ter contribuído para sua derrota na Batalha de Stalingrado no inverno de 1942/3. Apesar de o raiom não ser o melhor material para uniformes militares, os cientistas nazistas fizeram um soberbo tipo de fibra, e desenvolveram um processo contínuo de fabricação que foi adotado pelos Aliados no final da guerra e se tornou o método padrão de produção no mundo todo.

O raiom é feito da celulose da polpa da madeira, e para converter este material vegetal em fibras têxteis é necessário solubilizá-lo. Isso não é fácil, pois as cadeias do polímero de celulose estão fortemente associadas. O único jeito de desembaraçá-la e puxá-la em finas linhas é dissolvê-la. Para o raiom este processo é feito com uma solução de soda cáustica e dissulfeto de carbono. Quando a solução viscosa resultante é forçada através de pequenos bicos ela forma fibras de raiom, e quando ele é forçado através de uma prensa ele surge como uma folha de celofane. Ao mesmo tempo, a solução é neutralizada com ácido para tornar a celulose insolúvel de novo. O processo é eficiente, mas produz uma grande quantidade de efluentes malcheirosos.

Por 90 anos a química do processo mudou pouco, mas há cerca de 15 anos os químicos pesquisadores da Courtaulds se depararam com a curiosa descoberta de que a celulose pode se dissolver muito bem quando aquecida no solvente óxido de

N-metil morfolina. Esta é a base para a produção de sua nova fibra, o Tencel. Transformar a viscosa solução resultante na nova fibra exigiu uma nova tecnologia de fiar. A fibra é extrudada ao ar e imediatamente passada pela água para eliminar o solvente, que é recolhido para ser reutilizado. O resultado é que quase não existem efluentes químicos vindos de uma fábrica de Tencel.

Tencel foi desenvolvido por químicos nos laboratórios de pesquisa da Courtaulds em Coventry, Inglaterra. A Courtaulds construiu novas fábricas, a primeira em Mobile, Alabama, EUA, e a segunda em Grimsby, na costa nordeste da Grã-Bretanha, onde a produção deve atingir 100.000 toneladas por ano em 2000. Courtaulds tem muito orgulho do Tencel: é a primeira nova fibra a ser lançada em 30 anos; e é bem diferente das formas mais antigas de raiom. Ela tem um toque luxuoso e um drapeado fluido, já que pode ser usada para fazer roupas robustas como o jeans e camisas de cambraia. A nova fibra também tem mais força quando molhada, baixo encolhimento e é resistente ao amassado.

Não é a tecnologia, nem os benefícios ambientais, que vendem Tencel, mas sua qualidade. A Courtaulds está mantendo-a exclusiva deliberadamente tornando o preço alto, e as pessoas estão dispostas a pagar um extra por ele, como o seu impacto no Japão demonstrou: lá, jeans com Tencel foram vendidos por muitas vezes o preço de um jeans de brim comum.

◆ **Q U A D R O   2** ◆

Plásticos insalubres e bolas que explodem
• celulóide •

Plásticos modernos são tão fortes, tão versáteis, tão seguros, tão maçantes — o que pode ser o porquê de o público os achar um pouco chatos. Como foi diferente o primeiro plástico bem-sucedido, o celulóide! O raiom pode ter sido redimido como Tencel; mas o celulóide, o velho tipo de plástico que era feito a partir da celulose, provavelmente nunca irá retornar à sua antiga popularidade, apesar de ele ainda ter um certo uso. Ele é principalmente um nitrato de celulose, e sendo assim é altamente inflamável. Ele ainda é usado para fazer bolas de tênis de mesa e esmalte de unhas, os quais são raramente motivo para alarme.

As pessoas eram fascinadas pelo celulóide quando ele apareceu pela primeira vez nos anos 1860, e pelos muitos disfarces nos quais elas o encontravam, como botões e bolas de bilhar, caixas para quinquilharias e brinquedos, golas de camisas e *dickies* — aquelas falsas frente de camisa que apareceram nas primeiras comédias. O celulóide foi recebido como uma parte de uma nova era na química. Era mais barato que o marfim, o material que estava sendo principalmente substituído, e cuja demanda apenas poderia ser atendida com o massacre de 20.000 elefantes por ano. Reconhecidamente, o celulóide era perigosamente inflamável, e eventualmente poderia até ser explosivo. Existem histórias de bolas de bilhar de celulóide colidindo tão violentamente que explodiam com a pancada. Quando isso aconteceu em um *saloon* no Colorado, começou um tiroteio... como disse John Wesley Hyatt, o homem que popularizou o celulóide, em seu discurso de agradecimento pela Medalha Perkin em 1914, que lhe foi concedida pela Sociedade Londrina de Química, atualmente a Real Sociedade de Química. Desde então o celulóide esteve no mercado por quase 50 anos, e muitos achavam que Hyatt tinha apenas inventado uma história.

A historia do celulóide começou em 1845, quando o químico suíço-germânico Christian Schönbein reagiu algodão com uma mistura de ácido sulfúrico e nítrico concentrados. O material resultante era

também pode ser preparada sinteticamente. A mistura de nitrato de celulose e cânfora resulta em uma massa que pode ser colorida, suavizada por aquecimento e injetada em fôrmas. A cânfora também a torna menos inflamável.

De acordo com Susan Mossman do Museu de Ciência de Londres, no livro *Development of Plastics*, não foi somente Hyatt o primeiro a preparar o celulóide, mas um bretão, Alexander Parkes. Ele modestamente chamou seu novo plástico de Parkesina, e a exibiu na segunda Grande Exposição em Londres em 1862. Ele abriu uma companhia para fazer produtos de celulóide, mas eles se mostraram muito inferiores aos seus concorrentes de marfim e a companhia logo quebrou. Daniel Spill, que tinha sido o gerente comercial de Parker, lançou sua versão de celulóide, Xylonita, em 1869, mas seus negócios também falharam.

nitrato de celulose, e tinha uma propriedade certamente incrível. Quando comprimido em blocos tornava-se extremamente explosivo, e este se tornou um dos seus maiores usos como nitrocelulose.

Dependendo das condições e da extensão da nitração, o produto poderia variar de um sólido parecido com plástico a um líquido viscoso. A versão explosiva tinha três grupos nitrato ligados a cada anel de glicose, mas se a nitração era limitada a dois grupos, então o produto não explodia, apesar de permanecer altamente inflamável. Esta forma de celulose atingiu o público de duas formas: colódio e celulóide. O colódio era uma solução de nitrato de celulose dissolvida em uma mistura 50/50 de álcool e éter (estes solventes são mais corretamente chamados de etanos e éter dietílico), e foi a base de tinta esmalte de secagem rápida. Ela era avidamente comprada pelos jovens como adesivo na construção de modelos, enquanto seus pais mantinham um pequeno frasco em seus armários de remédios e a utilizavam para remover dolorosos calos de seus dedões do pé. O celulóide era uma versão plástica de nitrato de celulose formulada com 20% de cânfora, que é um sólido ceroso obtido originalmente destilando-se a casca da árvore de cânfora que cresce no Japão. Cânfora é uma molécula cíclica que funde a 179° C; ela

Então, em 1870, do outro lado do Atlântico, Hyatt iniciou sua firma, fazendo o que ele chamou de celulóide, um nome que "pegou" pois seu produto foi um sucesso. Logo ele estava sendo transformado em armação de óculos, dentes falsos, teclas de piano, estatuetas de plástico de Nossa Senhora, potes para cosméticos, cabos de talheres e colarinhos de padres (e pastores).

Reconhecidamente eles pegavam fogo, mas não explodiam. Então, por que as bolas de bilhar de celulóide ocasionalmente explodiam? Isso era provavelmente causado por pintá-las com colódio para dar a elas um acabamento duro e brilhante, deixando um filme de nitrato de celulose puro em sua superfície. Isso em si pode não ser espesso o bastante para explodir quando duas bolas colidem violentamente, mas pode ser o suficiente para causar que parte do material interno expluda com uma pancada, particularmente se foi misturado de forma irregular com a cânfora.

QUADRO 3

Entorte-me, molde-me, da forma que quiser
• etileno •

A indústria petroquímica produz os gases etileno e propileno em grandes quantidades. Eles são transformados em centenas de outras substâncias químicas, e em particular em polietileno e polipropileno. Estes versáteis plásticos estão entre nós faz mais de meio século, mas como com o raiom, um avanço incrível foi feito recentemente, graças a novos catalisadores, que levam a novas formas destes polímeros com novos usos.

O etileno, mais corretamente chamado de eteno, é um gás em temperaturas normais, condensando em um líquido a −104° C. Ele pode ser transportado e armazenado nesta forma. É uma molécula pequena, de fórmula C_2H_4, com dois átomos de carbono ligados por uma dupla ligação. É essa dupla ligação que torna o etileno quimicamente reativo, e apto a formar polímeros. Etileno é o gás que causa a queda das flores — na natureza, é um hormônio em plantas; ele também faz a economia florescer: ele lidera a lista de produção de substâncias orgânicas. No mundo todo, a quantidade de etileno produzido aumentou de 2 milhões de toneladas por ano em 1960 para 67 milhões de toneladas em 1995, e espera-se que alcance 100 milhões de toneladas no ano de 2005. Apesar disso, devido à superprodução, fabricar o etileno pode ser prejudicial, sendo que ainda não podemos parar de fabricá-lo, pois com ele surgem muitas das vantagens da vida civilizada em nossos lares, lojas e escritórios.

Enquanto o etileno é um ganha-pão para a indústria química, ele também tem um papel-chave na natureza. Nos anos 30, os bioquímicos perceberam que o etileno era produzido durante muitos estágios do ciclo de vida da planta — germinação, crescimento, florescimento, amadurecimento das frutas, envelhecimento, perda das folhas — e em resposta ao dano causado por temperaturas extremas e secas. A concentração de etileno em plantas é normalmente baixa, mas pode alcançar quase 2.000 ppm (0,2%) em frutas maduras. As plantas fazem seu etileno a partir da metionina. Este aminoácido se converte num derivado de ciclopropano com um anel altamente tensionado de três átomos de carbono. Quando entra em contato com uma molécula de oxigênio do ar ele se quebra e libera dois de seus átomos na forma de etileno.

No século dezenove as pessoas sempre se intrigavam com o comportamento incomum de árvores plantadas ao longo das ruas das cidades. Sem motivo aparente, elas deixavam suas folhas caírem no meio do verão. Este curioso fenômeno foi finalmente ligado a vazamentos de gás dos dutos, e em particular ao etileno no gás, num nível de aproximadamente 10 ppm. Esta foi também a razão por que nossas bisavós evitavam colocar plantas e flores em cômodos com fogo a gás pois elas acreditavam que ele causava a queda das pétalas e folhas. Talvez elas também soubessem que se isso acontecesse, então elas tinham um pequeno vazamento em seus encanamentos de gás.

Durante 50 anos, os importadores de frutas em países de clima temperado copiaram a natureza, usando etileno para garantir um suprimento regular de frutas tropicais maduras como bananas, abacate, nectarinas e pêssegos para os mercados ocidentais. A fruta é colhida verde, transportada ao seu destino, e amadurecida como necessário através de um leve jato de gás etileno. Ele é gerado passando-se vapor de álcool sobre um catalisador aquecido eletricamente ou pela dissolução da substância ácido cloroetilfosfônico em água. As frutas começam a amadurecer quando o etileno no ar em torno delas chega a 1 ppm. Nós podemos favorecer o amadurecimento em nossas casas, o que podemos querer fazer se temos tomates crescendo no quintal e temos de colhê-los por causa de um congelamento iminente. O truque é colocá-los em uma tigela com uma banana madura: a banana exala etileno, e os tomates começam a amadurecer. Em alguns países, atualmente o etileno é fornecido artificialmente em pomares e campos para garantir um amadurecimento uniforme de figos, mangas e melões. E para induzir o florescimento de abacaxis e para fazer azeitonas mais fáceis de colher. Entender como o etileno funciona como um hormônio nas plantas tem ainda possibilitado a biotecnologistas redesenhar o humilde tomate, produzindo uma nova variedade que amadurece mais lentamente e permanece firme por mais tempo e pode ser transportado por grandes distâncias.

É possível proteger as frutas e flores contra o etileno, e com isso estender seu tempo de vida. As frutas podem ser armazenadas em compartimentos selados com pequenos sacos de sílica, impregnados com permanganato de potássio. Esta substância acaba com o etileno. As flores podem ser embrulhadas em um filme plástico, impregnado com material similar absorvente de etileno.

Enquanto as plantas podem produzir etileno a temperaturas comuns, a indústria tem de usar altas temperaturas para gerar o gás na escala que a economia mundial precisa. Etileno pode ser produzido pelo aquecimento de hidrocarbonetos com pressão em temperaturas que excedem 800° C. A capacidade global de etileno está em torno de 75 milhões de toneladas, das quais os EUA contam com um terço, a Europa Ocidental com um quarto e o Japão com um décimo. Mais recentemente, a Coréia do Sul investiu na produção de etileno e expandiu este negócio em cinco vezes em cinco anos para cerca de 3 milhões de toneladas, excedendo em muito as necessidades locais. Eles estão, claramente, querendo abastecer a China com etileno no século 21. Redes de encanamentos existem na América do Norte e Europa para transportar o etileno e algumas estão ligadas a enormes cavernas subterrâneas capazes de armazenar 3 milhões de toneladas do gás.

O etileno é uma medida da força econômica de um país. Há cento e cinqüenta anos, o cientista alemão Justus von Liebig disse que a produção de ácido sulfúrico era o mais exato índice da produção industrial de um país, e se bem que esta substância ainda seja produzida em escala que sobrepuja todas as outras, ela passou sua característica de indicador econômico para o etileno. Nas nações desenvolvidas industrializadas a demanda por este gás industrial diminui e aumenta em fases com o ciclo comercial, enquanto em outras partes do mundo ainda existe uma demanda crescente. É isto que explica a velocidade geral de crescimento global anual em torno de 4%, que se prevê continuará boa durante o século 21.

Apesar de tudo isso, o etileno raramente tem sido uma mercadoria lucrativa para os produtores primários. Enquanto plantas industriais mais velhas foram fechadas, novas instalações têm o ritmo mais que mantido com a demanda crescente e fechamento de plantas. Lucrativa ou não, a moderna economia industrial não pode continuar sem etileno e os produtos feitos a partir dele. Em torno de metade é transformado em polietileno para embalagens, canos e laminados, enquanto a outra metade acaba disfarçada como molduras de janelas e condutos de água, perfumes e analgésicos. Antes disso ele deve ser transformado em intermediários como dicloreto de etileno, etilbenzeno, óxido de etileno e etilenoglicol, todos importantes para a economia mundial. Etileno também é transformado em etanol, acetaldeído, cloreto de etila, bibrometo de etileno e ácido acético, chegando ao consumidor em produtos tão variados como bancos de jardim, e em saborosos petiscos como em *crisps* de sal e vinagre.

O polietileno foi descoberto em 1933 por Reginald Gibson e Eric Fawcett na companhia química ICI, em Winnington, no

Reino Unido. Em condições ideais as moléculas de etileno se juntam para formar as cadeias que são responsáveis pelas propriedades que tornam o polietileno ideal para baldes e boliche, sacolas plásticas e sacos.

Polietileno de baixa densidade (Low Density Polyethylene, LDPE) é preparado em altas pressões e acaba principalmente como um filme e embalagens, enquanto o polietileno de alta densidade (High Density Polyethylene, HDPE) é preparado a pressões mais baixas e é usado para fazer recipientes e canos. Atualmente até estes materiais versáteis há muito estabelecidos estão sendo desafiados. LDPE será substituído por LLDPE (o L extra é por ser linear) graças a um novo e melhor catalisador, os metalocenos. Estes são compostos de titânio, zircônio ou háfnio, nos quais o átomo do metal forma um sanduíche entre dois anéis de átomos de carbono. O metal é com isso mantido em um ambiente rico em elétrons de uma forma em que não somente funciona como um catalisador, como também dirige a direção na qual o polímero é formado. Nós veremos a importância dele no próximo quadro, que é do polipropileno.

O comprimento da cadeia polimérica que se forma quando os metalocenos são usados depende muito da temperatura na qual a polimerização é realizada. Quanto mais baixa a temperatura, mais longa é a cadeia. As classes mais comuns de polietileno têm cadeias variando de 1.500 a 20.000 átomos de carbono. A 20° C o catalisador zirconoceno gera uma cadeia de 50.000, enquanto a 100° C a cadeia é menor que 1.000 átomos de comprimento. Entre estas temperaturas o processo pode sofrer um ajuste fino para fornecer apenas o comprimento ideal para a necessidade pretendida. O comprimento de uma cadeia polimérica tem um efeito marcante nas propriedades como a sua temperatura de amolecimento, flexibilidade e resistência. Por isso, o polietileno está a ponto de renascer e ainda invadir outros mercados de polímeros, enquanto copolímeros estão produzindo variantes ainda mais excitantes. Copolímeros são plásticos feitos polimerizando duas moléculas ao mesmo tempo, de forma a ter o produto caracteristicas de ambos. Estima-se que no ano 2000 polímeros derivados de metalocenos podem bem contabilizar 20 milhões de toneladas, ou 10% do mercado mundial.

A vida moderna seria impensável sem os produtos derivados do etileno; então, como as futuras gerações irão prosseguir se o mundo decidir parar de esgotar suas reservas fósseis? Poderia todo o polietileno que necessitamos ser produzido a partir de recursos renováveis? A resposta é sim, e a fonte pode ser o álcool (etanol). Produtos agrícolas como a cana-de-açúcar e cereais podem ser transformados em etanol, e este pode ser transformado em etileno, e em seguida em polietileno.

Por mais maravilhoso que o polietileno seja, seu polímero ainda não é perfeito. O problema com garrafas de polietileno é que apesar de carregarem água, elas tendem a amolecer e até mesmo dissolver e abrir buracos quando alguns líquidos são colocados nelas. Este problema pode ser resolvido revestindo a superfície do polietileno com uma fina camada de um plástico mais duro. Essa camada é simplesmente feita pela exposição do recipiente a gás flúor. Daí se origina a força dos novos superpolietilenos que têm sido utilizados até para tanques de combustível em carros. Ele irá enfrentar líquidos como óleo, fluidos de limpeza, tintas de impressão, cosméticos, perfumarias, e ainda o ácido sulfúrico mais concentrado. Ele também pode ser utilizado para alimentos, como concentrados de cola.

O sucesso do superpolietileno consiste no gás tóxico, o flúor. Quando a superfície do polietileno comum é exposta a ele, ele reage para formar outro polímero, polifluoretileno. As ligações entre carbono e hidrogênio do polietileno original foram trocadas por ligações carbono-flúor, que são muito mais fortes. O resultado é uma superfície que se tornou revestida com o mesmo tipo de fluorpolímero que é usado em frigideiras antiaderentes. (Quadros de outros membros desta família de polímeros estão também expostos aqui, um mais à frente nesta Galeria — Quadro 5 e o outro na Galeria 4 — Quadro 3.) Esta camada isolante de fluorpolímero é mais fina que um centésimo de milímetro, e a espessura depende de quanto tempo o polietileno ficou exposto ao flúor. A camada de fluorpolímero dá ao recipiente duas vantagens: ele torna a superfície resistente a todas as formas de ataque químico, e repele todos os outros líquidos. Ele nem mascara a cor do material que está por baixo.

Domesticar o gás flúor de forma que ele possa ser usado como uma substância industrial é o segredo do processo. O flúor é preparado passando-se uma corrente elétrica através de difluoreto de potássio. Ele foi preparado pela primeira vez desta maneira por Henri Moissan em 1886, e ele ganhou o Prêmio Nobel de Química em l906 pelo seu trabalho. O flúor é o mais reativo de todos os elementos; ele pode fazer com que lã de ferro se consuma em chamas. Diluindo-o com nove partes de gás nitrogênio seu poder bruto pode ser controlado, e é dessa forma que ele é armazenado e transportado. Para o uso na fluoração de polietileno ele pode ser diluído em ainda mais nitrogênio.

A camada superficial de fluoretileno pode ser produzida de duas formas. O gás flúor/nitrogênio é utilizado diretamente para injetar o polietileno em moldes de garrafas e outros recipientes. Em segundos, o gás flúor forma uma camada interna de fluorpolímero no polietileno. Um método mais eficiente é proceder com a fluoretação como um passo separado, tendo a vantagem de tanto o lado de dentro como o de fora de cada recipiente serem vedados com fluorpolímero, e com qualquer espessura de vedação que o cliente deseje. A fluoretação de superfície acrescenta apenas alguns centavos ao preço de uma garrafa de um litro de polietileno — um custo que pode ser facilmente absorvido se o recipiente é tão fino quanto um frasco de rímel ou tão grande quanto um tanque de mil litros.

Um gás tão perigoso quanto o flúor pode naturalmente trazer problemas de saúde e segurança. Respirar gás flúor em concentrações de 0,1% por apenas alguns minutos mata. Felizmente, o gás é tão picante que age como seu próprio sistema de alarme, mas de qualquer forma controle legal rigoroso cerca seu uso.

Mesmo o flúor sendo letal como ele é, quando é utilizado para reforçar o polietileno ele pode acabar salvando vidas. Tanques de petróleo feitos de plástico são menos propensos a rupturas em batidas, e desta forma favorecem menos os incêndios. Polietileno comum pode ter a resiliência e força para um tanque de combustível, mas infelizmente deixa o combustível escapar lentamente através das paredes. Por exemplo, o diesel combustível irá evaporar através do polietileno a uma velocidade de 2% por semana. Superpolietileno, por outro lado, previne isso.

Seguindo o seu sucesso com polietileno, nós podemos eventualmente ver a fluoretação de superfície em outros plásticos e polímeros. Luvas cirúrgicas tratadas do lado de dentro com flúor não requererão talco, já que o fluorpolímero age como seu próprio lubrificante. Cabos revestidos em polietileno podem ser feitos ainda mais resistentes às condições climáticas. O mesmo é verdade para as lâminas dos limpadores de pára-brisa. Certamente, qualquer borracha que seja exposta à luz do sol e ao ozônio, que causa fragilidade de rachaduras, pode ser melhorada com a fluoretação.

E ao ser reciclada não precisamos nos preocupar que esta camada superficial de superpolietileno vá interferir. Diferente de muitos polímeros, que não podem ser reciclados se uma pequena quantidade de outro polímero incompatível está misturada a ele, o polietileno não é afetado em nadapelo polietileno fluoretado. No derretimento, a camada superficial do fluorpolímero simplesmente incorpora-se na massa de plástico e produz um material levemente mais resistente para sua segunda utilização.

◆ QUADRO 4 ◆
Barato e alegre
• polipropileno •

O propileno é muito similar ao etileno: no âmago é a mesma molécula com a mesma dupla ligação, mas possui um átomo extra de carbono na forma de um metil (CH_3) ligado. Ele polimeriza da mesma forma que o etileno. Entretanto, o produto, polipropileno, apesar de suas próprias vantagens, sempre parece estar à sombra de seu irmão mais famoso, o polietileno.

Polímeros, como estrelas de filmes, precisam de um bom nome se querem tornar-se um grande sucesso. Infelizmente, o polipropileno nunca chegou a um nome de estrela como o polietileno, náilon, teflon e raiom. Isto é uma pena, pois o polipropileno ilumina nossas vidas em itens tão diversos como tapetes ornamentais, chaleiras de cozinha, vidros inquebráveis, caixotes coloridos, embalagens para barras de chocolate, grama artificial, cadeiras de jardim, malas resistentes, pára-choques de carros, tubos de margarina, caixinhas de CD, cabos de reboque, carretel de barbantes — e saquinhos de chá. Os automóveis em particular, contêm grande quantidade de polipropileno, na forma de painel, párachoques (protetores), envólucro de bateria, estofado e carpetes. Alguns carros contêm mais de 80 kg deste maravilhoso material. Parte disso parece ser porque gostamos da sensação do polipropileno contra nossa pele e ele oferece o benefício de permitir que a umidade escape enquanto nos mantém secos. Daí por que ele é usado em roupas térmicas, fraldas descartáveis e até roupas espaciais para astronautas.

O polipropileno pode variar, em sua forma, de um plástico rígido a uma fibra macia: ele pode ser cristalino ou multicolorido; tão suave quanto seda ou tão duro quanto ferro. Polipropileno é estável ao calor e esterilizável, impermeável ainda que flexível, transparente e perfeitamente seguro. Até mesmo um plástico tão versátil quanto o polipropileno pode ser transformado radicalmente e sua gama de usos e expandida enormemente, como iremos ver.

O polipropileno foi preparado inicialmente em 1951 por dois químicos trabalhando para a Phillips Petróleo nos EUA. Enquanto observavam o gás propileno se transformar em um sólido parecido com uma bala, eles sabiam que tinham tropeçado em algo incrível. A companhia patenteou o processo, e os descobridores, Paul Hogan de 32 anos e Robert Banks de 30, trabalhararn juntos durante muitos anos desenvolvendo o produto. Contudo, o reconhecimento pelas suas realizações teve de esperar 36 anos, quando eles foram honrados com a prestigiosa Medalha Perkin pela Sociedade da Indústria Química do Reino Unido. O atraso foi parcialmente causado pelo fato de que meia dúzia de outras companhias também requereram patentes sobre o polipropileno, e a batalha legal terminou em 1982. Desde então, o polipropileno cresceu rapidamente. Ele é atualmente indicado como um barômetro do PNB para economias industriais. A capacidade global para propileno na metade de 1990 era maior que 20 milhões de toneladas por ano e esperava-se que excedesse 30 milhões de toneladas no ano 2000. A produção será superior a 40 milhões de toneladas em 2005.

Gás propileno pode ser polimerizado pelo aquecimento sob uma pressão de 15 atmosferas em temperaturas variando de 50 a 90° C em um solvente como heptano, que e um hidrocarboneto líquido com sete átomos de carbono. Este é chamado de processo semifluido. Ele pode ser feito também sem solvente, mas assim ele precisa de pressões de 20 a 40 atmosferas, e este é chamado de processo a granel. Este método tem a vantagem de não necessitar solvente, mas a desvantagem é que não pode ser usado para fazer o chamado copolímero em bloco.

Também é possível polimerizar propileno em fase gasosa em reatores *fluid-bed* ou *stirrer-bed* em pressões de 8 a 35 atmosferas. O polímero é separado do gás que não reagiu usando um ciclone, que gira a pressão do gás de forma que ele possa ser reciclado. O processo é novamente mais custoso e efetivo que o processo de solvente, e isso pode ser usado para preparar a gama de polímeros.

Todos os três processos podem ser operados continuamente, e eles todos dependem de catalisadores do tipo Ziegler-Natta, assim batizados em homenagem ao cientista alemão Karl Ziegler do Instituto Max Planck, e do químico italiano Giulio Natta do Instituto Politécnico de Milão. Ziegler descobriu estes catalisadores nos anos 40 e Natta os desenvolveu no início dos anos 50. Em 1963 eles dividiram o Prêmio Nobel de Química pelo seu trabalho, que transformou a polimerização de etileno e propileno, tornando os plásticos que formam disponíveis em larga escala.

A nova geração de catalisadores baseados em compostos de zircônio e titânio foi desenvolvida nos anos 80, e eles estão começando a substituir os antigos catalisadores. Os novos polímeros que eles produzem têm uma limitada variedade de comprimentos de cadeia, com quase nenhuma cadeia curta dispensável, e elas também carregam menos resíduos metálicos dos catalisadores. Os catalisadores custam mais, mas o polipropileno que eles produzem tem ainda um melhor equilíbrio entre força de impacto e rigidez, pois ele tem uma taticidade diferente. Os novos catalisadores transformaram polipropileno porque eles podem produzir cadeias de polímeros de comprimento uniforme, com os grupos metil, que são ligados a átomos de carbono alternados da cadeia, arranjados em séries organizadas. Estes grupos metil dão uma dimensão extra ao polímero. Se eles todos se alinharem apontando para a mesma direção, então o polímero é chamado de *isotático*. Se os grupos metil alternados apontarem em direções opostas então é *sindiotático*. Fitas destes polímeros podem se engrenar corretamente uma com as outras, como os dentes de um zíper, e o material é duro, resistente e opaco — mas sem muito uso. Por outro lado, se algumas das metilas são orientadas aleatoriamente, *i.e.*, o polímero é *atático*, então se obtém um grau de irregularidade que o torna muito mais flexível — e muito mais utilizável.

O processo inicial de polimerização produziu mais de 10% do desnecessário polímero aleatório que teve de ser removido e foi algumas vezes jogado fora ou queimado, mas então se descobriu que ele era um útil componente de misturas betuminosas. Os novos catalisadores de polímeros produzem apenas 3% do tipo atático, mas atualmente a demanda deste tipo de polímero aumentou tanto que em 1996 houve escassez mundial deste produto outrora dispensado.

Podemos aumentar ainda mais a gama de polímeros utilizando um pouco de etileno. Adicionando-o ele produz um copolímero, do qual existem dois tipos, chamados aleatório e bloco. O resultado é visto na forma de polímeros mais longos e fortes, gotejantes ou viscosos, emborrachados ou rígidos. No mundo todo, as empresas estão se direcionando para produzir estes novos materiais nos próximos anos, e podemos esperar vê-los em disfarces muito incomuns.

Copolímeros aleatórios são preparados adicionando-se gás etileno ao gás propileno de forma a que os dois sejam polimerizados juntos. O efeito é tornar o material final menos cristalino, mais suave e mais flexível, e dotá-lo de maior claridade. Copolímeros randômicos são usados para copos descartáveis, caixas de cassete e garrafas, e são formados por resfriamento rápido. Filme transparente é feito esticando-se uma lâmina de copolímero de polipropileno aleatório depois de ele ter sido injetado, e ele é usado para embalar maços de cigarro, alimentos e roupas. É também usado para fazer fita adesiva.

Copolímeros em bloco, por outro lado, são preparados a partir de propileno parcialmente polimerizado, que é posteriormente estendido ao ser associado com seções de polímeros randômicos formados em um estágio posterior. O resultado é uma borracha soberba, que é resistente e flexível, e assim permanece mesmo em temperaturas inferiores a -40° C.

O polipropileno quimicamente puro tem pouca saída. Ele é leve, inflamável, incolor, amolece facilmente quando aquecido e tem pouca resistência ao clima. Sendo assim, a luz do sol tropical reduz polipropileno desprotegido a pó em um ano! Uma melhora dramática nas suas propriedades surge quando são adicionados estabilizadores. Alguns protegem o polímero quando ele está derretido, e alguns são adicionados para defendê-lo dos danosos raios ultravioleta do sol. Nas mãos cuidadosas do químico de polímeros, o polipropileno é preparado estável ao calor e esterilizável, impermeável e ainda flexível, transparente e perfeitamente seguro. Laminando, por exemplo, o polipropileno em temperaturas um pouco abaixo do seu ponto de fusão de 170° C e então moldando-o por intermédio de pressão, é possível fazer recipientes rígidos para alimentos como tubos de margarina, enquanto o polipropileno normal poderia ser considerado muito mole para este tipo de aplicação. O polipropileno atende às regulamentações para embalagem de alimentos dos países europeus, assim como na Administração de Alimentos e Medicamentos dos EUA (FDA), e nós aparecemos com potes de iogurte, embalagens para doces e sacos de salgadinhos. Ele é também amplamente empregado para embalar produtos e utensílios médicos, como tubos e seringas descartáveis.

A capacidade do polipropileno de ser esticado, e com isso melhorar suas propriedades, é responsável por alguns de seus principais usos na forma de fitas e fibras. Fitas de polipropileno são um produto isolado de enorme consumo e são tecidos na forma de sacos, revestimento de carpete, cordas e barbantes. Polipropileno em fibras é obtido forçando o polímero derretido através de finos esguichos, e ele é usado para fazer pêlos de tapete, cobertores, estofados, revestimentos de parede, roupa de baixo e artigos esportivos. Existem muitos tipos de fibra, algumas das quais são boas como fio de costura, tule, filtros, e até obras de engenharia. Fibras de polipropileno não tecido acabam como fraldas descartáveis e saquinhos de chá.

Já que entramos em contato com o propileno, queremos que ele seja algo sem risco algum, devendo ainda atender à exigência de ser inquebrável, atóxico e não inflamável. Apesar de ter sido demonstrado que o propileno bruto ao entrar em ignição irá queimar, ele pode ser preparado para ser resistente às chamas adicionando-se retardantes de chama. Se queremos que o polipropileno enfrente o manejar rude e não se deforme se esquentar, podemos adicionar-lhe materiais de suporte inorgânicos, como o carvão, mica e vidro em pó. A caixa plástica de equipamentos domésticos como ferro de passar e chaleiras, por exemplo, conta fortemente com estes modificadores.

O polipropileno é eminentemente reciclável. A indústria automobilística está bem à frente a este respeito com párachoques de polipropileno, a maior fonte de material para reciclagem, junto com envólucros de bateria. Outros artefatos de polipropileno que são reciclados são caixotes de leite e cerveja, cadeiras e tecidos. Enquanto a reciclagem não for viável, o lixo de polipropileno pode ser queimado como um combustível de alta energia em incineradores municipais para gerar vapor e eletricidade.

QUADRO 5

Indo a extremos na Terra e nos céus
• teflon •

Os dois quadros anteriores são de plásticos que se portam tão bem quanto materiais naturais, mas existem situações que demandam muito mais do que a natureza parece disposta a dar: frigideiras antiaderentes, tecido que repele manchas e revestimentos de superfície que podem resistir no espaço sideral.

Em 20 de julho de 1969, Neil Armstrong pôs os pés na Lua. Quando algumas pessoas questionaram o enorme custo da viagem, 14 bilhões de dólares, a Agência Aeroespacial Nacional Americana (NASA) ressaltou os mais práticos benefícios que este fato poderia trazer. Desta forma, nasceu a crença popular de que a caminhada na Lua foi um gigantesco passo à frente não somente para a raça humana, mas também para as frigideiras antiaderentes. Esta afirmação ainda é amplamente difundida, mas é um mito. Na realidade, o pouso na Lua teria sido impossível sem o revestimento das frigideiras antiaderentes. Acima de tudo, as pegadas na Lua foram um grande passo à frente para o Teflon.

Teflon é um dos nomes comerciais para o polímero politetrafluoretileno, que é abreviado para PTFE no mercado. Ele foi preparado pela primeira vez trinta anos antes da visita à Lua: foi descoberto por um químico de 27 anos de idade, Roy Plunkett, no laboratório de pesquisa da DuPont em Deepwater, Nova Jersey. (Plunkett morreu em 1994, com 83 anos.) Seu polímero estava destinado a mudar o mundo, mas talvez de uma maneira que ele não poderia ter concebido. Seu primeiro grande papel foi na produção das bombas atômicas que caíram em Hiroshima e Nagasaki em agosto de 1945.

A historia do Teflon começa na manhã de quarta-feira, 6 de abril de 1938, quando Plunkett abriu um cilindro do gás tetrafluoretileno, que estava usando para fazer CFCs. Ele ficou intrigado por que o cilindro supostamente contendo 1.000 g do gás apenas liberou 990 g. A explicação estava para ser encontrada em 10 g de um curioso pó branco que ele fisgou com a ajuda de um pedaço de arame. Plunkett percebeu que aquilo era um novo polímero, e pesquisas mostraram que ele consistia em cadeias de cerca de 100.000 átomos de carbono, cada um com dois átomos de flúor ligados.

O novo plástico tinha algumas propriedades incríveis: ele não era atacado por ácidos corrosivos a quente; ele não se dissolvia em solventes; podia ser resfriado a -240° C sem se tornar rijo e acima de 250° C sem afetar seu desempenho. E não era só isso: ele podia ser aquecido a mais de 500° C sem queimar, e tinha um peculiar tato escorregadio. E foi esse o segredo de seu sucesso comercial, e a produção mundial é atualmente de cerca de 50.000 toneladas por ano com um valor de 600 milhões de dólares.

A DuPont batizou seu novo plástico PTFE como Teflon, e é por este nome que a maioria das pessoas o conhecem. O

componente flúor do Teflon inicia sua vida como o mineral fluoreto de cálcio (espécies particularmente finas são às vezes chamadas de Blue John). Aquecido com ácido sulfúrico ele gera ácido fluorídrico, que é reagido com clorofórmio, e quando o produto desta reação é aquecido a 600° C, ele forma o gás tetrafluoretileno do qual o PTFE é feito.

A frigideira antiaderente foi um triunfo tecnológico alcançado por Louis Hartmann nos anos 50. Ele procurou ligar o PTFE ao alumínio, e descobriu uma forma de fazer isso. O truque foi tratar a superfície do metal com ácido clorídrico, aplicar PTFE como uma emulsão, e então cozinhar a panela a 400° C por alguns minutos. O ácido perfura pequenos poços na superfície do metal, e o PTFE flui para dentro deles. Quando a panela é aquecida o PTFE polimeriza em um filme contínuo de Teflon, que é mantido firmemente ligado à superfície pelo polímero enganchado em milhões de cavidades na superfície.

A companhia francesa que inventou a frigideira antiaderente se autodenominou Tefal, das palavras TetraEtilenoFlúorAlumínio, e isto começou a dominar o mercado de utensílios de cozinha antiaderentes. Suas primeiras frigideiras antiaderentes foram distribuídas para venda dez anos antes da viagem à Lua.

O ano que viu a caminhada na Lua também via o lançamento de um incrível tecido feito de PTFE, e que foi vendido como Goretex. Em 1969, o dr. Bob Gore, de Maryland, descobriu um jeito de expandir PTFE aquecendo e esticando o polímero para formar uma membrana. Isto criou poros invisíveis no filme — milhões por centímetro quadrado — e eles eram pequenos o suficiente para manter gotas de água do lado de fora, mas grandes o suficiente para permitir que moléculas de água do suor escapassem. O filme Goretex foi amplamente usado para aparelhos para ambientes úmidos e roupas esportivas, onde ele forma um sanduíche entre o tecido externo e o forro interno.

Goretex é ideal para roupas de golfe, mas muitos adeptos deste jogo são de meia-idade e podem muito bem ter PTFE expandido dentro de seus corpos. Veias e artérias feitas de Goretex são o tratamento padrão para desordens cardiovasculares.

Teflon entra em nossa vida diária de outras formas: como revestimento do teto de ginásios esportivos, como repelente de manchas para roupas, capas para sofás e tapetes, como fita veda-rosca para selar juntas de canos de água e o aquecimento central, embaixo de ferragens e como fio dental. Enquanto você estiver lendo isso, seus dedos podem estar pegando PTFE da página. O refugo de PTFE da indústria é reutilizado moendo-o em um pó fino e adicionando-o a tinta de impressão para fazê-la fluir mais suavemente.

Como nós vimos, nem todos os usos de PTFE têm sido tão inocentes. Pouco tempo depois da descoberta, ele foi requisitado para o Projeto Manhattan, cujo objetivo era construir a bomba atômica. Sua característica de ser quimicamente inerte significava que ele poderia suportar o gás flúor, a mais reativa de todas as moléculas. Grandes quantidades desse gás eram necessárias para fazer hexafluoreto de urânio, do qual o isótopo fissionável urânio-235 pode ser separado. Em 1942, apesar do custo, o Teflon estava sendo fabricado para fazer itens que tinham de ter a capacidade de resistir aos efeitos corrosivos do gás flúor bruto, e hoje em dia a indústria química recorre aos tanques e recipientes revestidos de PTFE para armazenar substâncias muito corrosivas.

Outro projeto no qual o dinheiro tinha importância secundária foi a corrida para o espaço nos anos 60. Os ambientes de frio extremo, baixas pressões, e o efeito corrosivo de oxigênio ativado da atmosfera superior exigiam um material com propriedades fora do comum, e o PTFE era o único possível. Sem ele não teria havido viagem à Lua.

QUADRO 6
Livrando-se do PET
• polietilenotereftalato •

Quando o tecido chamado poliéster apareceu pela primeira vez, nos anos 50, ele foi tido como revolucionário, pois era resistente ao amassado. Hoje nós temos uma maior chance de encontrá-lo na forma da garrafa na qual nós compramos bebidas gasosas, e ali ele quase suplantou o vidro como recipiente preferido, porque é mais leve para carregar, mais fácil de manusear, mais barato para transportar e mais seguro para empilhar e usar. A demanda por este polímero tem aumentado com a nossa sede por este tipo de bebida, e especialmente as feitas de cola, que agora podem ser vendidas em tamanhos "família" — graças ao PET

PET é a abreviação para polietilenotereftalato, que é o nome antigo dado ao polímero cujo nome correto é poli(1,4-benzoato de etileno). A crescente demanda por este plástico apareceu porque PET lembra o vidro, não apenas em sua transparência cristalina, mas em sua capacidade de proporcionar um recipiente que mantém o ar armazenado por um longo período, o que é especialmente importante para alimentos. O armazenamento exige que nós mantenhamos o oxigênio fora, pois ele irá fazer com que elas estraguem através da oxidação, e para bebidas gasosas que devem ser mantidas com pressão de dióxido de carbono dentro, ou a bebida fica "choca".

A maioria dos plásticos tem propriedades fracas em relação à retenção de gases, mas PET é uma exceção; desta, forma, é usado como garrafas, jarros e recipientes para alimentos tão diversos quanto bebidas, molhos, óleo de cozinha, vinagre, mel, nozes, geléias e vinhos. Recipientes de PET podem ainda ser usados para cosméticos, perfumarias e tintas.

O PET tem um mercado mais amplo que o de recipiente de alimentos: todos os filmes fotográficos e de raios-X são feitos com ele, assim como fitas de vídeo e áudio. Um uso crescente para o PET é na embalagem de produtos médicos como ampolas e gaze. Neste uso ele supera todos os outros materiais, pois produtos dentro de embalagens de PET são mais simples de serem esterilizados por irradiação. O PET foi descoberto em 1941 por dois químicos, Rex Whinfield e James Dickson, que trabalhavam no pequeno laboratório de pesquisa da Associação de Impressores Calico em Manchester, Inglaterra. Eles aqueceram etilenoglicol, melhor conhecido como anticongelante, e dimetiltereftalato a 200° C e obtiveram uma grudenta massa de polietilenotereftalato. Eles notaram que ela originava fibras longas e fortes quando puxada, e que os fios do polímero não eram afetados por água fervente — algo que eles não esperavam. Quimicamente, PET é descrito como um éster, e ele depende de suas unidades éster para formar as cadeias de polímeros — e os ésteres normalmente são rapidamente decompostos pela água.

Apesar disso, seu polímero era perfeitamente estável e ele foi lançado depois de Segunda Guerra Mundial como uma nova fibra, que eles denominaram Terylene. Acreditava-se que o poliéster era particularmente bom em misturas com fibras naturais, especialmente algodão. Uma versão da nova fibra de polímero foi chamada Crimplene, e foi inventada por Mario Nava que viveu em Macclesfield, Inglaterra. Ele foi fabricado submetendo o fio a um processo que resultou em um tecido que não amassava e fácil de lavar. Crimplene ainda é popular entre viajantes regulares de longas distâncias, que apreciam sua capacidade de não amarrotar. Além disso, teve grande popularidade entre mulheres mais velhas, que apreciavam o fato de que roupas feitas com ele eram fáceis de lavar e não precisavam passar a ferro, garantindo sua posição como um tecido da moda por muitos anos.

Até hoje a maior parte da produção de poliéster se transforma em tecidos, e a saída

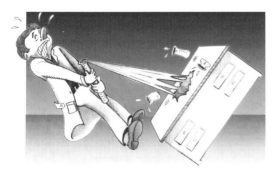

mundial de poliéster hoje excede 1,8 milhão de toneladas, das quais os EUA são responsáveis por 700.000 toneladas, e a Europa por cerca de 500.000 toneladas.

PET, o termo normalmente utilizado para o poliéster destinado para embalagens, é fabricado a partir de ácido tereftálico puro e monoetilenoglicol, que reagem para formar o material de partida, bis-2-hidroxi-etiltereftalato. Este é aquecido a cerca de 200° C sob vácuo, com um catalisador, e conforme derrete polimeriza para formar a resina de PET. Esta é então submetida a novas polimerizações no estado sólido, o que faz com que as cadeias poliméricas se alonguem, e que ele todo se torne um plástico limpo e cristalino.

Transformar isso em garrafas é um processo de duas etapas. Primeiro raspas de plástico são moldadas por injeção para dar a "pré-forma" que parece com um tubo de ensaio. Isto é então reaquecido a um pouco mais que seu ponto de amolecimento antes de ser soprado para dentro de um molde para dar o formato desejado. Isto resulta nas cadeias poliméricas sendo empacotadas mais próximas, tendo como resultado que as garrafas são menos permeáveis a gases. Bilhões destas garrafas são atualmente fabricadas a cada ano.

Garrafas de PET são usadas para bebidas gasosas (50% acaba desta forma), água mineral (20%), óleos alimentícios (5%), sucos de frutas (5%) e outros (10%). Apesar de tão boas quanto são, garrafas de PET não são bem-vindas em qualquer lugar. Apesar de seus muitos benefícios o PET falhou em atingir os níveis de perfeição exigido pelos ambientalistas alemães, e nos anos 80 eles tornaram seu país livre de PET, pois argumentaram que o vidro é mais favorável ambientalmente. Vidro era visto como reciclável, o que eles tomavam como de primeira importância, apesar dos terríveis acidentes causados por garrafas quebradas. Quando, finalmente, a introdução de garrafas de PET não podia mais ser evitada foi imposto a cada uma delas um depósito de 50 *pfennig* restituível se a garrafa fosse retornada para ser reutilizada. PET reutilizável está agora bem estabelecido na Alemanha, Holanda, Áustria e Escandinávia, e uma garrafa típica de PET pode ser reciclada mais de 20 vezes.

As garrafas de PET são maiores e mais pesadas que as garrafas descartáveis, preferidas em outros países, como os EUA, onde garrafas de PET usadas são recolhidas, mas não reutilizadas. Elas são derretidas e transformadas em filmes úteis para outros tipos de embalagens, ou em fibra de poliéster. Nos EUA, mais de 30% de resina de garrafas de PET são reciclados neste tipo de produto, como tapetes, acolchoados, anorak, pêlos para pincéis e feltro para bolas de tênis. Cascos para barco estão sendo feitos com ele, mas o uso náutico que mais salta aos olhos para as velhas garrafas de refrigerante de cola têm sido velas de barcos altos. Os europeus estão atualmente menos direcionados à reciclagem do PET, mas mesmo assim 400 milhões de garrafas de PET são coletadas todos os anos, e o total deve aumentar conforme o público se tornar mais bem informado das fascinantes transformações que a reciclagem traz. Por exemplo, cinco garrafas de dois litros podem ser transformadas em uma camiseta, enquanto mil produzem carpete suficiente para uma sala de estar de tamanho normal.

Alguns PETs são reciclados quimicamente — em outras palavras, ele é despolimerizado em seus materiais de partida aquecendo-se o plástico sob pressão em metanol. O dimetiltereftalato e o etilenoglicol podem então ser purificados, adicionados ao alimentador e retornados para a polimerização para fazer PET virgem. Devem ser tomados cuidados para garantir que não exista nenhum componente PVC em uma garrafa de PET que é destinada a reciclagem. Estes dois plásticos são completamente incompatíveis — um pouco de um destrói a resistência do outro.

O PET atinge outro critério ambiental além da reciclabilidade. Não existe quase poluição emitida durante a fabricação e se for incinerado ele libera uma útil quantidade de calor. Garrafas de PET também se tornaram mais leves nestes últimos anos. Quando elas foram apresentadas pela primeira vez nos anos 70, uma garrafa de refrigerante de cola de 1,5 l pesava 60 g; hoje, um recipiente do mesmo tamanho pesa apenas 44 g.

Garrafas de PET são 25% mais eficientes energeticamente que aquelas feitas de outros materiais. Por exemplo, gasta-se cerca de 100 kg de óleo para fazer mil garrafas PET de 1 l, mas 250 kg de óleo são necessários para fazer mil garrafas de vidro. E não é apenas durante a fabricação que a energia é economizada. Um caminhão de entrega pode levar 60% mais limonada ou refrigerante de cola e 80% menos embalagens se estiver com garrafas de bebidas de PET em vez das de vidro.

Quando é que os bebedores de cerveja serão persuadidos a comprar cerveja *ale* e *lager* em garrafas de plástico ainda precisa ser visto. Este mercado tem sido o osso mais duro de roer pelos recipientes de plástico, apesar de — no Reino Unido — a bebida baseada em maçã, sidra, ser vendida principalmente em garrafas de PET. Mas cerveja permanece um desafio, pois é sensível à oxidação e o PET sozinho não pode impedir que algum oxigênio entre. A resposta é uma garrafa com uma camada externa e interna de PET, formando um sanduíche com uma camada que forme uma barreira, como o álcool poli(etilenovinilideno) para proporcionar uma selagem garantida contra o ar. Ele é 300 vezes menos receptivo ao oxigênio que o PET, mas isto ainda não desbancou a embalagem de 4 latas de alumínio ou aço.

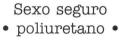

QUADRO 7
Sexo seguro
• poliuretano •

Os retratos dos dois plásticos anteriores, Teflon e PET, nos mostraram como estes polímeros podem nos ajudar de maneiras que nem os polímeros naturais ou o vidro podem. O próximo polímero também lida com alguns problemas especificamente humanos, como o planejamento familiar e refrigeradores energeticamente eficientes.

Uma fábrica em Cambridge, Inglaterra, está lançando um novo tipo de preservativo chamado Avanti, que será vendido por mais de $ 1,50 cada. Eles são revolucionários porque são feitos de poliuretano, o plástico melhor conhecido como isolante leve e revestimento de estofamentos. Os preservativos de poliuretano são duas vezes mais fortes que os tradicionais de látex, de forma que podem ser muito mais finos, completamente transparentes e levemente maiores. Testes mostraram que 80% dos usuários preferem este tipo de preservativo, relatando aumento da sensibilidade. Os novos preservativos são não alergênicos, não são afetados por lubrificantes e proporcionam uma barreira efetiva contra o esperma e todas as bactérias e vírus sexualmente transmissíveis, incluindo HIV.

A idéia da maioria das pessoas sobre o poliuretano é de um material esponjoso usado para almofadas e travesseiros, ou a espuma leve e rígida usada em painéis isolantes. Nossos carros estão cheios de poliuretano, e nós poupamos combustível, pois ele economiza peso. Ele proporciona conforto como enchimento de assentos, revestimento à prova de som embaixo dos carpetes, e segurança como painel de instrumentos acolchoado e volante. O poliuretano pode ser um material emborrachado útil não somente para preservativos, mas também para botas de cano alto, as solas dos sapatos de corrida, e para roupas de natação e meias de lycra.

Os químicos preparam o poliuretano reagindo moléculas que têm um grupo álcool com outras que têm grupos isocianato. Conforme a molécula se mistura, uma forte ligação química se forma, ligando-as e liberando calor. Se um líquido volátil também estiver presente ele vai formar bolhas de gás no plástico, expandindo-o como pão-de-ló no forno. Dependendo da substância usada, e da extensão do borbulhamento, o produto final pode ser uma espuma flexível, ideal para estofados, ou uma espuma rígida ideal para geladeiras e isolante de parede. Espumas de poliuretano pesam tão pouco por poderem ser constituídas 95% de gás.

Espuma de poliuretano está ajudando a resolver as necessidades dos lares da África do Sul. Para aqueles que ainda têm de viver em cabanas de ferro retorcido e compensado, uma solução temporária é borrifar a construção com poliuretano, que a torna habitável, mantendo os insetos e o calor do sol do lado de fora, e tornando-as à prova de som. O revestimento de poliuretano é então pintado com uma resina à prova de fogo, que também protege o plástico dos danosos raios ultravioleta do sol. Uma casa pode ser tratada por pouco mais de $ 180. E o investimento não vai ser desperdiçado quando as pessoas se mudarem: elas podem cortar o poliuretano em painéis com uma faca e utilizá-lo como isolante em seu novo lar.

Quarenta por cento das vendas de poliuretano são na forma de poliuretano rígido e 30% na forma de espuma flexível. No passado, as pessoas ficavam assustadas com a inflamabilidade do poliuretano, e pelo uso de CFCs como o agente espumante necessário para prepará-lo. Hoje há pouco com o que se preocupar em ambos os aspectos. O poliuretano atende todos os novos padrões de segurança contra fogo, que têm se tornado cada vez mais rigorosos, e ele não é mais preparado usando CFC, pelo menos na Europa e nos EUA. (CFC ainda é usado para espumas de poliuretano em países em desenvolvimento como a China, que, estranhamente, foi isenta do Protocolo de Montreal quando foi acordado eliminar gradualmente este tipo de substância do Ocidente.) Os CFCs têm sido substituídos por materiais compatíveis com ozônio como hidrofluorcarbonos (HFCs), pentano ou dióxido de carbono.

A companhia química internacional ICI desenvolveu recentemente uma espuma flexível na qual as bolhas são feitas usando-se água, que reage com um pouco do isocianato usado para preparar o poliuretano, para gerar dióxido de carbono. Eles também desenvolveram uma nova geração de isolantes baseados em espuma de poliuretano, preparadas para o uso sob vácuo. Este "superisolante" é mais de três vezes mais eficiente que o poliuretano comum, podendo então ser mais fino — então fabricadas menores ou ter um interior maior.

Contudo, é o poliuretano não espumoso que está proporcionando os novos mercados para parte das cinco milhões de toneladas produzidas a cada ano. Lycra, o tecido elástico, se expandiu em roupas esportivas e moda além do seu uso mais convencional em roupas de natação. Pela primeira vez, na Copa de 1994, as bolas de futebol foram revestidas com poliuretano, tornando o jogo mais rápido, ou pelo menos é o que foi divulgado. O poliureano pode ser usado como um adesivo para colar outros materiais, e desta forma velhos pneus são picotados e colados para formar trilhas de atletismo e superfícies para playgrounds.

O polimero não precisa ser desperdiçado quando sua vida útil termina. Ele pode gerar energia sendo queimado como combustível em incineradores municipais e tem o conteúdo calorífico do carvão mineral. Melhor ainda, ele pode ser separado e reciclado reduzindo-o aos seus constituintes químicos, que podem então ser reconstituídos como um novo lote de poliuretano.

QUADRO 8

Material versátil
• poliestireno •

Como o poliuretano, o poliestireno já foi melhor conhecido como um isolante bem leve. Ele também já foi censurado porque era usado para fazer embalagens descartáveis para hambúrgueres. Ele ainda é usado para recipientes descartáveis para café quente.

Ambientalistas corretamente fizeram campanha contra a cultura do descartável, e eles não somente acusaram os usuários de poliestireno de aumentar a montanha de lixo, como também acusaram o poliestireno de ser uma ameaça para a camada de ozônio, por causa dos gases CFC que foram usados para expandir o polímero de poliestireno. Atualmente, longe de ser uma ameaça poluidora, este plástico tem sido agora redimido como o polímero mais amistoso ambientalmente falando, porque cada tonelada de poliestireno expandido fabricado para isolamento vai poupar três toneladas de combustível para aquecimento por ano. Apenas 0,2% do óleo vai para a fabricação de poliestireno expandido, o que é mínimo comparado aos 35% que queimamos para nos mantermos quentes. Mas o poliestireno expandido é mais do que apenas uma forma de poupar o dinheiro da família com contas de aquecimento — ele pode ocasionalmente salvar vidas quando é usado como uma almofada de segurança em veículos e capacetes.

O poliestireno foi descoberto há muito tempo, em 1839, mas entrou em produção comercial apenas em 1930. Ele é feito do monômero estireno, que é constituído de benzeno e etileno. O estireno é um líquido oleoso incolor, que entra em ebulição a 145° C, e pode ser polimerizado pelo aquecimento de uma suspensão em água, usando-se peróxidos para iniciar a polimerização. O resultado é poliestireno na forma de pequenas contas que são então classificadas em vários tamanhos variando de 0,2 a 3 mm.

As contas amolecem a 94° C e derretem a 227° C, dando a este plástico uma variação de trabalho útil na qual ele pode ser amolecido com vapor e moldado ou esculpido. O produto tem boa propriedade de resistência elétrica e resiste a ácidos e álcalis. Ele não é afetado por solventes hidrocarbonetos e álcoois, mas é solúvel em muitos outros solventes orgânicos. O poliestireno tem a desvantagem de queimar facilmente, liberando nuvens de fumaça e derretendo, mas isso pode ser controlado por aditivos que retardam o fogo.

O poliestireno é uma molécula com anéis benzeno ligados a cada outro átomo de carbono da cadeia polimérica. Os benzenos explicam as características incomuns do poliestireno. Eles o tornam como o vidro porque anéis benzeno em uma cadeia tendem a atrair os anéis de outra, tornando o plástico menos flexível e mais quebradiço que outros polímeros. Entretanto, isso garante um empacotamento mais apertado das cadeias poliméricas, e resulta em um material transparente, com um alto índice de refração, dando a ele o brilho atraente do vidro. Os anéis benzeno também absorvem radiação ultravioleta, o que pode ser uma vantagem em lugares fechados quando usados para proteger de luz fluorescente que libera raios ultravioleta. Em ambientes abertos, os anéis de benzeno são uma desvantagem, fazendo que o polímero se torne amarelado e degradado devido à intensidade da radiação ultravioleta na luz do sol. Então, como os humanos, ele precisa ser protegido destes raios destrutivos.

Apesar de espuma de poliestireno expandido ser talvez a sua forma mais familiar, existem atualmente três disfarces nos quais este incrível polímero chega ao consumidor: como poliestireno, como poliestireno expandido e como poliestireno de alto impacto. Cada um tem muitos usos, e a tabela nos mostra quão completamente eles entraram em nossas vidas.

Poliestireno por si só é usado para uma grande quantidade de produtos de consumo, como potes de iogurte, interior de geladeiras, pó compacto para sombra de olhos e brinquedos. Copos descartáveis para festas e piqueniques são cristalinos, e brilhantes como o vidro. Como o vidro, eles são quebradiços, mas não se fragmentam em perigosos cacos afiados. Poliestireno levemente afinado é usado para fazer fitas cassete e caixinha de CDs. Um filme de poliestireno é usado para as janelas na frente de envelopes comerciais.

O poliestireno de alto impacto, como o nome já diz, é resistente. Ele é obtido adicionando mais de 10% de polibutadieno ou de copolímero estirenobutadieno. O material resultante não é mais transparente, mas é muito mais forte e pode ser usado para fazer embalagens para alimentos. Ele ainda pode ser laminado e então amolecido e moldado em revestimentos para portas de refrigeradores, louça, potes para armazenar comida, capas de trêiler e disjuntores. Enquanto o poliestireno normal tem pouca resistência a gorduras e óleos, o poliestireno de alto impacto é fino e é a embalagem preferida para pastas e margarinas.

O poliestireno expandido oferece um conjunto de vantagens que o tornam único. Nos entramos em contato com poliestireno expandido quando desembalamos equipamento doméstico que é protegido por este incrível plástico leve. Por ser ele tão leve, embalagens com poliestireno expandido reduzem os custos de transporte. Nós dificilmente podemos dar a ele uma segunda olhada, apreciando que ele tenha sido tecnicamente moldado para encaixar o produto e para garantir o máximo de proteção durante o trânsito. (Infelizmente, tudo que podemos fazer com isso é jogá-lo fora.) Pelas mesmas razões, o poliestireno expandido forma uma camada de proteção ideal dentro de capacetes.

Segurança é também a razão por que os criadores de cenários de filmagem escolhem poliestireno expandido para cenas dramáticas e violentas. Nós estremecemos quando vemos atores na tela comprimidos por uma grande quantidade de pedras ou alvenaria caindo, e contemos a respiração quando o herói se esforça para pegar objetos incrivelmente pesados para resgatar uma criança presa. Tudo brincadeira do bom e limpo poliestireno expandido, mas esta mesma coisa também tem alguns usos mais sérios como material de construção. Ele é à prova de água e muito flutuante, encontrando uso em marinas, salva-vidas e pontões. Engenheiros civis usam poliestireno granulado como um preenchimento no concreto para diques, pontes, auto-estradas

A versatilidade do poliestireno

Produtos feitos a partir do próprio poliestireno

Escovas, pentes e tesouras
Pós cosméticos compactos
Copos descartáveis
Equipamento científico (pipetas descartáveis), etc.
Cassetes de vídeo, áudio e CD

Produtos feitos a partir de poliestireno expandido

Materiais de construção, isolamento para edifícios
Recipientes para bebidas quentes
Caixas para transporte de peixe fresco em gelo
Forro para capacetes
Embalagem protetora para artigos elétricos

Produtos feitos a partir de poliestireno de alto impacto

Pentes e cabides
Disjuntores
Bandejas para alimentos, potes de margarina, potes de iogurte
Interior de refrigeradores
Brinquedos

elevadas, barragens, docas e paredes de portos, sem comprometer de nenhuma forma a resistência física destas estruturas.

Entretanto, é a capacidade isolante do poliestireno expandido que tem o maior impacto sobre nossas vidas. Nós ficamos intrigados, quando seguramos um pedaço de poliestireno expandido, ao descobrir como ele parece quente ao toque, e apreciamos que nossos lares possam se tornar mais eficientes energeticamente com ele. Bom isolamento não somente mantém as casas aquecidas no inverno, mas ele também mantém cômodos com ar-condicionado frios no verão, e geladeiras e *freezers* trabalham mais eficientemente durante o ano todo graças a um forro de poliestireno expandido.

Copos de parede fina e recipientes para alimentos criados para manter drinques e refeições aquecidas contam com relativamente pouco poliestireno expandido, mas foram eles que se tornaram alvo de campanhas ambientalistas nos anos 80. Não apenas este tipo de embalagem foi imediatamente descartado, eventualmente como lixo nas ruas, mas os gases usados para expandir ou "assoprar" o poliestireno eram danosos à camada de ozônio, os chamados CFCs. Hoje o agente de expansão é o pentano, um hidrocarboneto volátil que não oferece ameaça à camada de ozônio.

Quando o Dr. Martin Hocking, da Universidade de Victoria, Canadá, fez uma análise de cabo a rabo dos copos de poliestireno expandido, surgiu com um resultado um pouco inesperado: os feitos a partir de poliestireno expandido tornaram-se mais amistosos para com o ambiente do que os feitos de papel. De acordo com a auditoria ecológica de Hock, mais substâncias químicas são necessárias para produzir copos de papelão do que o de poliestireno. Fazer copos de papel também requer mais água, mais vapor e mais de dez vezes a quantidade de eletricidade.

Não apenas o poliestireno expandido parece oferecer vantagens ambientais, como agora está perdendo sua imagem como descartável. Poliestireno é reciclável e a indústria de poliestireno expandido há muito tempo recicla seu próprio resíduo. A chamada embalagem de transporte, o maior uso do poliestireno expandido, é atualmente reciclada por toda a Europa. Vários fabricantes de dispositivos elétricos coletam embalagens usadas, que são transformadas em itens como caixas de fita cassete e vasos de plantas. Parte é reciclada para a indústria da construção, onde poliestireno expandido granulado é usado para drenagem ou fabricação de materiais de construção leves, como tijolos, concreto e reboco.

O poliestireno que não pode ser reciclado pode ainda proporcionar um bônus final: sua energia. Se ele acaba no incinerador municipal, então — como outros plásticos — ele libera muito calor, peso a peso como carvão ou petróleo. Se esta energia é convertida em eletricidade ou água quente para o sistema de aquecimento local, então o poliestireno completa sua curta vida em um final ambientalmente bastante amigável.

◆ **Q U A D R O 9** ◆

Mais forte que o aço
• Kevlar •

A razão por que o vôo 800 da TWA terminou no mar perto de Long Island em julho de 1996, matando 229 passageiros e tripulação pode nunca ser conhecida com certeza. Naquela época, quando o mundo estava apenas aguardando o início dos Jogos Olimpícos de Atlanta, presumiu-se que as pessoas que perderam suas vidas foram vítimas de uma bomba nos compartimentos da aeronave. Isto é o que tinha acontecido ao vôo 104 da Pan Am, que explodiu sobre Lockerbie, Escócia, em 1988 matando 270 pessoas. Mas uma aeronave pode sobreviver a uma explosão em seu compartimento de bagagem se eles forem selados com painéis de Kevlar.

Kevlar é o plástico que pode deter uma bala, razão pela qual ele é usado em vestimentas à prova de balas. Ele já protege os aviões forrando o compartimento do motor para limitar o dano que pode ser causado caso uma turbina venha a explodir e por causa de sua força e leveza ele foi utilizado na fuselagem do Boeing 757. Resta saber se um compartimento de bagagem em Kevlar pode conter a explosão de uma bomba. A Agência de Pesquisa e Avaliação de Defesa do Reino Unido ("UK Defence Evaluation Research Agency", DERA) trabalhou em um projeto de £5 milhões para descobrir se este tipo de proteção era factível, e eles realizaram uma experiência em escala real em uma aeronave pressurizada, no laboratório de explosões do DERA em Fort Halstead. Estes testes mostraram que painéis de Kevlar podem se deformar sem se quebrar, além de reterem os fragmentos da bomba. Em torno de três toneladas de Kevlar seriam necessários para proteger um avião, e isso deve adicionar cerca de £35.000 por ano em custos de combustível.

O Kevlar foi descoberto em 1965 por Stephanie Kwolek, trabalhando para a gigante americana DuPont, em um projeto para criar uma fibra que tivesse a resistência térmica do amianto e a rigidez da fibra de vidro. Entretanto, houve problemas devido à natureza do polímero e do solvente especial para fazê-lo, que descobriu-se ser carcinogênico. Isso atrasou seu lançamento até 1982, quando o custo de desenvolvimento já estava em $500 milhões. Ele foi apresentado entusiasticamente como "um milagre à procura de um mercado" — e ele continua procurando o indefinível mercado de massa, apesar de suas propriedades únicas e da esperança original de que o Kevlar substituiria a fibra raiom e a cinta de aço no reforço de pneus. A DuPont se recusa a revelar que quantidade é produzida em suas indústrias nos EUA, Japão e Maydown no nordeste da Islândia.

O polímero consiste em longas cadeias de anéis de benzeno interconectados com grupos amida, muito parecidos com aqueles das proteínas. O Kevlar se forma quando um benzeno com dois grupos amina reagem com outro benzeno com dois grupos de cloreto de ácido. O que fornece ao polímero sua incrível força é a regularidade da estrutura. Na maioria das fibras as fitas de polímeros são massas aleatórias e embaraçadas, mas no Kevlar as forças atrativas entre as fitas são tão fortes que elas se alinham em linhas paralelas, fazendo fitas retas que se empacotam como camadas rígidas uma em cima da outra.

Esta regularidade cria problemas, pois torna o polímero insolúvel, ainda que ele se dissolva em ácido sulfúrico puro, do qual pode ser extraído sem perigo. Esta é uma forma em que o Kevlar pode ser processado. Além de ser praticamente imune ao ataque químico, o Kevlar também é resistente ao fogo, flexível e leve. Quando é inserido entre fibras e tratado com calor, os polímeros se tornam ainda mais fortes, e eles são usados para escudos militares, roupas espaciais, luvas de segurança e varas de pesca. O Kevlar é incorporado a raquetes de tênis, esquis e tênis de corrida. O plástico é cinco vezes mais forte que aço e mais elástico que fibra de carbono e projetou os limites de desempenho deste tipo de equipamento muito além dos materiais tradicionais.

Outra área do esporte em que a força incrível do Kevlar tem sido usada são os carros de corrida de Fórmula Um, embora atualmente menos tem sido usado por causa de suas limitações. De acordo com Brian O'Rourke, engenheiro-chefe de estrutura da Williams Grand Prix Engineering, as vantagens da grande força de tensão do Kevlar são superadas pela sua baixa compressibilidade, e é difícil de pintar. Apesar disso, por possuir uma boa proporção rigidez/peso o Kevlar é incorporado dentro do laminado para reforçar a célula de sobrevivência do piloto, onde ele proporciona excelente proteção em caso de uma batida.

Poucos plásticos têm o conjunto de benefícios que o Kevlar proporciona. Quando falha, ele o faz progressivamente, ao invés de castastroficamente, dando assim outra margem de segurança. Diferentemente de muitos plásticos, ele não se torna quebradiço a baixas temperaturas, mesmo tão baixas quanto $-70°$ C, e fibras óticas são revestidas com ele se tiverem de ser expostas à severidade das condições de montanha. O Kevlar não é afetado pela longa exposição ao tempo ou ao mar, e três anos imerso tanto em água fervente quanto em solventes hidrocarbonetos nenhuma mudança provocaram. O Kevlar é resistente à chama, extingue o fogo e libera pouca fumaça, sendo preferido para esteiras de transporte, especialmente em minas e para mangueiras usadas nas indústrias químicas e motores. Cordas de amarração para bombardeiros são feitas de Kevlar mais do que de aço, mas talvez o mais dramático uso do Kevlar tenha sido em coletes à prova de balas, jaquetas militares, protetores de cabeça que não são somente mais leves que outras formas de proteção mas que podem também ser ajustados para servir.

Parece incomum que um polímero com todas estas características tenha falhado em encontrar mais de uma função na vida moderna. O que não significa que algum dia não fiquemos gratos por sua combinação ímpar de propriedades.

◆ ◆ ◆ ◆ ◆ ◆ ◆ ◆ ◆ ◆ ◆ ◆ ◆

Os quadros da Galeria 5 são todos membros da mesma família, os polímeros baseados em carbono, e, como em todas as famílias, as diferenças são quase sempre mais aparentes do que as semelhanças. E se bem que em sua infância alguns deles tenham sido um pouco indisciplinados, todos eles finalmente cresceram para se tornar úteis membros da sociedade.

GALERIA 6

QUARTO COM VISTA PANORÂMICA
PRÓS E CONTRAS, PREOCUPAÇÕES E COMENTÁRIOS AMBIENTAIS

Em exposição, as moléculas que espreitam o mundo

- ◆ O ar que respiramos
- ◆ Grande quantidade e pouca reatividade
- ◆ O solitário inerte que faz um bocado
- ◆ Bem alto e pouco, para nosso conforto
- ◆ Chuva ácida, vinhos de boa safra e batatas brancas
- ◆ Muito de uma boa toxina
- ◆ Vacas loucas e químicos mais loucos ainda
- ◆ Água, água por toda parte
- ◆ Água pura e cristalina

Cem anos atrás, se você falasse sobre proteção ambiental, significava prevenir enchentes e incêndios florestais. Lares e fazendas poderiam se arruinar e famílias serem varridas por uma enchente relâmpago, uma onda gigantesca ou um incêndio furioso. Enquanto isso, em regiões industrializadas, o céu era poluído com vapores, fumaça e gases, rios eram praticamente esgotos a céu aberto e o resíduo era amontoado em grandes pilhas. As pessoas reclamavam, mas havia pouco que elas pudessem fazer, pois suas vidas dependiam muito das indústrias, que eram a causa da poluição. Excessos eram freados, mas as mudanças eram dolorosamente lentas.

Cinqüenta anos atrás, quando você falava de proteção ambiental, significava controlar o crescimento urbano e acabar com os resíduos industriais. A opinião pública agora favorece mudanças mais rápidas e muito tem sido alcançado desde então: pilhas de resíduos deram lugar a gramados, lugares abandonados foram demolidos e transformados em centros de esportes ou supermercados, rios permitem a vida de peixes e a vida selvagem abunda. A fumaça e os vapores asfixiantes, resultantes da queima de carvão nas indústrias, são apenas lembranças. E, se bem que o ar nas cidades seja agora poluído pelo trânsito, há sinais de que a poluição também desaparecerá assim que os carros se tornem mais limpos.

As pessoas de hoje em dia têm outras preocupações ambientais. Elas querem ações contra diferentes tipos de poluição. Não é mais suficiente demolir indústrias velhas, fábricas de gás e fundições e gramar por cima: nós queremos que o solo abaixo também seja descontaminado, de forma que casas possam ser construídas e crianças possam brincar seguras nos jardins. As pessoas querem que energia seja gerada sem causar chuva ácida. Elas querem que todos os rios e lagos estejam tão limpos que seja possível pescar e nadar neles.

No que se refere à respiração, temos poucas escolhas. O ar que respiramos vem da vizinhança na qual vivemos e trabalhamos. Certamente, temos algum controle: podemos evitar a fumaça do trânsito e mudar a ventilação do cômodo em que estamos, mas, mesmo assim, a mistura que estamos respirando é ainda um coquetel de gases, alguns dos quais não são naturais, podendo por fim nos prejudicar. Não admira, então, que sejamos facilmente assustados com estórias de gases perigosos no ar.

No que se refere a outras partes de nosso ambiente, temos realmente algum controle. Podemos nos preocupar com a água que bebemos e, se acharmos que a água que vem da torneira de nossas cozinhas não é boa, podemos então ir a um supermercado e comprar algumas dúzias de marcas de água engarrafada. Há uma porção de outras atitudes que podemos tomar como indivíduos e, desta forma, achamos pessoas que querem reduzir o lixo de casa, reutilizando coisas antes de descartá-las, reduzindo o lixo municipal pela reciclagem da maior quantidade possível de papel, plástico e metal. Elas não querem que tal lixo seja enterrado em buracos no solo e simplesmente coberto: elas preferem que ele seja queimado, podendo assim gerar eletricidade e água quente para suas casas. Elas também querem casas que sejam melhor isoladas termicamente, utensílios domésticos que consumam menos energia, carros familiares que precisem de menos combustível e durem mais tempo ou — melhor ainda — elas querem transporte público barato e ciclovias bem cuidadas.

Apesar de todo este esforço na direção certa, para alguns é ainda insuficiente. Há idealistas que são atingidos por uma visão de um paraíso verde, um retorno ao jardim do Éden, onde tudo é natural, auto-sustentável e em harmonia com a natureza. Eles sonham com um mundo com pequenas cidades e vilas, separadas por florestas naturais e espaços abertos. Com o auxílio da ciência tudo isto pode ser alcançado, sem ameaçar os benefícios de um abastecimento seguro de alimento, casas confortáveis, um bom serviço de saúde, um sistema educacional eficiente, empregos recompensadores e uma rica vida cultural. Eu estou certo de que isto acontecerá um dia, mas somente virá como resultado do esforço de químicos, bioquímicos e biotecnólogos.

Enquanto isso, temos de viver no mundo como ele é, com sua população sempre crescente e cidades cada vez maiores. Nesta Galeria eu reúno alguns quadros sobre preocupações ambientais. Os primeiros destes são sobre gases no ar que respiramos. Então, examinaremos algumas figuras moleculares que parecem proporcionar um melhor meio ambiente, mas são acusadas de tornar as coisas piores.

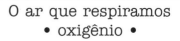

O ar que respiramos
• oxigênio •

O gás mais importante da atmosfera é o oxigênio, que corresponde a cerca de 21% do volume do ar seco. Sem oxigênio suficiente para respirarmos nós morreríamos. Isto poderia acontecer se estivéssemos confinados em um espaço pequeno e a quantidade de oxigênio começasse a cair ou se a pressão do ar fosse muito baixa, porque estávamos em um lugar muito alto. Lá o ar poderia ainda conter 21% de oxigênio, mas a pressão seria muito baixa para que os nossos pulmões pudessem extraí-lo. Mas mesmo no topo da mais alta montanha, onde o ar é rarefeito, há ainda bastante oxigênio. Os primeiros exploradores pensaram que seria diferente, porém mais tarde descobriram que estavam errados.

Em 29 de maio de 1953, Tenzing Norgay e Edmund Hillary tornaram-se os primeiros homens a escalar o Monte Everest, o que fizeram com a ajuda de cilindros de oxigênio. Quarenta anos mais tarde, Harry Taylor, um ex-tripulante da SAS, de 33 anos de idade, escalou sozinho até o cume, sem oxigênio extra. Em 1975, a primeira mulher a escalar o pico, Junko Takei, do Japão, levou um cilindro de oxigênio. Em maio de 1996, Alison Hargreaves tornou-se a primeira mulher a realizar esta façanha sem o auxílio de oxigênio.

Nós precisamos de oxigênio para que nossos corpos possam gerar energia, nos abastecendo do farto reservatório deste gás na atmosfera. No entanto, há um limite inferior e um superior da quantidade de oxigênio no ar que é considerado seguro. Se não quisermos nos sufocar, o nível de oxigênio deve estar acima de 17%; se não quisermos explodir em chamas, ele deve ficar abaixo dos 25%.

Nós podemos respirar ar enriquecido com oxigênio, como muitas pessoas doentes fazem, mas se estivermos cercados por ele estaremos em perigo. Pacientes de hospitais, dentro de tendas de oxigênio, sofreram queimaduras horríveis quando tentaram acender um cigarro. Os três astronautas destinados a operar a primeira missão Apollo na órbita terrestre foram queimados vivos em minutos na espaçonave, em 27 de janeiro de 1967, quando o fogo começou na cabine contendo ar enriquecido com oxigênio. Em outubro de 1969, em South Shields, no nordeste da Inglaterra, o mesmo fato ocorreu com um grupo de reparadores de navio que estavam consertando o *Lady Delia*. Eles estavam usando um perfurador que funcionava normalmente com ar comprimido, mas que foi inadvertidamente conectado a um suprimento de oxigênio puro. Quando o limite crítico de 25% foi excedido e um dos homens acendeu um cigarro, explodiu em chamas, que se espalharam por todo o seu corpo. Quando seus colegas de trabalho foram socorrê-lo, também pegaram fogo. Dentro de minutos quatro homens estavam mortos e sete estavam seriamente queimados. Este caso misterioso de múltipla combustão espontânea de seres humanos foi solucionado pelo professor Ian Fells, da vizinha Universidade de Newcastle-upon-Tyne, que investigou o aparente mistério e, finalmente, descobriu a mangueira erroneamente conectada.

Mas é pouco oxigênio que geralmente ameaça a vida e é o que fez com que o projeto da Biosfera, no Arizona, acabasse prematuramente, em janeiro de 1993. Oito pessoas foram seladas dentro de um ecossistema com paredes de vidro, em dezembro de 1991, para ver se era possível seres humanos sustentarem a vida em uma estação espacial ou na Lua. Dentro de poucas semanas eles estavam tendo dificuldades para respirar, pois o oxigênio do ar caiu abaixo de 17%. De alguma forma, 30 toneladas dele tinham desaparecido, admitindo-se que, provavelmente, tinha reagido com o ferro do solo.

O oxigênio é atraído pelo ferro ou a hemoglobina em nosso sangue, através da qual pode ser transportado eficientemente para onde é necessário. (A maioria dos seres vivos, mas não todos, usam o ferro como transportador de oxigênio. Aranhas e lagostas usam cobre, o que torna o sangue delas azul.) Graças à hemoglobina, um litro de sangue pode dissolver 200 mL de oxigênio, cinqüenta vezes mais do que seria dissolvido no mesmo volume de água. Mas, se a quantidade de oxigênio no ar decresce, da mesma forma ocorre no sangue. Apesar disso, o coração tentará bombear oxigênio tão rápido quanto ele consiga, para superar a deficiência, porém, não pode sustentar este gasto extra de energia por muito tempo e nós morremos.

A molécula de gás oxigênio consiste em dois átomos de oxigênio, porém a ligação entre os átomos ainda confunde os químicos. Parece ser uma ligação dupla, entretanto, a molécula ainda possui dois elétrons desemparelhados, o que significa que é um "radical livre".

O gás oxigênio se liquefaz a -183° C e o líquido é magnético, como Michael Faraday descobriu em 1848, quando derramou oxigênio líquido e observou que ele ia em direção aos pólos de um ímã; ele comporta-se desta forma devido aos dois elétrons livres. Em teoria, estes elétrons desemparelhados fariam com que o oxigênio reagisse instantaneamente com tudo que tocasse; entretanto, sabemos que é uma molécula relativamente inerte, de outra forma o oxigênio não teria sido acumulado durante milhões de anos, até corresponder a um quinto da atmosfera da Terra. Mesmo quando ele entra em nossos corpos, não reage imediatamente com a molécula alvo, mas precisa de enzimas para catalisar a reação.

Há um *milhão* de bilhão de toneladas de gás oxigênio circundando o globo terrestre, sendo que todo ele é um co-produto da fotossíntese das plantas. As sete bilhões de toneladas de combustível fóssil, que queimamos a cada ano, consomem cerca de 24 bilhões de toneladas de oxigênio, que é apenas 0,00024% do total e as plantas repõem a maior parte dele. Mesmo se as plantas não repusessem o oxigênio na atmosfera, demoraria mais de 2.000 anos, na presente taxa de depleção, para que o nível de oxigênio caísse de 21% para 20%.

Nossos cérebros devem ter oxigênio para funcionar e, sem ele, este órgão vital começaria a morrer dentro de minutos. Pouco conhecido é que muito oxigênio pode envenená-lo. Esta ameaça não é levada em conta por muitos mergulhadores esportistas, de acordo com Kenneth Donald, da Universidade de Edimburgo, Escócia, que fez um longo estudo sobre este tema. Em seu livro *Oxygen and the Diver*, Donald adverte contra o uso de oxigênio puro abaixo de 8 metros, pois isto pode causar convulsões, sendo que vários mergulhadores já se afogaram. Em vez de usar ar comprimido, mergulhadores amadores, tais como fotógrafos submarinos, caçadores de recompensas e arqueólogos, têm usado uma mistura chamada nitrox, que é ar com uma quantidade maior de oxigênio — mas ela também pode ser perigosa. Nitrox é uma mistura de nitrogênio e oxigênio, desenvolvida pela Marinha Britânica, na Segunda Guerra Mundial, para mergulhadores que desarmavam minas, pois ela permitia que se ficasse mais tempo debaixo da água, evitando o envenenamento por oxigênio e a doença da descompressão, em inglês "*bends*". Hoje, mergulhadores profissionais respiram uma cara mistura de oxigênio e hélio, que possibilita trabalhar de forma segura abaixo de 500 metros de profundidade.

O oxigênio é produzido industrialmente pela destilação de ar liquefeito, sendo feito no próprio local, transportado por dutos ou por tanques especialmente isolados. Nos EUA a produção é de 25 milhões de toneladas por ano, no Reino Unido excede 4 milhões de toneladas. Mais da metade é utilizada para se fazer aço, cerca de um quarto para fazer óxido de etileno, que é transformado em agente anticongelamento ou poliéster para garrafas e tecidos (veja Galeria 5) e o resto é utilizado na forma do próprio gás, em aparelhos médicos ou para purificar o esgoto e prevenir desastres ambientais, como o de Paris, em 1992. Uma tempestade violenta fez com que o esgoto sem tratamento fluísse para o rio Sena, que rapidamente consumiu o oxigênio da água e matou todos os peixes. Há agora bombas gigantes para borbulhar 15 toneladas de gás oxigênio por dia dentro do Sena.

Quem descobriu primeiro o oxigênio? O crédito geralmente vai para Joseph Priestley, que nasceu em Leeds, Inglaterra. Ele era um sacerdote não conformista, um intelectual de esquerda que apoiou a Revolução

Francesa e um químico amador, que se especializou em estudar gases. Descobriu o oxigênio em 1774, depois de se mudar para uma propriedade de Lorde Shelburne, em Calne, Wiltshire, através do aquecimento de óxido de mercúrio e coleta do gás emanado. Ele respirou o seu novo gás e relatou como ele o deixava sentir-se melhor. Também notou que um camundongo poderia sobreviver muito mais tempo no seu novo gás do que no ar comum. Priestley mudou-se para Birmingham, mas lá sua casa e laboratório foram saqueados por um movimento de direita. Talvez, sem surpresa, ele tenha emigrado para os EUA.

De modo algum Priestley imaginou que Carl Scheele, em Uppsala, Suécia, tinha feito oxigênio uns poucos meses antes, mas não ganhou os créditos da sua descoberta, pois o editor, para o qual ele mandou o seu texto, não fez nada para publicá-lo. Nem Priestley nem Scheele foram responsáveis pelo nome dado ao novo gás. O "oxigênio" foi escolhido pelo grande químico francês Antoine Lavoisier, significando "formador de ácido". Lavoisier pensou, erroneamente, que este elemento era um componente essencial de todos os ácidos.

Mas poderia ter havido um descobridor anterior do oxigênio? Há evidências de que o oxigênio era produzido 150 anos antes. Como explicaríamos de outra forma um notável evento que ocorreu em Londres, em 1624, quando o rei James e seus súditos compareceram aos milhares para assistir uma nova maravilha daquela época: um submarino? Esta notável embarcação consistia em uma armação de madeira, coberta por uma pele de couro engraxada e impermeável. Era operada por 12 remadores, cujos remos saíam por escotilhas seladas. Com o seu inventor holandês a bordo, Cornelius Drebbel, juntamente com alguns poucos passageiros, navegaram por duas horas sob a água, de Westminster até Greenwich, uma distância de vários quilômetros. (O Almirantado não ficou impressionado e votou contra a sua adoção.) Esta misteriosa viagem era ainda comentada cerca de 40 anos mais tarde, por ninguém menos do que o cientista Robert Boyle, da famosa Lei de Boyle. Ele escreveu que um dos passageiros, então ainda vivo, tinha dito que, quando o ar do submarino acabava, Drebbel era capaz de reabastecê-lo com ar mais puro vindo de um recipiente. Foi sugerido que este ar mais puro deveria ser oxigênio.

Uma explicação é dada por Zbigniew Szydlo, em seu livro *Water Which Does Not Wet Hands* (*Água que não molha as mãos*), no qual ele diz que Drebbel estava familiarizado com o trabalho do alquimista polonês, Michael Sendivogius, que viveu de 1566 a 1636 e que conhecia um gás, referido por ele como "o alimento aéreo da vida". "*Water Which Does Not Wet Hands*" era o nome código que Sendivogius usava para o salitre. Sendivogius observou que quando o salitre (antigo nome do nitrato de potássio) era aquecido, havia evolução de gases. O aquecimento brando deste sal produz oxigênio. Naquela época, o salitre era coletado da parede de porões e latrinas, onde se formavam cristais brancos, ou da lixiviação do esterco e solo. O salitre era coletado em escala comercial, pois era utilizado para se fazer pólvora.

A curiosa capacidade do salitre de produzir oxigênio poderia ter sido conhecida por John Mayow (1641-1679), um químico de Oxford e antigo membro da London Royal Society. Ele escreveu sobre "partículas nitroaéreas", que vinham do salitre quando aquecido, sendo, supostamente, esta frase também uma referência ao oxigênio. Até foi sugerido que o conhecido Elixir da Longa Vida dos alquimistas não era um líquido, como popularmente se supõe, mas deveria ter sido este gás secreto, o oxigênio.

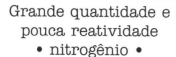

Grande quantidade e pouca reatividade
• nitrogênio •

Apesar de o oxigênio ser o gás essencial do ar, o mais abundante é o nitrogênio. De certa forma o nitrogênio é tão importante quanto o oxigênio, pois é também um elemento essencial para a vida. Diferente do oxigênio, porém, que pode ser altamente reativo, dadas as condições certas para combustão, o nitrogênio mostra pouca inclinação para reagir. Apesar de ser inerte, ele deve ser forçado a reagir, porque o nitrogênio é necessário em toda fita de DNA, toda fibra muscular e toda enzima, em cada célula, de qualquer criatura viva neste planeta.

O nitrogênio reage com o oxigênio quando um raio passa através do ar, sendo que as tempestades trazem muito nitrogênio para a Terra todos os anos, na forma de nitrato, que é a forma na qual as raízes das plantas absorvem-no da água no solo. Este nitrato, no entanto, está longe da quantidade necessária para garantir a vegetação terrestre. Certas plantas, como o feijão e organismos marinhos, como as algas, possuem enzimas chamadas nitrogenases, que podem induzir o nitrogênio do ar a reagir e, então, se "fixar" como gás amônia. Até os químicos descobrirem um método de fixar o nitrogênio como amônia, no começo do século vinte, estas enzimas eram responsáveis por quase todo o nitrogênio para a biomassa do planeta. Os seres humanos fixam agora o nitrogênio através da reação dele com hidrogênio, para formar amônia, que também é um excelente fertilizante, mas essa reação química requer alta temperatura e pressão.

Como as nitrogenases fazem para fixar o nitrogênio sem esforço algum? Por 50 anos, químicos, biólogos e bioquímicos trabalharam até a exaustão para descobrir e, na década de 1990, desvendaram o segredo destas enzimas.

As moléculas de nitrogênio atmosférico consistem em dois átomos de nitrogênio unidos por uma ligação química muito forte — uma ligação tripla, na verdade. Para transformar o nitrogênio em amônia, os dois átomos de nitrogênio devem se separar e cada um se ligar com três átomos de hidrogênio. Para que isto ocorra a enzima tem de fornecer seis hidrogênios e seis elétrons. Na verdade, ela fornece oito hidrogênios e oito elétrons, fazendo não só duas moléculas de amônia, mas também uma molécula de gás hidrogênio.

O que intrigou os primeiros pesquisadores é que a nitrogenase consiste em duas grandes proteínas e que ambas são essenciais para o processo. A proteína menor contém quatro átomos de ferro e quatro átomos de enxofre; a maior tem cerca de doze átomos de ferro, doze de enxofre e dois átomos de um metal raro, o molibdênio. Douglas Rees e colaboradores, na Caltech (California Institute of Technology), em Pasadena, foram responsáveis pelo difícil truque de separar a proteína menor, obter um cristal e descobrir sua exata estrutura química, pelo bombardeamento com raios-X. Isto revelou uma proteína em forma de anel, com quatro átomos de ferro e quatro de enxofre, unidos como se fossem uma gema preciosa saindo do anel. O propósito desta proteína é produzir elétrons e fornecê-los para a proteína maior — a "gema preciosa" toca um sítio especial da enzima maior.

Um outro grupo dos EUA, liderado por Jim Bolin, na Universidade de Purdue, concentrou seus esforços na proteína maior, que recolhe a molécula de gás nitrogênio. O estudo deles revelou a estrutura desta outra metade da enzima e mostrou os arranjos de seus átomos de ferro e enxofre; além disso, revelou as posições de todos os átomos importantes de molibdênio, que atraem o nitrogênio do ar.

Os pesquisadores também deram uma resposta ao enigma do gás hidrogênio que emanava durante a fixação do nitrogênio:

os hidrogênios estão presentes no sítio ativo, anexados ao molibdênio, sendo que estes são liberados quando a molécula de nitrogênio se aproxima. A proteína maior da nitrogenase espera até a molécula de nitrogênio entrar na sua cavidade, onde ela toma o lugar de um hidrogênio, cuja função é, provavelmente, proteger o sítio ativo de ataques químicos por outras moléculas. Uma vez dentro do sítio ativo, o nitrogênio prende-se ao átomo de molibdênio, ligando-se a um átomo de hidrogênio e absorvendo, ao mesmo tempo, um elétron dos átomos de ferro das redondezas. A proteína maior, então, bombeia mais hidrogênios para dentro e a proteína menor adiciona ainda mais elétrons no sítio ativo do molibdênio, até que o nitrogênio tenha produzido uma molécula de amônia, que deixa a cavidade. Ao nitrogênio remanescente é dado o mesmo tratamento, até que ele tenha os três hidrogênios necessários para convertê-lo em amônia, depois saindo da mesma forma. A proteína protege então o sítio ativo com hidrogênio fresco, até que o próximo nitrogênio se aproxime.

Tudo isto soa bastante complexo, mas agora que o segredo foi descoberto, os químicos poderiam ser capazes de fazer moléculas similares, que catalisariam a reação do nitrogênio com o hidrogênio a temperaturas comuns, poupando assim uma vasta quantidade de energia, normalmente gasta na fixação do nitrogênio. Alternativamente, biotecnólogos e engenheiros genéticos poderiam encontrar um modo de transferir o gene responsável pela enzima nitrogenase para outras plantas, tornando-as, assim, auto-fertilizantes, pelo menos no que se refere aos nutrientes nitrogenados. Mais uma vez, o objetivo será assegurar que a alimentação humana e a produção de vegetais sejam limitadas à menor área possível deste planeta. Desta forma, podemos deixar mais áreas intocadas e disponíveis como hábitat natural para a vida selvagem, que compartilha este planeta conosco.

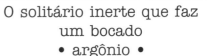

QUADRO 3

O solitário inerte que faz um bocado
• argônio •

A descoberta do argônio é atribuída a Lorde Rayleigh e William Ramsay, que o anunciaram em 1894 e então não divulgaram mais detalhes até o ano seguinte. Fazendo isto, eles puderam participar de uma competição organizada pelo Instituto Smithsoniano de Washington, DC, para "alguma nova... descoberta sobre o ar atmosférico". Eles ganharam o prêmio de US$ 10.000, o que corresponde a um valor atual de cerca de US$ 150.000. Felizardo argônio! Mas ele foi pela segunda vez felizardo.

O argônio foi primeiramente descoberto, não intencionalmente, em 1785, por Henry Cavendish, de Clapham, sul de Londres. (O mesmo Henry Cavendish é também mencionado no Quadro 8 nesta Galeria.) Ele estava interessado na química atmosférica e passava uma descarga elétrica por uma mistura de ar e oxigênio, absorvendo os gases que se formavam. Não importava quantas vezes fossem feitas as descargas elétricas, sempre permanecia 1% do volume que não se combinava quimicamente. O que ele não imaginava era que estava diante de um novo elemento gasoso. Por mais de um século suas observações não foram entendidas — porém não foram esquecidas.

O que impulsionou a segunda descoberta do argônio foi o misterioso comportamento do nitrogênio: por que a densidade deste gás dependia de onde ele vinha? O nitrogênio extraído do ar tinha uma densidade de 1,257 g por litro, enquanto o obtido pela decomposição de gás amônia tinha uma densidade de 1,251 g. Rayleigh e Ramsay sabiam que ou o nitrogênio atmosférico devia conter um gás mais pesado ou o nitrogênio gerado quimicamente devia conter um gás mais leve. A última explicação era menos provável, então eles concentraram suas atenções no nitrogênio vindo do ar.

Ramsay passou uma amostra de nitrogênio supostamente puro, vindo do ar, por magnésio superaquecido, com o qual reage e forma um sólido, nitreto de magnésio. Como Cavendish, sobrou cerca de 1% do volume que não reagia. Este gás era 30% mais denso que o nitrogênio. Quando examinaram seu espectro atômico, observaram novas linhas, que somente poderiam ser explicadas por um novo elemento. Ramsay e Rayleigh basearam o nome do gás inerte no grego *argos*, significando inativo — e argônio ele se tornou. Ramsey ganhou o Prêmio Nobel de Química em 1904.

O argônio, que corresponde a 1% do ar atmosférico, é agora um importante gás industrial. Centenas de indústrias químicas ao redor do mundo o extraem do ar líquido. Uma fábrica típica processa 375 toneladas de ar por dia, sendo controlada por computador e supervisionada por alguns poucos técnicos. Ela separa do ar o oxigênio, o nitrogênio e o argônio, que são transportados como líquidos em tanques com capacidade para 20 toneladas por vez.

O argônio é particularmente importante para a indústria metalúrgica. A indústria de aço usa o argônio como um gás inerte para agitar o ferro fundido, enquanto o oxigênio é borbulhado através dele para ajustar o conteúdo de carbono. O argônio é também usado quando o ar deve ser excluído, para prevenir a oxidação de metais quentes, tal como o alumínio fundido. Se este metal é para ser soldado é necessário protegê-lo contra o oxigênio da atmosfera. Isto pode ser feito pelo uso de um arco elétrico, que usa corrente direta para gerar uma faísca que funde a barra de soldagem. Este é circundado por um fluxo de argônio, sendo que um aparato típico para solda precisa de cerca de 10-20 litros de argônio por minuto. Cientistas de energia atômica protegem os elementos combustíveis com ele, durante o refinamento e reprocessamento. As ligas metálicas para ferramentas especiais requerem metais pulverizados ultrafinos e estes são produzidos direcionando um jato de argônio líquido, a -190° C, em um jato do metal fundente. Algumas fundidoras impedem que partículas de metais tóxicos escapem para o meio ambiente, expelindo-as através de uma chama de plasma de argônio. Para isto, átomos de argônio são carregados eletricamente para atingir temperaturas de 10.000° C, transformando as partículas de metais em um montículo de fragmentos fundidos.

Lasers de argônio são usados por cirurgiões para unir artérias e matar tumores. Seu raio intenso de luz azul é também usado por químicos para investigar estados moleculares que existem por apenas um trilionésimo de segundo.

Alguns produtos para o consumidor contêm argônio. Este é o gás que preenche o espaço entre as folhas de plástico de uma embalagem duplamente selada, onde ele aumenta o isolamento térmico, pois é um condutor de calor pior do que o ar comum. O argônio é também o gás dentro de lâmpadas fluorescentes e incandescentes; nestas últimas ele dissipa o calor do filamento incandescente, não reagindo com ele. Sinais luminosos brilham com luz azul se contém argônio e com luz azul intensa se houver um pouco de vapor de mercúrio. O uso mais exótico do argônio é nos pneus de carros de luxo. Ele não apenas protege a borracha do ataque pelo oxigênio, mas proporciona menor ruído dos pneus quando o carro está se movendo em alta velocidade.

Muitos destes usos do argônio devem-se a sua falta de reatividade química – nada induzirá que ele reaja com nenhum outro material, não importa qual seja a temperatura à qual ele é aquecido, nem qual a descarga elétrica que passe por ele. Até agora ele resistiu a todas as tentativas para fazer com que se ligasse a outros átomos: o gás argônio consiste inteiramente em átomos simples de argônio. Mesmo compostos que possuem argônio, os chamados clatratos de argônio, o contêm na forma de átomos aprisionados nos espaços da estrutura cristalina de uma molécula maior.

Há vários trilhões de toneladas de argônio girando ao redor do globo terrestre, onde ele tem se acumulado lentamente por bilhões de anos. A maior parte dele vem do elemento potássio, que tem um isótopo radioativo, o potássio-40, com uma meia-vida de 1,28 bilhão de anos. Apenas 117 átomos de potássio em um milhão são potássio-40. Quando o tempo de um átomo em particular acaba, seu núcleo pode emitir um raio-β e transformar-se em cálcio-40 ou pode capturar um de seus próprios elétrons e transformar-se em argônio-40. Apenas um átomo em dez prefere a última escolha, mas dada a longa idade da Terra, cerca de 4,6 bilhões de anos, houve tempo suficiente para que todo o argônio, que agora temos, fosse formado. Isto também explica por que a massa atômica do argônio (elemento 19) é maior do que a do potássio (elemento 20), pois a maior parte do argônio é argônio-40 (com uma massa atômica relativa de 40), enquanto a maior parte do potássio é potássio-39 (com uma massa atômica relativa de 39).

Se o potássio-40 radioativo está dissolvido no mar, disperso no solo ou é um componente de algum organismo vivo, então o argônio escapa para a atmosfera. Mas, se o potássio está preso em rochas de um minério, é possível datá-lo.

O argônio faz parte de um grupo de elementos chamado gases nobres. A maioria deles foi descoberta por Ramsay e Morris Travers, durante os anos de 1895 a 1898. Foram extraídos do ar: o neônio, o criptônio e o xenônio, cujos nomes vieram das palavras gregas *neos* (novo), *krypton* (escondido) e *xenos* (estranho). O quarto, o hélio, foi novamente uma redescoberta.

Este gás, o menos denso dos gases nobres, fora detectado 30 anos atrás por Pierre Janssen, quando foi para a Índia para estudar um eclipse total. Ele obteve uma linha amarela no espectro solar, que não pôde explicar, mas que indicava um elemento desconhecido. O astrônomo Sir Norman Lockyer deu a ele o nome de hélio, do grego *helios* (Sol), especulando que ele não poderia existir na Terra. Ramsay o encontrou em 1895, extraindo-o não do ar, apesar de ele ser mais abundante do que o criptônio e o xenônio, mas de um minério de urânio, que liberava bolhas de hélio quando dissolvido em ácido. (Quando um átomo radioativo emite uma partícula α, está emitindo o núcleo de um átomo de hélio, que captura rapidamente dois elétrons, transformando-se em gás hélio.)

◆ Q U A D R O   4

Bem alto e pouco,
para nosso conforto
• ozônio •

A experiência nos diz que nem todos os amigos, parentes, carros, refeições de *gourmets* e feriados são bons, e que nem todos os vizinhos, sogras, *fast food* e aeroportos são ruins. Da mesma forma ocorre com as moléculas no meio ambiente. Algumas são rotuladas com más, porém mesmo estas podem ter pontos positivos. O ozônio na baixa atmosfera é um poluente, enquanto o ozônio na estratosfera é bom, pois nos protege dos raios deletérios do Sol. É do ozônio ruim que este quadro molecular trata. Nós podemos vê-lo como um vilão, mas nossos avós e os avós deles o viam como um herói.

Produtos químicos podem estar na moda, assim como roupas. O que numa época é admirado como fino, uma outra rejeitará como tolo e um bom exemplo disso é o ozônio. Todos os anos, no final do inverno, o ozônio na alta atmosfera reduz-se e imediatamente nos preocupamos, pois este gás protege a vida da Terra da perigosa radiação ultravioleta do Sol. Todo verão, aqui embaixo, na superfície terrestre, nos preocupamos com o aumento do ozônio no ar que respiramos, pois este gás é prejudicial aos seres vivos.

No século 19, era também algo para se preocupar, porém pela razão exatamente oposta: pensava-se que não havia o suficiente ao nosso redor. O ozônio era considerado natural, saudável e revigorante, sendo que os lugares onde seus níveis eram mais altos, provaram isto: no alto das montanhas e ao longo da costa. Lá, o ar era fresco e limpo — era o lugar para se ir na convalescença e nos feriados, longe das cidades enfumaçadas, onde, supostamente, faltava ozônio.

William S. Gilbert, que foi o último a adquirir fama com Arthur Sullivan, em uma série de comédias vitorianas musicais, tais como *O Micado*,[*] "The Mikado" e *HMS Pinafore*,[**] escreveu o poema "*Ozone*" (Ozônio) em 1865. Este descrevia precisamente a crença popular da época sobre o gás. Seu terceiro e quarto verso vêm a seguir:[***]

Mas se no topo do Ben Nevis você chegar,
Encontrará este gás por todo lugar – mas vai baixar
Indo para regiões de menor altitude,
Como os experimentos mostram amiúde
Nenhum traço deste útil ozônio é conhecido,
Nenhum traço deste útil ozônio!

Isto é porque sou um cara ignorante, um pouco,
E ouso dizer que mereço ser preso ou um soco,
Mas ele nunca vai estar,
Onde é para ele ficar
Por isso eu o chamo de Policial Ozônio – é conhecido
Pelos meus amigos como Policial Ozônio!

É difícil imaginar uma época na qual produtos químicos na atmosfera eram considerados benignos e como algo que se podia ridicularizar. Gilbert pensava que o ozônio era abundante no alto das montanhas, mas diminuía nas cidades localizadas a baixas altitudes. Hoje se aplica o contrário: somos ameaçados por ele nas cidades e nos preocupamos pela falta dele em grandes altitudes.

Tal era a crença nele, que os vitorianos tinham geradores de ozônio, bombeando-o dentro de igrejas, hospitais, teatros e, até mesmo, nas ferrovias subterrâneas (metrô). Hoje somos um pouco mais sábios e sabemos que o ozônio irrita os pulmões. Há um baixo nível de ozônio naturalmente no ar, cerca de 20 partes por bilhão (ppb), que no verão pode subir para 100 ppb, como resultado da ação da luz solar sobre o dióxido de nitrogênio, provindo dos escapamentos dos carros.

No verão de 1976, foi verificado um valor de 260 ppb no Reino Unido, o maior desde então e bem acima do limite legal de exposição ocupacional, que é de 100 ppb. O ozônio danifica as células macrófagas em nossos pulmões, deixando-as menos capazes de consumir e destruir bactérias, além de os

---

(*) Um imperador japonês. (N.T.)
(**) HMS é a abreviação de Navio de Sua Majestade, "Her/His Majesty's Ship". (N.T.)
(***) But if on Ben Nevi's top you stop, / You will find of this gas there's a crop — but drop / To the regions below, / And experiments show / Not a trace of this useful ozone is known, / Not a trace of this useful ozone! / It's because I'am an ignorant chap, mayhap, / And I dare say I merit a slap or a rap, / But it's never, you see, / Where it's wanted to be, / So I call it Policeman Ozone — it's known / By my friends a Policeman ozone.

efeitos irritantes também tornarem mais difícil respirar.

O ozônio é um gás azul, com seu cheiro "metálico" instantaneamente reconhecível. Pode ser condensado como um líquido azul ou congelado como um sólido violeta escuro, mas isto raramente é feito, pois ambos são perigosamente explosivos. O ozônio consiste em três átomos de oxigênio unidos em uma molécula em forma de V; não é uma forma estável do oxigênio e rapidamente reverte a oxigênio comum, com seus dois átomos. Este processo é especialmente rápido na presença de catalisadores, como o carvão.

A palavra ozônio vem do grego *ozein*, que significa cheiro, havendo referências clássicas ao cheiro forte do ozônio durante tempestades. Podemos sentir freqüentemente o cheiro de ozônio perto de equipamentos elétricos de alta voltagem e faíscas elétricas. Ele é um agente oxidante muito forte, motivo pelo qual é ótimo para destruir micróbios.

Os usos industriais do ozônio estão aumentando. Ele é usado na indústria de produtos químicos para fazer plastificantes para polímeros de PVC e na indústria farmacêutica para se fazer água esterilizada. É utilizado para preservar alimentos e para matar bactérias em garrafas de água mineral. O ozônio, para o uso em tais processos, é gerado no próprio recipiente e imediatamente utilizado.

Há duas maneiras de se fazer ozônio industrialmente, que imitam a natureza. O método usual é passar ar por um tubo concêntrico, com uma superfície metalizada, através do qual é aplicada uma descarga elétrica de 15 quilovolts e 50 hertz. O gás que sai de tal tratamento contém 2% de ozônio. Um outro método, usado somente quando concentrações baixas de ozônio são necessárias, para esterilizar ou desinfetar, é expor ar à luz ultravioleta.

No novo século, o ozônio se tornará o produto químico preferido para esterilizar água para o consumo e piscinas. O ozônio é um desinfetante mais potente do que o gás cloro comumente usado: ele não somente destrói organismos patogênicos comuns, mas também mata o criptoesporídio, o micróbio recém-descoberto que causa disenteria e pode sobreviver a uma cloração branda. Esterilizar com ozônio é mais complicado do que com cloro, quando o gás é meramente borbulhado na água, já dando a concentração necessária. Quando a água de uma piscina é desinfetada com ozônio, o processo se dá em vários estágios. Primeiramente, uma solução saturada com ozônio em água é preparada, utilizando-se esta solução para desinfetar a água da piscina. Antes que a água retorne para a piscina o excesso de ozônio é removido, passando-o por um filtro de carvão. Finalmente, um pouco de cloro é adicionado, devolvendo a água para a piscina. O cloro mantém a água esterilizada e, diferente do ozônio, ele permanece ativo por um longo tempo. O nível de cloro em piscinas públicas tem de ser alto para combater o curioso descaso público com a higiene pessoal, apesar de o cloro poder afetar a respiração de algumas pessoas e irritar os olhos.

O ozônio é ideal para esterilizar a água para o resfriamento em usinas de força, onde o crescimento de bactérias interfere na transferência de calor e, desta forma, reduz a eficiência. Na França já faz 80 anos que a ozonização tem sido o método preferido de tratamento de água para reservatórios domésticos, havendo mais de 600 unidades em operação.

O ozônio também está sendo usado para limpar a água do esgoto, especialmente se ele tem de ser descarregado perto de praias muito freqüentadas. As unidades ficam em operação não somente para matar bactérias, mas também para acabar com o cheiro de enxofre da metilmercaptana (cujo quadro pode ser encontrado na Galeria 1), que vem de sulfetos voláteis liberados por bactérias. Estes sulfetos são oxidados pelo ozônio a sulfato, que é inodoro.

Felizmente, nenhum dos usos mencionados acima polui a baixa atmosfera.

Pesquisas sobre o efeito do ozônio em plantas e culturas vegetais mostram que a poluição por ozônio, na baixa atmosfera, é prejudicial às plantas, especialmente nas áreas rurais. O ozônio enfraquece as plantas, tornando-as mais vulneráveis a outros agentes estressantes, tais como insetos, fungos e geadas. Pesquisas nos EUA revelaram que níveis de ozônio de 50 ppb podem diminuir até seis vezes as safras de culturas vegetais, como o trigo, com um custo anual estimado para a agricultura dos EUA de US$ 3 bilhões. Não é difícil de se imaginar que mais alimento é perdido quando os níveis alcançam 250 ppb, como algumas vezes acontece.

Curiosamente, os níveis de ozônio nas cidades, onde existe a poluição causada pelos automóveis, são bem baixos. Mas esta é ainda a causa dos altos níveis de ozônio nas regiões rurais das proximidades, onde uma combinação de óxidos de nitrogênio, hidrocarbonetos e a forte luz solar do verão conspiram quimicamente para gerar o ozônio.

Como William S. Gilbert chamou a atenção, o ozônio nunca vai estar no lugar que desejamos, apesar de hoje querermos exatamente o oposto do que ele queria, que é menos aqui embaixo do que lá em cima. O buraco na camada de ozônio, que aparece sobre a Antártica toda a primavera, é preocupante, pois cada ano parece ficar maior e, se bem que este seja um fenômeno perfeitamente natural, acredita-se que sua expansão seja causada por gases que despejamos na atmosfera. A quantidade de ozônio é diminuída por átomos de cloro, sendo que, qualquer gás que contenha cloro e que possa sobreviver na atmosfera por um longo tempo, poderá se difundir para a camada de ozônio e lá liberar átomos de cloro, sob a intensa radiação ultravioleta do Sol. Cada átomo de cloro tem a capacidade de destruir milhões de moléculas de ozônio. Os clorofluorcarbonos, mais conhecidos como CFCs, qualificados como os principais agentes que danificam a camada de ozônio, foram usados por aproximadamente 30 anos em aerossóis e agentes refrigerantes, sendo fabricados em escala de milhões de toneladas. Severas medidas foram introduzidas e os níveis na atmosfera estão agora caindo, mas ainda levará muitos anos até que a ameaça à camada de ozônio desapareça.

◆ **Q U A D R O   5** ◆

Chuva ácida, vinhos de boa safra e batatas brancas
• dióxido de enxofre •

Respirar ozônio pode ser ruim, mas respirar dióxido de enxofre é pior. Em dezembro de 1952, o dióxido de enxofre matou 4.000 londrinos no pior *fog* de todos os tempos, que sufocou a cidade por cinco dias, finalmente se espalhando para cobrir uma área de milhares de quilômetros quadrados. Naqueles dias, todos os lares eram aquecidos queimando-se carvão e era de onde vinha o dióxido de enxofre.

O dióxido de enxofre é formado sempre que carvão é queimado, na indústria ou em usinas de força termoelétrica, sendo produzido nas cidades em menor escala, onde outros combustíveis são queimados. O planeta inteiro tem de conviver com o dióxido de enxofre, que emana das áreas industriais e é lançado por vulcões ativos. Ele se oxida no ar, dissolve-se nas gotas de água das nuvens e então cai na Terra como chuva ácida.

Mais de 300 milhões de toneladas de dióxido de enxofre são liberados na atmosfera terrestre todos os anos. Cerca de metade origina-se de vulcões e a outra metade dos combustíveis fósseis. Poderia ser pior, pois o gás dióxido de enxofre é produzido quando qualquer substância contendo enxofre queima. Felizmente, o enxofre no gás natural, e em uma larga extensão no petróleo, é removido antes de queimá-lo, porém, não é tão fácil remover o enxofre do carvão, a menos que ele seja primeiramente gaseificado, pelo tratamento com vapor e depois queimado. Algumas poucas fábricas capazes de fazer isto foram construídas, mas o procedimento mais comum é queimar o carvão e então remover o dióxido de enxofre dos gases efluentes.

Muitos países industrializados agora se comprometeram a reduzir as emissões de dióxido de enxofre em 70%, dos níveis de 1980, dentro de 25 anos. Alguns o estão fazendo notavelmente bem, tais como o Reino Unido, que já diminuiu a marca em mais da metade. O sucesso não se deve somente ao replanejamento das fábricas, mas também a um subproduto das mudanças industriais: a maioria dos países está caminhando constantemente em direção deste objetivo através da eliminação de antigas usinas de força termoelétricas ou removendo o dióxido de enxofre dos gases efluentes, borrifando-se água e neutralizando o ácido com cal hidratada, mas esta é uma resposta cara para o problema. Os EUA estão tentando reduzir o dióxido de enxofre usando uma estratégia diferente - fazendo o poluidor pagar. O objetivo da Agência de Proteção Ambiental dos EUA, Environmental Protection Agency (EPA) era diminuir, até o ano 2000, as emissões para menos de 10 milhões de toneladas por ano. Em abril de 1993, a EPA conduziu o primeiro leilão no qual eram vendidos os direitos de emitir dióxido de enxofre, a maioria dos quais foram comprados por usinas de força movidas a carvão, com um preço médio de US$ 150 por tonelada de dióxido de enxofre emitido.

Apesar das preocupações com a chuva ácida e seus efeitos nos lagos e vegetação, nas áreas próximas às indústrias que queimam carvão com alto conteúdo de enxofre, ela geralmente é muito benéfica às florestas e campos. Se isto é uma surpresa, deixe-me explicar um pouco mais. Em 1992, o Instituto Finlandês de Pesquisa de Florestas, em Helsinque, publicou um artigo intitulado "A Biomassa e a Reserva de Carvão das Florestas da Europa", na revista *Science* (volume 256, página 70, 1992). Ele divulgava as descobertas de Pekka Kauppi, Kari Mielikäinen e Kullervo Kuusela, que disseram que, contrariamente ao que geralmente se acreditava, as árvores da Europa não estão morrendo aos milhões, vítimas da chuva ácida, mas estão florescendo como nunca antes — respondendo à crescente quantidade de gás carbônico e dióxido de enxofre na atmosfera. As árvores são o primeiro sinal de que estamos testemunhando a tão esperada explosão verde, prevista por alguns cientistas. A atividade humana adiciona 25 bilhões de toneladas de gás carbônico anualmente à atmosfera, sendo que a maior parte do qual pode ser computada, mas seis bilhões de toneladas desaparecem sem deixar vestígios. Os cientistas finlandeses acreditam que o gás carbônico desaparecido está indo para as árvores e que as florestas da Europa são responsáveis por cerca de um décimo do consumo. Se todas as árvores do mundo se comportarem da mesma forma, crescendo cada vez mais, toda a massa desaparecida poderia ser explicada. O que as árvores da Europa estão fazendo é fincar raízes maiores e mais profundamente na terra, utilizando para isto o sulfato advindo da chuva ácida como fertilizante. A chuva ácida pode suprir mais de 4 g deste nutriente por metro quadrado por ano, o que é suficiente para estimular o crescimento no solo pobre em que muitas florestas crescem.

Uma outra qualidade do dióxido de enxofre é a de preservar nosso alimento, sendo considerado seguro, pois esta molécula naturalmente faz parte, embora transitoriamente, do metabolismo de nossos corpos. O dióxido de enxofre mata bactérias, é um bom antioxidante e previne o escurecimento dos alimentos. É usado em grande escala como um conservante, na forma gasosa ou como seus sais, os sulfitos de sódio, potássio e cálcio, que o dióxido de enxofre forma em solução. O dióxido de enxofre não é geralmente permitido em carnes, pois destrói a vitamina B1, mas há exceções, tais como salsichas e a iguaria escocesa *haggis*.* Ele é amplamente usado em frutas e vegetais, pois preserva as cores naturais - por exemplo, batatas sem casca permanecem brancas. Os fabricantes de produtos naturais, para aqueles que preferem provar alternativas vegetarianas aos hambúrgueres, os chamados vegebúrgueres, obtiveram aprovação do Ministério da Agricultura, Pesca e Alimento do Reino Unido para utilizar dióxido de enxofre como conservante.

Desde os dias do Império Romano, a sulfitação, como é conhecida, tem sido um método comum de preservar o vinho. O dióxido de enxofre era gerado pelo simples ato de queimar enxofre natural, o que era feito perto de tonéis, para que o suco de uva dentro deles pudesse absorver os vapores. Menos do que 100 partes por milhão de dióxido de enxofre são suficientes para impedir a multiplicação de leveduras indesejáveis, enquanto se permite que leveduras desejáveis cresçam. Quando as uvas são prensadas o suco fermentará espontaneamente, devido à ação de leveduras selvagens, na superfície da fruta. O dióxido de enxofre as suprime, podendo ser adicionada uma levedura cultivada para a fermentação. Estas leveduras podem sobreviver a altos níveis de dióxido de enxofre — na verdade, algumas até produzem-no. Produtores caseiros de cerveja e vinho usam o dióxido de enxofre na forma de tabletes de metabissulfito de sódio, que são também conhecidos como tabletes *campden*. Vinhos também podem, logo após o engarrafamento, ser tratados com mais sulfito, para prevenir uma fermentação adicional, o que pode requerer níveis tão altos quanto 350 mg por garrafa. A maioria do sulfito reage por fim com outros componentes no vinho e desaparece, mas alguns vinhos brancos jovens têm quantidades apreciáveis dele.

O principal centro de pesquisa do mundo que estuda os efeitos do dióxido de enxofre nos alimentos é liderado pelo Dr. Bronek Wedzicha, da Universidade de Leeds, Inglaterra. O livro de Wedzicha, *Chemistry of Sulfur Dioxide in Foods*, afirma que o dióxido de enxofre é o mais versátil aditivo disponível para alimentos e um dos mais seguros: ele controla toda forma de deterioração dos alimentos - por micróbios, oxidação e escurecimento. Aumenta até mesmo a vida da vitamina C. Segundo Wedzicha, há muitas maneiras pelas quais o dióxido de enxofre pode reagir com componentes de nossos alimentos, mas testes em ratos mostraram que os produtos são seguros. O gás dióxido de enxofre é facilmente reconhecido pelo seu odor sufocante, que irrita o nariz e os pulmões, podendo afetar seriamente algumas pessoas que são muito sensíveis a ele. Elas podem experimentar a mesma reação bebendo vinhos jovens. Cervejas e sidras também contêm dióxido de enxofre, mas geralmente muito pouco, não sendo notado pela maioria dos consumidores.

Contudo, o dióxido de enxofre é irritante, podendo afetar aqueles propensos à asma. O gás é algumas vezes utilizado para testar se o paciente tem esta doença, pois dispara uma resposta rápida dos mastócitos, por onde o ar passa. Estas células ficam soltas no tecido que circunda as veias, sendo encontradas especialmente nos pulmões e no trato digestivo. Os mastócitos têm grânulos contendo histaminas, que são liberadas em resposta ao dióxido de enxofre e outros agentes irritantes, o que dispara o ataque. Nos EUA, onde também há um amplo uso do dióxido de enxofre, algumas mortes foram supostamente atribuídas ao uso deste gás.

Apesar dos terríveis avisos daqueles que se opõem aos aditivos nos alimentos, o dióxido de enxofre pode ser considerado seguro, pois é um produto químico natural formado dentro de nossos corpos, durante o metabolismo de aminoácidos. Não apenas isto, mas temos um sistema de defesa

---

* *Estômago de carneiro recheado. (N.T.)*

seguro, que pode acabar com qualquer excesso de dióxido de enxofre, transformando-o no inócuo sulfato. A capacidade deste processo de detoxificação é tal que ele pode facilmente dar conta de qualquer dióxido de enxofre que consumirmos.

◆ QUADRO 6 ◆
Muito de uma boa toxina
• DDT •

O DDT era um demônio disfarçado. Na metade da Segunda Guerra Mundial ele apareceu como um sinal de esperança. Winston Churchill falou deste novo produto químico em uma cadeia de rádio, descrevendo-o como "um pó excelente... que produzia resultados espantosos e que seria usado em grande escala pelas forças britânicas na Birmânia". Em 1944, os Aliados tinham usado o DDT para interromper um surto de tifo na cidade recém-capturada de Nápoles.

O DDT foi desenvolvido para salvar um número estimado de 50 milhões de vidas. Em um mundo devastado pela guerra, esta era realmente uma boa notícia, mas até então, a molécula tinha sido um segredo militar, com o nome código de G4. O G4 soava como uma nova droga maravilhosa, mas era meramente o inseticida DDT, cujas iniciais vêm do nome dicloro-difenil-tricloroetano. Esta molécula foi primeiramente feita em 1874, por um estudante de química, Othmer Zeidler. Ele pegou o produto químico cloral, que era conhecido por sua rápida ação como indutor de sono (chamado "gotas nocaute" ou Mickey Finns) e o misturou com clorobenzeno, em ácido sulfúrico. O resultado foi um precipitado branco de cristais de DDT. Zeidler divulgou sua nova molécula e isto é tudo. Ninguém percebeu suas notáveis atividades inseticidas.

O DDT foi redescoberto em 1939, na empresa Geigy, na Suíça, por Paul Herman Möller, que estava pesquisando novos inseticidas. Ele testou o pó e ficou surpreso com a sua eficiência em matar todos os tipos de insetos, em doses bem baixas. Logo ele estava em produtos comerciais, sendo que nos 30 anos seguintes, mais de 3 milhões de toneladas de DDT foram fabricadas. Möller recebeu em 1948 o Prêmio Nobel de Medicina e Fisiologia, por sua contribuição à saúde humana.

O DDT mata um inseto pela interferência em suas células nervosas. A molécula bloqueia um canal da membrana celular, permitindo que átomos de sódio passem livremente, fazendo com que ocorra um estímulo contínuo até o inseto morrer de exaustão (nossas células nervosas não são afetadas desta forma). Este "excelente pó" estava destinado a salvar milhões de vidas, pela erradicação de insetos causadores de doenças, tais como piolhos, que causam tifo, pulgas, que causam a peste e mosquitos, que causam malária e febre amarela. O DDT também destrói pragas da agricultura, como o besouro da batata-do-colorado, sendo muito mais seguro do que os inseticidas então em uso, que eram baseados nos elementos venenosos arsênio, chumbo e mercúrio. Ainda hoje, muitas pessoas consideram o DDT como uma toxina igualmente perigosa.

Entretanto, na década de 1950 seu alcance era impressionante. Uma campanha para erradicar a malária da então colônia britânica do Ceilão (agora Sri Lanka), começou em 1948, quando ocorriam 2,5 milhões de casos desta doença anualmente. Todos os lares da ilha foram borrifados regularmente com DDT, fazendo com que, por volta de 1962, houvesse somente 31 casos divulgados — o flagelo desta doença ancestral tinha aparentemente desaparecido.

Nem todos aprovaram o uso do inseticida e, no mesmo ano, o livro de Rachel Carson, *Silent Spring*,* foi publicado. Este comovente livro passional tornou-se a bíblia do ambientalismo. Carson se referia ao DDT como o "elixir da morte". Dentro de poucos anos pessoas faziam pressão para que ele fosse banido, afirmando que estava matando a vida selvagem, especialmente pássaros, causando câncer em seres humanos e acumulando-se no ambiente, pois não era biodegradável. Além disso, químicos analíticos foram capazes de detectar este pesticida em pequenas quantidades, revelando que ele estava por toda parte: no solo, na água, em nossos alimentos e até mesmo em tecido humano.

Além das preocupações, havia ainda uma forte razão científica para banir este inseticida: o aparecimento de cepas de insetos resistentes ao DDT. Esses insetos produziam uma enzima que destoxificava o DDT, através da remoção de um átomo de cloro da molécula. Hoje há quase 500 espécies resistentes ao DDT — testemunhas caladas de seu uso excessivo. Ele é ainda empregado como inseticida em alguns países tropicais, como a Índia, apesar de restrito a 10.000 toneladas por ano. Os EUA baniram o DDT em 1972, como fizeram muitos outros países desenvolvidos. A pulverização dos lares no Sri Lanka cessou em 1964, mas dentro de cinco anos havia novamente 2,5 milhões de casos de malária na ilha.

No seu livro *Toxic Terror*, Elizabeth Whelan, presidente do Conselho Americano de Ciência e Saúde, debate os prós e contras do DDT e questiona a decisão de banir este inseticida barato e eficiente. Ela salienta que o DDT pode ter salvo mais vidas do que nenhum outro produto químico. Ela também contesta muitas concepções errôneas sobre ele e diz que não há evidências do estudo em seres humanos de que cause câncer.

A publicação original, de que o DDT era duradouro no meio ambiente, foi baseada na aplicação de uma quantidade dez vezes maior que a normal, no solo seco e no escuro. O DDT não degradou. Entretanto, no solo normal, o DDT é digerido por micróbios e sua atividade persiste por cerca de apenas duas semanas. Os micróbios também o desativam, removendo um átomo de cloro, acontecendo o mesmo na água do mar, onde 90% do DDT desaparece dentro de um mês. Contudo, o DDT acumula-se em seres humanos e na época em que foi banido, uma pessoa tinha em média 7 partes por milhão de DDT no seu corpo. Este vinha de sua dieta, pois a maior parte dos alimentos, na década de 1960, continha cerca de 0,2 ppm de inseticida. O DDT se concentra no tecido adiposo e é excretado lentamente; a meia-vida do DDT no corpo é de 16 semanas.

Tais níveis de DDT nunca foram prejudiciais para nossa saúde. A recomendação da Organização Mundial de Saúde para os níveis seguros de DDT é de 255 mg por ano — cerca de dez vezes a quantidade a que os consumidores foram expostos, quando o uso do DDT era máximo, no final da década de 1960. Sabemos de acidentes e tentativas de suicídio que pessoas podem beber um copo cheio de fluido inseticida, contendo cerca de 4.000 mg (4 g) de DDT, sem efeitos prejudiciais. A dose fatal para os seres humanos é de cerca de 30 g de DDT puro.

Curiosamente, algumas espécies de insetos podem tolerar doses ainda maiores de DDT. Uma delas é a abelha brasileira *Eufriesia purpurata*, que é encontrada na Amazônia. Estas abelhas procuram ativamente o DDT e coletam-no. Na verdade, algumas delas demonstraram conter acima de 4% de seus pesos como DDT, que seria equivalente a um ser

---

* *Edição brasileira:* Primavera silenciosa. *(N.T.)*

humano ter cerca de três gramas de inseticida em seu corpo. Para estas abelhas parece que o DDT é um atrativo sexual, o que não é talvez tão surpreendente, pois alguns feromônios são muito similares à molécula de DDT.

Então, o que deveríamos fazer com o DDT? Certamente, há pouco que possa ser feito para introduzi-lo novamente, mas há lições para serem aprendidas com a história. Talvez, possamos ainda permitir seu uso, em escala limitada, contra alguns poucos insetos que ainda não se tornaram imunes a ele, mas ele nunca será novamente usado tão livre e descuidadamente como foi nas décadas de 1940 e 1950.

◆ QUADRO 7 ◆
Vacas loucas e químicos mais loucos ainda
• diclorometano •

A encefalopatia espongiforme bovina, *bovine spongiform encephalopathy* (*BSE*), é comumente chamada doença da vaca louca. Ela apareceu no Reino Unido no meio da década de 1980 e quase destruiu a indústria de carnes, que era uma importante parte da economia. O que talvez seja mais assustador era o modo pelo qual esta doença tinha capacidade de saltar de uma espécie animal para outra: de ovelhas para vacas e de vacas para antílopes (o que aconteceu no Zoológico de Londres). Ela afeta gatos e finalmente os homens, onde aparece como uma forma da Doença de Creutzfeldt-Jakob em pessoas jovens. O que é ainda mais triste é que nada disso precisaria ter ocorrido, caso um simples solvente não fosse erroneamente suspeito de ser perigoso para o meio ambiente.

A BSE, assim como a doença *scrapie*, é uma doença degenerativa do cérebro. A *scrapie* apareceu nas ovelhas mais de duzentos anos atrás e pode muito bem existir há mais tempo. Quando os restos de uma ovelha abatida, incluindo os daquelas com *scrapie*, eram processados na forma de forragem para gado e ração para vacas, tornavam-se contaminados com uma nova doença. O agente patogênico causador da doença não é comum, como uma bactéria, vírus ou fungo: o causador é uma pequena proteína chamada prion, o que explica porque ela é diferente de outras doenças e porque pode saltar de uma espécie para outra.

O horror de uma doença deste tipo, encontrando uma população totalmente desprotegida, na qual pode causar grande tumulto, abriga-se na mente humana e amedronta a população. Pode ter acontecido no passado, o que explicaria como epidemias virulentas podem ter aparecido repentinamente e varrido boa parte da raça humana. A Peste Negra é a mais infame de tais doenças catastróficas. Na sua novela apocalíptica e anticientífica, *Ape and Essence*,[*] que se passa no ano de 2108 d.C., Aldous Huxley apresenta a visão de um futuro após o holocausto nuclear da Terceira Guerra Mundial. A raça humana está assolada por mutações genéticas e terríveis doenças causadas pela radiação:

"Mormo, meus amigos, mormo — uma doença de cavalos, que não é comum em seres

---
[*] *Edição brasileira:* O macaco e a essência. (*N.T.*)

humanos. Mas, não tenha medo, a Ciência pode facilmente torná-la universal..."

Huxley continua, descrevendo seus horríveis sintomas. O mormo é uma doença contagiosa que pode saltar a barreira das espécies, de cavalos infectados para seres humanos que os tocam, mas não é comum. Embora Huxley estivesse brincando com uma ameaça real, provou ser justificado com a BSE. Mas a tragédia com a BSE poderia nunca ter acontecido, se um útil produto químico não tivesse sido erroneamente condenado como inseguro e seu uso planejado, no processamento das carcaças dos abatedouros, não tivesse sido abandonado. O produto químico em questão é um solvente DIY comum,* que ainda é amplamente disponível e usado em restauradores de pincéis de pintura e removedores de tinta.

Os químicos britânicos descobriram que o solvente diclorometano (DCM) era ideal para extrair gordura das *"grieves"*, uma forma seca de restos de abatedouros, que é convertida em forragem para gado com alto conteúdo de proteína. As *"grieves"* são os restos descarnados do animal, aquecidos sob pressão, a 120° C, para se retirar a água, após o que é necessário remover sua gordura. Isto pode ser feito pelo tratamento com um solvente, sendo que os previamente usados foram o hexano, um solvente perigosamente inflamável e o tricloroetileno, que era mais seguro, mas que contaminava o produto, pois reagia quimicamente com parte da proteína.

Uma fábrica-piloto que usava DCM como solvente tinha sido construída, produzindo gordura de alta qualidade e ração para gado, ambos isentos do agente da BSE. Foram feitos planos para introduzir o novo processo no lugar dos antigos métodos, porém, antes que isto pudesse ser feito, um relatório da Environmental Protection Agency (EPA),* divulgou que o DCM causava câncer em camundongos. Confrontadas com esta alarmante descoberta, as firmas britânicas, que processavam restos de abatedouros, abandonaram o novo solvente, optando, ao invés disto, por um processo sem solvente. Este usava temperaturas mais baixas, ao redor de 80° C, para processar as *"grieves"*, que eram então prensadas para se extrair a gordura. Infelizmente, o agente da BSE sobreviveu ao novo tratamento e o gado começou a comer a forragem infectada.

O solvente DCM também foi atacado por outro lado. Ambientalistas o acusavam de danificar a atmosfera terrestre, pois, como os CFCs, contém átomos de cloro que diminuem a camada de ozônio.

As pesquisas têm mostrado desde então que o DCM não causa câncer em seres humanos, nem danifica a camada de ozônio, pois é rapidamente oxidado para formar produtos que são facilmente eliminados do ar pela chuva. Enquanto isso, o tempo todo o DCM continuou a ser o ingrediente ativo em solventes DIY para restauradores de pincéis de pintura e removedores de tinta. Ele tem uma notável capacidade de penetrar na superfície dura de filmes de tinta e descolá-los.

O DCM é também conhecido industrialmente pelo antigo nome de cloreto de metileno. É um líquido límpido, volátil, não inflamável e incolor, com um odor agradável. É constituído de uma molécula simples com dois átomos de hidrogênio e dois de cloro, ligados em um átomo de carbono. É utilizado industrialmente, em larga escala, para limpar a superfície de metais e para dissolver óleos, gorduras, ceras, resinas, borracha e piche, sendo essencial na fabricação de fios de viscose, filtros de cigarro e celofane, que são feitos a partir de soluções de acetato de celulose em DCM.

Abreviação britânica para "Do It Yourself": Faça você mesmo. (N.T.)

**Órgão do governo dos Estados Unidos que se preocupa com todas as formas de poluição do meio ambiente. (N.T.)*

A fábrica de produtos clorados da ICI, em Runcorn, Cheshire, é a maior produtora britânica de DCM, fabricando-o a partir de metanol. A produção mundial é de cerca de um milhão de toneladas por ano, com a ICI produzindo um quinto disto. O DCM foi primeiramente introduzido como uma alternativa mais segura ao éter – um líquido igualmente volátil, porém perigosamente inflamável, que era comum em hospitais e laboratórios até a década de 1960. Foi tentada a utilização do DCM como anestésico, mas não foi amplamente utilizado. Entretanto, provou ser muito popular de outras formas, sendo DCM ultrapuro utilizado extensivamente por indústrias farmacêuticas e de cosméticos.

Como todos os solventes voláteis, o DCM é cuidadosamente controlado. O nível considerado seguro no ar, em ambiente de trabalho, é de 100 ppm, bem abaixo do nível de 2.000 ppm, que causa dores de cabeça e vômito e do de 20.000 ppm que causará a morte. A maior parte do DCM que entra no corpo é expelida pela respiração, mas algum é convertido em monóxido de carbono, que pode afetar pessoas com problemas cardíacos. Espirrar DCM na pele pode causar ardência alarmante, mas os efeitos logo passam, caso a área afetada seja lavada com água, não havendo lesões permanentes.

O que impediu o uso do DCM, para se fazer forragem para gado, foi o anúncio de que ele causava o desenvolvimento de câncer em uma cepa particular de camundongos, que foram expostos a altos níveis de vapor de DCM. O que não é geralmente percebido é que estes camundongos são especialmente criados para se fazer testes, para serem sensíveis a produtos químicos causadores de câncer, como vimos na Galeria 1. Pesquisas com ratos e hamsters não mostraram aumento dos riscos de câncer e estudos epidemiológicos com 6.000 pessoas, que tinham trabalhado com o solvente por muitos anos, também mostraram não haver aumento da suscetibilidade.

O argumento que realmente decidiu que o DCM era inofensivo aos seres humanos foi o trabalho de Trevor Green, do Laboratório Toxicológico Central da Zeneca, em Macclesfield, Inglaterra. Ele pesquisou o DCM por dez anos e descobriu as razões da especial sensibilidade das cepas particulares de camundongos que eram afetadas por ele. Elas tinham altos níveis de uma enzima, a glutationa-s-transferase, no núcleo de cada célula, que pode ativar o DCM para formar um metabólito. Esse metabólito causa uma mutação no DNA da célula e dispara o câncer. Apesar de ratos, hamsters e seres humanos também terem esta enzima nos seus corpos, ela não é localizada no núcleo da célula e desta forma não age como carcinogênico.

Não há fontes naturais de DCM, afora pequenas quantidades que são lançadas em erupções vulcânicas, sendo que o nível atual atmosférico de 0,05 partes por bilhão pode ser atribuído quase inteiramente a atividade humana. Mesmo se mais for fabricado, este nível dificilmente subirá, pois o DCM é destruído pela luz e oxigênio, tendo um tempo de vida de somente nove meses no ar. Não é nenhuma ameaça à camada de ozônio, nem causa poluição fotoquímica sobre as cidades, tendo os cientistas do governo concluído que ele tem pouca influência no Efeito Estufa.

A antiga condenação do DCM como um poluente perigoso parece agora ter sido uma triste erro judicial. Na verdade, se ele não tivesse sido erroneamente considerado culpado, poderia ter prevenido a BSE e, desta forma, salvo não só a vida de milhões de vacas, mas de vários seres humanos.

QUADRO 8

Água, água, por toda parte
• H_2O •

A água tem fascinado os cientistas através do tempo. O antigo filósofo grego Tales pensava que a água era um elemento e assim foi considerada até 1774, quando Henry Cavendish, que encontramos no Quadro 3 desta exibição, mostrou que era um composto de hidrogênio e oxigênio. Desde então, ela se tornou um dos produtos químicos mais investigados, mas é ainda um dos mais intrigantes.

Poucas coisas poderiam ser mais simples do que a molécula de água, H_2O, consistindo em dois átomos de hidrogênio e um de oxigênio, em um arranjo em V. Entretanto, nada é tão complexo como a água em seu comportamento. Por exemplo, H_2O deveria ser um gás como a molécula irmã H_2S, ácido sulfídrico. Além disso, quando ela congela a 0° C, sua forma sólida, o gelo, flutua, ao invés de afundar. A água expande-se quando sua temperatura cai abaixo de 4° C, expandindo-se mais ainda quando se transforma em gelo. (Na Galeria 8 há um quadro do antimônio, um outro material que expande quando solidifica.) Esta expansão explica por que canos estouram quando congelam no inverno e por que cubos de gelo tilintam tão confortavelmente na superfície da maioria das bebidas, ao invés de irem para o fundo silenciosamente — apesar de este ser o lugar em que eles ficam caso a bebida seja constituída principalmente por álcool.

Nós deveríamos ser gratos porque o gelo flutua, pois se não fosse assim, não haveria quase nenhuma vida neste planeta. Se as águas nas quais a vida começou tivessem congelado no inverno, a vida teria se extinguido de uma vez. Porque a água congelada em cima protege, na verdade, a vida das criaturas em baixo do gelo. Somente uns poucos micróbios que podem viver no gelo sobreviveriam.

A razão pela qual a água é um líquido reside nos seus dois hidrogênios, que agem como um tipo de adesivo químico, aderindo uma molécula a outra, através de ligações de hidrogênio. No estado líquido da água essas ligações são feitas e quebradas continuamente, mas na forma de gelo elas ficam aprisionadas em uma estrutura aberta, como uma grande colméia de abelhas, com células moleculares. Essa estrutura é mais leve do que a água e, assim, o gelo flutua. Se ela congelasse em um sólido firmemente empacotado, o mundo seria um lugar muito diferente e o Pólo Norte seria um enorme sólido no fundo de um novo oceano.

Recentemente, químicos foram capazes de fazer a água comportar-se de modo estranho, transformando-a em água supercrítica, que é feita aquecendo-a bem acima do seu ponto de ebulição. Apesar de a água ferver a 100° C, isto só é rigorosamente verdadeiro ao nível do mar. No topo do Monte Everest a água ferve a cerca de 75° C, devido à reduzida pressão do ar. No fundo da mais profunda mina ela ferve alguns poucos graus acima de 100° C. Se continuarmos a aumentar a pressão, podemos aumentar a temperatura de ebulição até um valor máximo de 374° C, a uma pressão 220 vezes maior que a atmosférica. Acima desta temperatura crítica a água líquida não pode existir, não importa quanto a pressão aumente. Ela se torna um chamado fluido "supercrítico", no qual é um gás, mas com propriedades de um líquido.

Como tal, a água dissolverá quase qualquer coisa, mesmo óleos e, quando o faz, o volume do fluido pode repentinamente diminuir para a metade ou menos. Isto acontece porque a água supercrítica tende a empacotar firmemente ao redor de outras moléculas. Mais estranho ainda, materiais orgânicos "queimarão" nela — em outras palavras, serão quebrados em moléculas mais simples. O tratamento com água supercrítica tem sido sugerido como uma alternativa aos incineradores de descarte de dejetos de esgoto, que os dissolve, formando uma solução cristalina, inodora e sem germes.

Quando oxigênio é bombeado dentro de água supercrítica ela se torna um agente oxidante poderoso, capaz de quebrar alguns dos dejetos tóxicos mais resistentes. Pesquisadores dos EUA, no Laboratório Nacional de Los Alamos, Novo México, estão desenvolvendo um método para descartar combustível de foguete indesejável, explosivos e armas químicas. Produtos químicos reagem rápido na água supercrítica, com algumas reações acontecendo 100 vezes mais rápidas do que em condições normais. O problema com a água supercrítica é que ela é capaz de corroer lentamente quase qualquer metal, até mesmo ouro, sendo que o problema enfrentado pelos pesquisadores é descobrir um material, para os compartimentos sob pressão, que resista a ela.

Há outras maneiras de aumentar a atividade da água, além de aquecê-la sob pressão até tornar-se supercrítica. O ultrasom, cuja freqüência é muito alta para os seres humanos ouvirem, faz coisas notáveis com a água, criando minúsculas bolhas, dentro das quais a temperatura e a pressão são extremamente altas, por uma fração de segundo, após a qual a bolha colapsa. Em tais condições, uma molécula de água, dentro da bolha, clivará um de seus átomos de hidrogênio, formando o altamente reativo radical hidroxila. Este então reagirá com qualquer outra molécula que encontre; desta forma, materiais intratáveis ou perigosos, dissolvidos em água, podem ser eliminados. A sonoquímica, como é chamada, pode até mesmo eliminar CFCs, que são difíceis de serem descartados, pois foram planejados para serem não inflamáveis e quimicamente inertes. Este é o motivo pelo qual eles foram utilizados por mais de 40 anos em aerossóis, espumas isolantes e unidades de refrigeração. Um grupo de químicos japoneses, liderados por Yoshio Nagata, da Universidade de Osaka, demonstrou que os CFCs coletados para descarte de antigos refrigeradores e aparelhos de ar-condicionado, podem ser convertidos em produtos químicos simples, como dióxido de carbono e ácido clorídrico, simplesmente submetendo-os a uma rajada de ondas de som na água, a 20° C.

◆ QUADRO 9 ◆
Água pura e cristalina
• sulfato de alumínio •

Quando pegamos um copo de água da torneira queremos que ela pareça cristalina, ainda que as fontes naturais, das quais a água pública vem, possam ser turvas. Se bem que muita desta turbidez decantará, se a água ficar parada no reservatório, o consumidor quer que toda ela seja removida. Para fazer isso, a água tem de ser tratada com agentes de floculação, que fazem com que até as menores partículas se agrupem, podendo então ser filtradas.

Por mais de um século, engenheiros têm utilizado o sulfato de alumínio como agente floculante. Quando a água está suja com sedimentos e bactérias, pode-se fazê-la ficar cintilante e limpa pela adição uma pequena quantidade de cal hidratada (hidróxido de cálcio) e sulfato de alumínio. Esta combinação precipita hidróxido de alumínio sólido, que carrega impurezas para baixo ao afundar. O efeito da floculação e a insolubilidade do sulfato de alumínio é tal que acabam restando 0,05 ppm de alumínio dissolvido na água — bem abaixo dos 0,2 ppm sugeridos para a água potável. Surpreendentemente, a floculação também pode remover o excesso de alumínio que possa estar presente naturalmente. Que a quantidade de alumínio restante na água seja diminuta é uma questão de segurança, pois havia o receio no passado de que o alumínio pudesse exacerbar, no organismo humano, uma enfermidade do cérebro conhecida como mal de Alzheimer. Este temor era fundamentado nos sintomas da doença, mas esta é uma outra estória. Quando este quadro foi pintado, acreditava-se que o alumínio era altamente perigoso.

Nosso quadro é pintado contra uma paisagem de uma pequena comunidade na Cornualha, Inglaterra, onde, em 1988, a água dos habitantes da vila de Camelford ficou, repentinamente, com níveis de alumínio dissolvido muito altos. Em 6 de julho daquele ano, um motorista chegou na estação local de tratamento de água com um tanque contendo 20 toneladas de uma solução ácida concentrada de sulfato de alumínio. Por engano ele não descarregou o conteúdo no tanque de armazenamento, mas diretamente no principal. Dentro de horas, os habitantes de Camelford estavam reclamando com a companhia de água, que já havia descoberto o erro e que, imediatamente, trocou a água. Isto descarregou uma solução de sulfato de alumínio dentro do rio Camel nas proximidades, matando rapidamente 50.000 peixes.

O alumínio não é bem-vindo na nossa água potável, certamente não nos níveis de 600 ppm, que os habitantes de Camelford recolheram em suas torneiras. Mas poderia o alumínio afetar seriamente nossa saúde?

O alumínio é o elemento metálico mais abundante na crosta da Terra, encontrado nas rochas em combinação com oxigênio e silício, tais como o granito e no solo, especialmente na argila. Apesar de requerer uma grande quantidade de energia para extraí-lo do minério prateado que o contém, a bauxita, o esforço é justificado. Uma vez extraído, pode ser usado indefinidamente, com apenas um pequeno gasto extra de energia e, hoje em dia, uma grande porcentagem de alumínio é reciclado.

Provavelmente usamos o alumínio de mais maneiras do que qualquer outro metal. Aeronaves, navios, contêineres, latas de cerveja, carros e cabos são feitos dele. Nos lares ele é encontrado na moldura das janelas, papel alumínio, panelas e canecas. O alumínio é leve e forte, podendo resistir à corrosão, pois se forma um filme de óxido de alumínio na sua superfície que é resistente e impenetrável. Podemos usar óxido de alumínio impuro na joalheria, como rubis, safiras e topázios. O óxido puro é branco, mas impurezas metálicas dão cor a ele. Consumimos sais de alumínio em nossa alimentação ou, em doses elevadas, como hidróxido de alumínio em tabletes para má digestão.

O sulfato de alumínio é produzido em escala de milhões de toneladas para o uso na indústria de papel e tratamento de água. É um pó branco e estável, feito de hidróxido de alumínio e ácido sulfúrico, que dissolve rapidamente na água, sendo que um litro pode conter 350 g. Na verdade, ele é tão solúvel que é transportado principalmente como uma solução concentrada, forma na qual chegou naquele dia fatídico em Camelford.

Por séculos as pessoas têm usado o sal misto de sulfato de potássio e alumínio, conhecido como alumina ou alumina potássica, de muitas formas: como mordente no tingimento, agente de escurecimento, endurecedor de cimento, aditivo em alimentos e, até mesmo, como adstringente para estancar sangramentos. Ninguém suspeitava que o alumínio pudesse ser prejudicial à saúde. Então, em 1970, médicos descobriram que o alumínio poderia apresentar um sério problema para a saúde, quando a demência da diálise foi diagnosticada. Pacientes em máquinas de diálise para os rins sofriam de progressiva degeneração do cérebro e estavam morrendo. A causa foi por fim atribuída a altos níveis de alumínio, que vinha em parte dos altos volumes de água requeridos para a diálise e, em parte, das peças de alumínio nas máquinas.

Então, outra ligação com degeneração cerebral foi descoberta. Naqueles que morreram do mal de Alzheimer, que também é um caso de demência progressiva, foram encontrados depósitos anormais em seus cérebros, chamados placas senis, cuja análise mostrou que continham silicatos de alumínio. Por um momento, o alumínio foi considerado a causa do mal de Alzheimer, mas os depósitos são agora vistos como provavelmente mais um dos sintomas da doença. Se você ainda está preocupado com o alumínio da sua alimentação, então deveria ler o livro do Dr. John T. Hughes, chamado *Aluminium and your Health*. Hughes foi um neuropatologista do Hospital Oxford e da Universidade de Oxford por muitos anos e, no final do livro, ele nos garante que: "Tendo estudado o mal de Alzheimer por muitos anos, estou convencido de que o alumínio não desempenha nenhum papel na sua causa".

Não podemos evitar o alumínio, pois ele é muito abundante, e é surpreendente que ele não tenha nenhum papel metabólico. O alumínio que ingerimos normalmente passa direto por nós, sendo que qualquer quantia que fique nos nossos corpos é rapidamente excretada. No entanto, o alumínio pode ligar-se a uma molécula das células sanguíneas, chamada transferrina, que é usada para carregar metais essenciais no corpo, sendo este o modo como ele entra no cérebro.

Uma pessoa ingere cerca de 6 mg de alumínio por dia (cerca de 2 g por ano). A quantidade depende do tipo de comida que comemos, se a cozinhamos em panelas de alumínio, se sofremos de má digestão e se preferimos chá a café. Por exemplo, queijo processado contém um bocado, quase 700 ppm de alumínio. Bolos e biscoitos podem ser feitos com o agente suavizante fosfato de sódio e alumínio, sendo o silicato de sódio e alumínio adicionado em alimentos em pó para deixá-los livres e soltos.

O alumínio que conseguimos dos alimentos, através das panelas, é pouco, mesmo se cozinharmos ruibarbo. O ácido oxálico que ele contém tem um curioso efeito limpante, como vimos na Galeria 1.

Ele deixa as panelas quase como novas, pois dissolve a camada superficial de óxido de alumínio, um truque que nossas avós conheciam. O alumínio tem uma afinidade especial com o ácido oxálico e por ácidos de frutas, tais como o ácido cítrico e esta combinação faz com que seja mais fácil para o alumínio ser absorvido pelo corpo. Ainda assim, a quantidade de alumínio extraída pelo ruibarbo é muito baixa. Cozinhar em panelas de alumínio adiciona geralmente cerca de 1 ppm ao alimento, não o bastante para nos preocupar.

O chá pode ser a principal fonte de alumínio na dieta de um apreciador desta bebida. As plantas de chá absorvem alumínio do solo. Na verdade, o sulfato de potássio e alumínio é utilizado como fertilizante em plantações de chá. Uma xícara contém em média cerca de 4 ppm de alumínio, que é 20 vezes o nível recomendado, sendo que, aqueles que bebem chá forte, podem estar ingerindo uma solução de 10 ppm de alumínio.

Apesar de por muitos anos haver uma certa preocupação sobre o alumínio na dieta, parece agora que este metal é relativamente inofensivo. Podemos consumir em um único dia a quantidade que consumiríamos em um ano, caso tomemos seis pastilhas para indigestão de hidróxido de alumínio. Um copo contendo a água de Camelford teria fornecido, à pessoa que o tomasse, tanto alumínio quanto meia pastilha para má digestão.

Pode haver outros metais mais preocupantes à espreita em um copo de água, motivo pelo qual as fontes de águas públicas são regularmente analisadas para ver se eles não excedem os níveis legais máximos, que são aqueles geralmente fixados pela Organização Mundial de Saúde — veja na tabela a seguir.

Padrões de água potável

Diretrizes de 1993 da Organização Mundial de Saúde (OMS), dos níveis máximos aceitáveis de substâncias inorgânicas dissolvidas na água potável. Estes valores são dados em miligrama por litro (ppm).

Antimônio	0,005	Fluoreto	1,5
Arsênio	0,01	Manganês	0,5
Bário	0,7	Mercúrio	0,001
Berílio	n.d.*	Molibdênio	0,07
Boro	0,3	Níquel	0,02
Cádmio	0,003	Nitrato	50
Chumbo	0,01	Nitrito	3
Cianeto	0,07	Selênio	0,01
Cobre	2	Tálio	n.d.**
Cromo	0,05	Urânio	n.d.***

* De acordo com a OMS, não há dados adequados, nos quais os valores possam ser baseados, mas a Environmental Protection Agency (EPA), fixa um valor de 0,001.
** Não listado pela OMS, mas a EPA fixa um valor de 0,002.
*** Sem dados adequados nos quais os valores possam se basear e os órgãos de proteção ambiental da Europa ou dos EUA não estipulam um valor. (n.d. = não disponíveis)

CAMINHANDO PARA O NADA

Em exposição, as moléculas que nos transportam

- ◆ Combustíveis fósseis
- ◆ Fazendo sua própria gasolina
- ◆ Transformando carvão em gasolina
- ◆ Campos de ouro
- ◆ Limpo e frio
- ◆ Sob pressão
- ◆ Tornando as ruas seguras
- ◆ Uma pitada de mágica vermelha
- ◆ Poupem as árvores
- ◆ *Boom!* Você não está morto!

Os raios do Sol e os movimentos da Lua e da Terra fornecem energia em abundância. A luz do Sol é absorvida pelas plantas na terra e algas no mar e é usada para converter dióxido de carbono em carboidratos com alto conteúdo energético que, por sua vez, transformam-se em óleos. Juntos eles são responsáveis pela maior parte da energia em forma de alimento para animais como nós mesmos. Podemos também colher plantas e árvores e queimá-las para liberar esta energia na forma de calor. A luz solar que incide sobre a Terra ou nos telhados das construções pode também ser aproveitada usando painéis solares, aquecendo água ou gerando eletricidade. A luz solar que incide sobre os oceanos leva à evaporação de água, a qual se precipita sobre a terra, podendo ser também usada para gerar energia hidroelétrica.

A Terra por si só é um vasto reservatório de calor, abaixo da crosta, mas este não é tão facilmente utilizado — apesar de, em algumas partes do mundo, como na Nova Zelândia, a energia hidrotermal ser uma importante fonte de força. Nós podemos extrair energia dos efeitos da rotação diária da Terra, parte através das variações climáticas que esta produz, usando moinhos de vento e, possivelmente, através da subida e descida dos níveis do mar, usando barreiras contra a maré e a força das ondas. Estas fontes de energia limpa poderiam ser capazes de fornecer todo o combustível e eletricidade para uma população humana sustentável de vários bilhões de pessoas, desde que fizéssemos a maioria dos nossos deslocamentos a pé ou de bicicleta.

Quanta energia estas fontes naturais renováveis podem realmente gerar é discutível, mas temos meios de utilizá-las.

Assim, elas podem suprir comida e energia suficiente para uma população mundial de dois ou três bilhões mantendo o nível de conforto ao qual nós agora estamos acostumados. Poderia até ser possível para a maioria das famílias ter um carro, desde que se contentassem em usá-lo somente uns poucos milhares de quilômetros por ano. O problema é que já existem seis bilhões de seres humanos e as previsões são de que este número alcance dez bilhões até a metade do século XXI. A maioria deles desejará sem dúvida possuir um carro.

◆ Q U A D R O 1 ◆
Combustíveis fósseis
• carbono •

Até que a população humana diminua, não temos opção a não ser recorrer às vastas reservas de combustíveis nucleares e fósseis com os quais este planeta é dotado. Nenhuma fonte é inesgotável, é claro, mas durarão um longo tempo. Combustíveis fósseis foram acumulados durante centenas de milhões de anos, mas parece que eles acabarão um dia, apesar do fato de que cada ano as reservas conhecidas ficam maiores. Elas são vastas, mas limitadas, o que não nos agrada. As reservas disponíveis levadas em conta são aquelas que são economicamente acessíveis — em outras palavras, baratas para se extrair. As reservas menos acessíveis economicamente são também exploráveis, mas requerem técnicas mais sofisticadas para alcançá-las.

Visto que somos tão dependentes dos combustíveis fósseis, e parece que ainda permanecerá assim por um longo tempo, precisamos saber quanto carbono há escondido na crosta terrestre e quanto dele podemos usar. Isto soa como algo quase impossível de se saber, mas um pouco de conhecimento químico nos dará a resposta — ou, ao menos, *uma* resposta.

Podemos calcular grosseiramente quanto combustível fóssil existe, se olharmos para o montante de oxigênio na atmosfera. Toda molécula de oxigênio (O_2) foi produzida de uma molécula de dióxido de carbono (CO_2) e o carbono, que foi deixado para trás, deve estar em algum lugar - geralmente no carvão, óleo ou gás. Há também o xisto betuminoso, cuja quantidade é vasta. Carbono, nos seus estados reduzidos, existe na forma de gás natural (que é metano, CH_4), óleo (que é aproximadamente CH_2) ou carvão (que tem o mínimo de hidrogênio entre todos e é praticamente CH). Quando carbono reduzido é oxidado pela queima, grandes quantidades de energia são liberadas e o carbono retorna à atmosfera na sua forma oxidada, dióxido de carbono (CO_2).

Carbono pode existir em uma variedade de "estados", dependendo de quantas ligações químicas ele forma com o oxigênio ou hidrogênio. Quanto mais oxigênio ele tem, mais oxidado ele está; quanto mais hidrogênio, mais reduzido. E, quanto mais reduzido o carbono está, mais energia é liberada quando ele queima e é convertido para sua forma oxidada, CO_2.

Divida 100 toneladas de dióxido de carbono em seus elementos constituintes e você terá 73 toneladas de gás oxigênio e 27 toneladas de carbono. Você pode calcular isto sabendo que a molécula de CO_2 tem um peso total de 44 unidades, feita de 12 partes de carbono e 32 partes de oxigênio. Há 1.000 trilhões de toneladas de oxigênio da atmosfera da Terra e todo ele é originário do CO_2, através do processo de fotossíntese (da ação da luz solar sobre as plantas). Podemos calcular que este montante de oxigênio deve ter vindo de 1.375 trilhões de toneladas de dióxido de carbono e que a diferença de 375 trilhões de toneladas deve ser carbono que está em algum lugar da crosta terrestre.

Quanto deste carbono nós utilizamos cada ano? A resposta é: uma surpreendente pequena fração de somente 0,007 trilhão de toneladas. Isto é o mesmo que dizer 7 bilhões de toneladas, que é calculada a cada ano pela adição conjunta da quantidade de carbono no gás natural, óleo e carvão que é usado. Você pode ver que, a esta velocidade, demorará mais de 50.000 anos para esgotá-lo. Isto, naturalmente, não podemos nunca fazer, pois, dessa forma, todo oxigênio na atmosfera retornaria a CO_2 e todos os animais seriam extintos. Os seres humanos teriam de desistir de queimar combustíveis fósseis muito antes disto, porque a vida se tornaria desagradável se a quantidade de oxigênio no ar caísse muito abaixo de seu nível atual de 21%. Se ele caísse a 17% nós respiraríamos com dificuldade e, abaixo disto, morreríamos, como vimos na Galeria 6. Mesmo assim, um milênio sem queima de combustível fóssil poderia abaixar a quantidade de oxigênio da atmosfera — assumindo que poderíamos usar o oxigênio mais rápido do que as plantas poderiam repô-lo, que elas poderiam facilmente fazer, usando a grande quantidade de dióxido de carbono que forneceríamos para seu contínuo crescimento.

Dado que desejamos evitar danos irreparáveis ao nosso planeta, devemos planejar o uso da energia tão eficientemente quanto possível. É aí que os químicos entram em ação. Eles não podem resolver o problema da quantidade de pessoas — que é uma questão religiosa, cultural e ética — apesar de poderem ajudar aqueles que querem desfrutar do sexo, mas não querem ter filhos. O que os químicos podem fazer é melhorar o aproveitamento da energia, projetando materiais melhores para veículos mais leves e melhores isolantes para construções. Podem fazer com que as pessoas utilizem mais fontes renováveis, encontrando melhores materiais para painéis solares e melhores métodos de cultivo de plantas com alto conteúdo energético. Enquanto isso, podemos tentar conseguir a máxima quantidade de energia dos combustíveis fósseis que extraímos da Terra. Mas quanta energia nós usamos? Quanta energia podemos realmente conseguir do petróleo, combustíveis fósseis que usamos rotineiramente, principalmente no nosso transporte?

Um barril de petróleo cru transforma-se em gasolina para carros, querosene para aviões, óleo diesel para veículos pesados, lubrificantes para máquinas e asfalto para estradas e telhados. Cerca de 10% é também transformado em produtos petroquímicos e estes são utilizados na produção de uma miríade de produtos, alguns dos quais vimos na Galeria 5. O refinamento de todos estes produtos requer cerca de 5% do petróleo no barril, para ser queimado e gerar a energia necessária para processar os outros 95%. Como o petróleo será transformado depende de sua origem, da eficiência da companhia que o extrai, das necessidades econômicas, do país que o refina e da demanda dos consumidores. Este é o complexo mundo da economia. O da química é um pouco mais fácil de se entender.

Podemos classificar os combustíveis de carbono e suas aplicações em termos de quantos átomos de carbono uma molécula contém. O mais simples dos hidrocarbonetos é o metano (gás natural) com um átomo de carbono (C_1), seguido pelo etano com dois (C_2), então o propano (C_3), butano (C_4), pentano (C_5), hexano (C_6) e assim por diante. Estas moléculas e aquelas com mais carbonos nesta série são conhecidas como alcanos. Os hidrocarbonetos na gasolina são principalmente C_{5-8}, o querosene é C_{9-14}, o diesel é C_{14-19}, a aguarrás (o mesmo que terebintina, produzida a partir do óleo de uma árvore[*]) é praticamente C_{10}; parafina líquida é C_{20-25} e óleos lubrificantes são C_{30-45}. Quando os alcanos ficam maiores eles tornam-se menos voláteis e, desta forma, menos perigosos.

Quando óleo é aquecido, os componentes mais voláteis — aqueles com os menores números de átomos de carbono — saem primeiro. Estes são principalmente os hidrocarbonetos leves propano e butano.

---

[*] *A árvore em questão é o pinheiro*, Pinus palustris Mill. *(N.T.)*

Estes gases são liquefeitos para facilitar o transporte, sendo o gás liquefeito de petróleo (chamado de GLP) embarcado e usado em todo o mundo.

Aumentando a temperatura do óleo, os hidrocarbonetos líquidos são destilados: primeiramente a gasolina, que corresponde por até 40% do barril, então vem o querosene, que é usado principalmente como combustível na aviação e, finalmente, óleo diesel para caminhões e, cada vez mais, carros familiares.

Para extrair outros produtos o óleo tem de ser aquecido sob vácuo. Os produtos que não podem ser separados neste estágio podem ser processados através da quebra catalítica, que os converte nas frações anteriores, economicamente mais atrativas. Aquecendo ainda mais o óleo, acabam restando somente o betume e óleos lubrificantes no fundo do barril.

Quanto mais convertemos um barril de óleo nas frações mais leves, melhor. Ainda assim, a fração de óleo que sobra no barril, o betume, é necessário, apesar de este responder por somente 2%. Nós normalmente pensamos no betume apenas como um piche preto grudento, mas ele esconde uma longa história de desenvolvimento. A maior parte do betume é usada para fazer asfalto para estradas, juntando-se pedras aos agregados: areia e aparas. Apesar de o betume responder por somente 6% do asfalto, ele é a chave para se conseguir uma boa mistura. Através da mistura cuidadosa e do uso de aditivos, é possível produzir emulsões de betume que podem ser aplicadas frias sobre a superfície da estrada, betumes polímero-modificados, extremamente resistentes e duráveis, ou mesmo betumes mais claros, que podem ser coloridos, deixando demarcações permanentes na estrada ou caminhos e calçadas mais atrativos. Estradas modernas são menos barulhentas e menos escorregadias em condições úmidas, quando o chamado "asfalto uivante" ou "asfalto pipoca" as recobre. Esse asfalto tem uma textura mais aberta, levando a um menor ruído dos pneus e uma melhor drenagem da água. Em alguns países este é o único tipo de asfalto que agora é permitido.

As estradas têm de se adequar não somente aos critérios ambientais, diminuindo a poluição sonora e usando resíduos industriais como agregados para asfalto, mas também às regiões com diferenças climáticas extremas. É possível modificar o betume, pela adição de polímeros do tipo poliestireno, aumentando, com isto, suas características de adesão e "autoconserto". Esta melhoria na elasticidade, flexibilidade e resistência à quebra, fazem deste tipo de asfalto o ideal para a cobertura de telhados.

Os combustíveis fósseis podem ser produto finalizado para a indústria, mas e quanto aos consumidores que os usam? Quanta energia uma pessoa normal consome? O *BP Statistical Review of World Energy* calcula um total mundial de consumo, de todos os tipos de energia, como 95.000 bilhões de quilowatts-hora (kWh) por ano, que dividido pela população mundial de 5,5 bilhões dá um total de 17.000 kWh por pessoa por ano. Obviamente, há muitas pessoas no mundo que vêem apenas uma minúscula fração desta energia e muitos que consomem o dobro ou o triplo desta quantia. Esta média é equivalente a dois quilowatts por pessoa por hora, dia e noite, o ano inteiro.

Uma outra forma de encarar o uso da energia é considerando uma típica casa de família. Admitamos que a família viva em um clima temperado, em uma casa com seis cômodos (três quartos) e também possua um carro familiar. Pode ser atípico no mundo em geral, mas é, aproximadamente, o que a maioria das famílias desejam e o que muitas já alcançaram. Nós todos vivemos em lares com eficiência variada; nem todos nós temos carros, embora esta situação mude rapidamente. Na América do Norte há 50 carros para cada 100 pessoas, na Austrália há 45, na Europa há cerca de 40 e no Japão, 30. A média mundial é de 10, com países como a Índia e a China com menos do que 1. Devemos esperar que haja um carro para cada seis pessoas, em um mundo onde a população seja estável e uma família normal consista em dois adultos, duas crianças e dois idosos. Esta média de 17 carros para cada 100 pessoas ainda significaria muitos milhões de carros para a população mundial atual.

Seja o que for que as pessoas desejem, podemos contudo calcular a energia que nossa família típica poderia usar. Os dados da tabela a seguir são medidos em quilowatt-hora (kWh), durante um ano inteiro e são baseados nas informações publicadas pela companhia de óleo Shell e pelo UK´s Department of the Environment and Central Office of Information.[**]

Energia usada por uma família típica, em uma economia em desenvolvimento

Energia usada	kWh	Energia %	Custo %
Aquecimento (gás)	13.000	45	18,5
Água quente (gás)	4.500	16	6,5
Carro (gasolina)	8.500	30	56
Cozinhar (eletricidade)	1.000	3	7
Refrigeração (eletricidade)	600	2	4
Lavadora de pratos (eletricidade)	500	2	3,5
Iluminação (eletricidade)	250	1	2
Lavadora/secadora (eletricidade)	200	0,5	1,5
TV, etc. (eletricidade)	150	0,5	1
Total	28.700	100	100

A tabela preocupa-se somente com a energia sobre a qual nós, como indivíduos, temos controle em nossas casas e carros (o imposto sobre a gasolina explica o alto custo de se ter um carro na maioria dos países). Ela não inclui a enorme quantidade de energia usada no trabalho, espaços e transportes públicos, tráfego aéreo e caminhões. Seria difícil viver sem aquecimento e água quente, mas o uso do carro familiar é algo que poderíamos muito bem reconsiderar mais seriamente.

[*] *Órgão do governo britânico que se responsabiliza pelo meio ambiente e dados estatísticos. (N.T.)*

Talvez nosso caso de amor para com o motor de um carro nunca acabe. É fácil se apaixonar por eles, que oferecem alguns prazeres sedutores. Os carros nos dão mobilidade, em um ambiente confortável que nos protege e podem ainda entreter-nos com música ou rádio. Algum dia este caso de amor tem de acabar, a menos que possamos desenvolver fontes de energia sustentáveis, para substituir aquelas derivadas de combustíveis fósseis, que atualmente abastecem 95% dos veículos do mundo. Podemos também estudar quais são estes prováveis combustíveis alternativos e como eles poderiam ser processados como fontes renováveis de energia.

Há mais de 600 milhões de carros no mundo, precisando de combustível líquido para acionar seus motores. A maioria utiliza gasolina e um crescente número está sendo produzido para rodar com óleo diesel. Poderia o combustível para movimentá-los vir de fontes renováveis e será possível encontrar um que, diferente dos combustíveis atuais, não polua a atmosfera?

Hidrocarbonetos líquidos são excelentes combustíveis e são usados em carros, caminhões e aviões. Eles liberam muita energia quando queimados – aproximadamente 33.000 kJ por litro (consomem-se cerca de 400 kJ para ferver um litro de água). Seja lá pelo que os substituamos, este novo combustível deve conter muita energia. Os principais concorrentes, vindos de fontes renováveis, os biocombustíveis, são o etanol, o metanol e o éster metílico de colza (Quadro 4).

"Biocombustível" é um termo geral dado a combustíveis que são considerados sustentáveis, pois as matérias-primas podem ser cultivadas. Algumas culturas dão rendimentos particularmente altos de óleos, assim como a planta geônico (*Euphorbia lathyris*), cuja seiva é um látex branco leitoso. Em teoria, ela poderia ser usada como matéria-prima para a indústria de óleo. A árvore brasileira copaíba (*Copaifera langsdorfii*) tem uma seiva que pode ser colocada diretamente no tanque de combustível de um veículo com motor a diesel. Nenhuma planta ainda foi desenvolvida como fonte de combustível, mas será possível um dia, através da engenharia genética, aumentar a produção de óleo pelas árvores e, ainda mesmo, fazê-las resistir a climas temperados, de forma que cada jardim poderá ter uma árvore gotejando lentamente biocombustível para o carro a diesel da família.

Muito mais provável será a produção industrial de combustíveis que nós já conhecemos. Então, quanta energia podemos conseguir dos combustíveis conhecidos? A tabela a seguir lista alguns que já estão em uso e outros que são prováveis candidatos para o futuro. A informação foi extraída do livro *Macmillan's Chemical and Physical Data* (1992). Os dados da tabela referem-se a kJ de energia por quilograma de combustível, preferível do que por litro, devido à inclusão de combustíveis gasosos e líquidos. O que é importante sobre os combustíveis é a energia liberada pela queima. Quanto maior ela é, melhor, pois um carro terá de carregar menos peso na forma de combustível, o que significa que ele poderá andar mais com o tanque cheio. Alguns dos combustíveis listados na tabela são gases, mas a tecnologia para usá-los já está disponível. Se olharmos para os combustíveis que contêm oxigênio na molécula, como etanol e metanol, ficará claro, pois eles já estão parcialmente oxidados, que eles liberarão menos energia por litro.

Há um outro fator para ser levado em conta quando se considera a troca de um combustível por outro: a segurança para usá-lo. Estamos familiarizados com o uso da gasolina e há surpreendentemente poucos

A energia dos combustíveis.	
	kJ/kg
Gás hidrogênio	143.000
Gás metano	56.000
Gasolina, querosene, diesel	48.000
Éster metílico de colza	ca. 45.000
Etanol	30.000
Metanol	23.000

acidentes quando se enche o tanque de um carro, ainda que ela seja altamente inflamável e por isso potencialmente perigosa, especialmente se o tanque for rompido em um acidente. Se um combustível alternativo não possuir perigos adicionais, então não precisamos ter objeções contra seu uso.

O metanol é mais seguro que a gasolina em termos de inflamabilidade, entretanto, se bem que ele seja mais seguro no caso de um acidente automotivo, é prejudicial ao motor. Mais ainda, o metanol é tóxico e, assim, representa um risco para a saúde. O etanol parece oferecer a melhor combinação de conveniência e segurança entre todos os combustíveis líquidos. O biodiesel não apresenta dificuldades adicionais. Gases liquefeitos, por outro lado, podem apresentar novos tipos de riscos, especialmente durante o reabastecimento, que tem de ser feito muito mais freqüentemente que a gasolina.

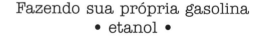

◆ Q U A D R O   2 ◆

Fazendo sua própria gasolina
• etanol •

O biocombustível que obteve o maior sucesso é o etanol, popularmente conhecido como álcool etílico ou apenas álcool. O etanol é bom como combustível alternativo para carros, em detrimento da sua desvantagem, em relação à gasolina, de produzir energia. Um litro de etanol libera 24.000 kJ de energia quando queimado, comparado com os 33.000 kJ que podem ser liberados pela queima de um hidrocarboneto como a gasolina.

No Brasil, Zimbábue e nos Estados Unidos uma grande quantidade de biocombustível etanol é produzido da cana-de-açúcar e do excesso de grãos. Os brasileiros viram o etanol como um caminho para superar o crescente aumento do custo de importação de óleo nas décadas de 1970 e 80 e, apesar de eles agora terem suas próprias fontes nativas de combustíveis fósseis, continuam ainda a produzir cerca de 12 bilhões de litros de etanol por ano. O Brasil ainda tem milhões de carros rodando com etanol, enquanto milhões de outros usam uma mistura de 20% etanol e 80% gasolina. O etanol responde por mais de 20% do combustível utilizado para o transporte no Brasil, apesar de ter caído do pico de 28%, em 1989. O custo do etanol não é mais competitivo, apesar dos esforços dos fazendeiros, que aumentaram a produção de cana-de-açúcar em 20%, para 77 toneladas por hectare e dos usineiros, que impulsionam a produção de álcool com métodos melhorados de fermentação e destilação. O etanol é ainda popular, pois ele ainda tem outras vantagens, fazendo parte dos chamados combustíveis oxigenados, o que significa que ele produz menos poluição quando queimado. O etanol possibilitou ao Brasil ser um dos primeiros países a eliminar a gasolina com chumbo, abaixar os níveis de monóxido de carbono no ar de suas cidades e banir a poluição fotoquímica causada pela combustão incompleta de hidrocarbonetos. Isto pode ser visto em São Paulo, com seus 15 milhões de habitantes, onde o ar é relativamente limpo.*

Os Estados Unidos produzem mais de 3,5 bilhões de litros de etanol por ano, pela fermentação do amido advindo do excedente de milho e outros grãos, planejando dobrar este número até o ano 2000. Eles também usarão o etanol na reformulação da composição da gasolina, para cidades onde a poluição é um problema. Os países onde não cresce cana-de-açúcar, podem produzir beterraba, que é quase tão boa para a produção de etanol. Assim, em teoria, o etanol pode ser produzido como um combustível renovável na maioria dos países do mundo.

Poderiam então os países ocidentais produzir etanol suficiente para garantir, digamos, um carro por família? A resposta parece ser sim. O carro de uma família típica percorre cerca de 13 km por litro, consumindo cada ano em torno de 1.250 litros de gasolina, que poderiam ser substituídos por 1.730 litros de etanol. As necessidades para uma cidade com, digamos, um milhão de carros seriam de 1.730 milhões de litros. Nas redondezas da cidade precisariam ser plantados cerca de 45.000 hectares de cana-de-açúcar ou beterraba, para suprir sua necessidade de combustível, cobrindo uma área aproximadamente igual à metade do tamanho da própria cidade. Se a cidade tivesse um raio de 10 km, então seria preciso uma faixa de terra em torno de 6 km circundando-a, para a produção do etanol que ela necessitaria. Certamente, pode ser feito.

---

* Na verdade, o que o autor quer dizer é que o quadro deveria ser bem pior, levando-se em consideração este número. (N.T.)

QUADRO 3

Transformando carvão em gasolina
• metanol •

O metanol era costumeiramente feito pelo simples aquecimento, em uma retorta, de raspas de madeira e, por esta razão, é chamado álcool de madeira. Seu outro nome é álcool metílico. Hoje em dia o metanol é feito a partir de gás d'água,* que é o gás que se forma quando vapor de água reage com carbono, na forma de coque, carvão ou hidrocarbonetos, como óleo ou gás natural. O gás d'água pode ser transformado em metanol, usando um catalisador de óxido de zinco/óxido de cromo. O metanol, por sua vez, pode ser convertido em gasolina passando seus vapores através de catalisadores feitos de zeólitas, que são silicatos de alumínio com grandes cavidades abertas. O metanol se difunde para dentro destas cavidades e sai como gasolina.

O gás d'água inicia uma nova e mais limpa era para o carvão e os resíduos de óleo. Transformá-los em gás d'água significa que poderiam ser queimados, fornecendo energia elétrica sem emissão de dióxido de enxofre e outros gases poluentes. Em Buggemun, na Holanda, localiza-se a maior fábrica do mundo de gaseificação de carvão, que transforma 2.000 toneladas por dia de carvão em gás d'água, gerando 250 megawatts de força. O gás eluente é purificado com filtros de cerâmica, que removem qualquer material particulado, enquanto o resíduo é transformado em material para a produção de asfalto.

A conversão de carvão em óleo começou com o processo de Fischer-Tropsch na Alemanha, na década de 1920. O gás d'água do carvão era passado por suportes contendo catalisadores de ferro ou cobalto com promotores, sendo depois convertidos em hidrocarbonetos líquidos mais úteis. A tecnologia permitia que carvão de qualidade ruim fosse transformado em gasolina, diesel e combustível de avião, abastecendo o Terceiro Reich com 600.000 toneladas de combustível líquido por ano, durante a Segunda Guerra Mundial. Em 1944, as fábricas de produção foram maciçamente bombardeadas, em um ataque conjunto contra os suprimentos de combustíveis da Alemanha. A produção virtualmente cessou, interrompendo o fornecimento de combustível de aviação para a Luftwaffe, o que acelerou o fim da guerra na Europa.

A tecnologia Fischer-Tropsch também auxiliou a economia sul-africana nos anos 70 e 80, quando seus suprimentos foram cortados durante o embargo mundial contra a segregação racial.

Atualmente a tecnologia Fischer-Tropsch está em operação na fábrica de Bintulu, em Sarawak, na Malásia, onde são produzidos hidrocarbonetos de alta pureza, livres de compostos de enxofre e nitrogênio que aumentam a poluição do ar, quando queimados.

O gás d'água também pode ser transformado em metanol, que é um líquido que ferve a 65°C, podendo ser usado, por si só, como combustível em motores de carros. Na verdade, é o combustível escolhido pelos pilotos na famosa 500 Milhas de Indianápolis, devido à sua combustão limpa e, diferentemente da gasolina, não produzindo uma bola de fogo caso o tanque de combustível se rompa em um acidente.

A demanda mundial por metanol excede agora 20 milhões de toneladas por ano, a maioria do qual é adicionada à gasolina, que tem cerca de 5% de metanol em sua formulação. Alternativamente, o metanol é usado para fazer o éter metil *tercio-butílico* (*methyl tercio-buthyl ether*, MTBE), que de forma crescente vem sendo adicionado à gasolina para reduzir a poluição, pois torna a combustão da gasolina mais limpa. O combustível com MTBE adicionado é chamado oxigenado.

---

* *Em inglês é chamado de gás de síntese, "synthesis gas" ou "syngas". (N.T.)*

Quando a gasolina queima no motor do carro, nem toda ela é transformada em dióxido de carbono e água. A combustão incompleta produz poluentes, tais como outros hidrocarbonetos e monóxidos de carbono. Estes poluentes, pela ação da luz solar, formam outros poluentes ainda mais desagradáveis. Para combater isso, o Governo dos Estados Unidos aprovou em 1990 a Emenda de Lei do Ar Limpo, que decretou que combustíveis oxigenados devem ser usados em certas épocas do ano. Todo inverno, 29 cidades dos EUA passam a usar gasolina contendo 15% de MTBE. Mais de seis bilhões de litros de MTBE são produzidos cada ano com este propósito e a produção continua crescendo.

O MTBE também tem seus opositores. Alguns dizem que ele aumenta o nível de outros poluentes, tais como o formaldeído, na exaustão de gases, enquanto outros acusam-no de ele próprio ser um risco para a saúde, causando dores de cabeça, tontura, irritação nos olhos e náusea. Porém, estes efeitos não foram comprovados através de estudos comparativos com trabalhadores de postos de serviço e estações de bombeamento de petróleo no norte de Nova Jérsei, onde o MTBE é usado e no sul de Nova Jérsei, onde o MTBE não é usado. Uma publicação de 1966 do Conselho Nacional de Pesquisa dos EUA também mostrou que não havia fundamentação no que se referia sobre a segurança de aditivos da gasolina. Não havia diferença nos sintomas ou queixas entre os dois grupos. O odor desagradável do MTBE é, supostamente, a causa das reclamações. Testes extensivos com roedores mostraram que este produto químico pode ser tolerado em altos níveis e que qualquer quantidade absorvida pelo corpo é rapidamente convertida em álcool *tercio*-butílico e eliminada na urina.

O metanol parece desempenhar um papel crescente como aditivo em combustíveis, sobretudo como MTBE. Em teoria, seria possível gerar metanol de fontes renováveis, como carvão de madeira, que poderia ser a fonte de carbono para se fazer gás d'água. O metanol pode também ser usado de maneira ainda mais limpa em células de combustível para gerar eletricidade para um carro elétrico, porém esta tecnologia ainda deve ser aprimorada.

◆ QUADRO 4 ◆

Campos de ouro
• éster metílico de colza •

Os desenhos dos brilhantes campos amarelos em muitos países proclamam a popularidade da semente de colza, uma planta que tem um dos maiores rendimentos de óleo vegetal e que pode crescer em quase qualquer lugar. Na Europa a colza cresce tanto ao sul, no Mediterrâneo, quanto ao norte, na Escócia. A colza é a cultura ideal para ser plantada pelos agricultores entre fileiras de culturas de cereais, visando interromper o espalhamento de doenças.

A colza é um membro da família da mostarda. Seu nome científico é *Brassica napus** e o nome em inglês vem de rapa, palavra latina para nabo — a variedade cultivada devido ao seu grande caule comestível. No hemisfério norte a colza é cultivada tanto no inverno, em setembro, quanto na primavera, no começo de março, sendo colhida no começo e no final de junho, respectivamente. A colza plantada no inverno rende cerca de quatro toneladas de sementes por hectare e a de primavera três toneladas. Uma tonelada (1.000 kg) de semente de colza produz cerca de 320 kg de óleo quando prensada, porém a maior parte da planta torna-se um bolo prensado rico

---

* A espécie cultivada no Brasil com finalidade exclusivamente alimentícia é a Brassica campestris. O seu nome popular vem de kohlzaad, do flamengo ou colza, *diretamente do francês*. (N.T.)

em proteínas e usado como alimento para animais. Todavia, ela pode causar disfunções da tireóide, devido aos altos níveis de compostos chamados glucosinolatos.

O óleo de semente de colza foi economicamente muito importante durante 400 anos, desde que foi desenvolvida como um híbrido entre a abóbora e o nabo. Em 1572, o Parlamento inglês aprovou uma lei para encorajar o desenvolvimento de uma cultura local produtora de óleo "igual aos óleos estrangeiros e da Espanha". No fim do século seguinte, havia uma próspera indústria de óleo de colza, produzindo óleo para lâmpadas e comida para alimentar o gado. Essa indústria continuou por mais de 200 anos até a introdução do óleo de baleia, primeiramente e, depois, do combustível fóssil, no final do século dezenove, fazendo com que ela declinasse rapidamente.

A demanda pelos produtos do óleo de colza, que eram usados em certas indústrias, passou a ser suprida pela China e a Índia, onde ainda existiam grandes plantações. As duas guerras mundiais do século vinte aumentaram novamente a demanda por óleo de colza, particularmente como lubrificante para embarcações. Hoje ela floresce novamente — como uma nova variedade.

A colza original contém um ácido graxo conhecido como ácido erúcico. Esse ácido tem 22 átomos de carbono na sua cadeia e tornou-se um sério assunto de saúde nos anos de 1970, quando uma pesquisa realizada na Holanda e no Canadá mostrou que uma dieta rica em ácido erúcico causava excesso de depósitos de gordura no músculo do coração de jovens mamíferos. Conseqüentemente, agrônomos selecionaram sementes que tivessem baixos índices de ácido erúcico e produziram uma variedade de colza, conhecida como canola, que não só apresenta baixos níveis de ácido erúcico, mas também baixos níveis de ácidos graxos saturados. Na China e na Índia o óleo de semente de colza, com altos níveis de ácido erúcico, é ainda largamente disponível e utilizado.

O ácido erúcico era o óleo que foi retratado no angustiante filme *O Óleo de Lorenzo*, sobre o empenho de uma mulher para salvar a vida de seu filho, usando um tratamento que envolvia alimentá-lo com altas doses de ácido erúcico. Este tinha de ser obtido de uma companhia britânica, chamada Croda, que processava o óleo de colza e era capaz de extrair e purificar o ácido para o tratamento de Lorenzo.

A colza é uma fonte valiosa de óleo comestível, mas poderia também ser uma fonte renovável de hidrocarbonetos para a indústria de produtos químicos. Antigamente, o óleo de colza era usado na produção de componentes para plásticos, borracha sintética, sabão e lubrificantes, ou era queimado como óleo para aquecimento.

Óleos vegetais (e gorduras animais) são moléculas chamadas triaciglicerídeos. Eles consistem em três longas cadeias de ácidos graxos conectadas à pequena molécula de glicerina. O óleo de semente de colza pode ser queimado, em motores a diesel, sem maiores modificações, mas os motores tendem a travar com os compostos de glicerina, após alguns dias. Se o óleo é quebrado em seus ácidos graxos, pelo aquecimento com soda e estes são tratados com metanol, a 50° C, a glicerina sedimenta e o biodiesel pode ser separado. O biodiesel é mais corretamente chamado de RME, que é a abreviação inglesa para o éster metílico de colza, *rape methyl ester*.

Na Europa, o RME é feito pela firma italiana Novamont, que o fornece para o transporte público em 17 cidades italianas, para táxis em Berlim e Bolonha e para a balsa do Lago de Como, no norte da Itália. Na Áustria, o RME é vendido em 100 postos de abastecimento e vários milhares de hectares de colza são cultivados para abastecê-los. Fábricas de RME são planejadas ou estão sendo construídas em vários países europeus, e no ano 2000 pode haver a produção de 500.000 toneladas de RME por ano. O custo do RME sem taxas é quase o mesmo do diesel taxado. Mesmo se taxado, o RME poderia ainda ser preferido para ônibus e táxis em cidades com tráfego intenso, pois, diferente do diesel, ele não emite dióxido de enxofre e produz menos elementos particulados.

A maioria do óleo de semente de colza provavelmente continuará a ser usada para consumo humano. Atualmente, 90% do óleo é utilizado em alimentos, particularmente margarina, seguido pelas gorduras para cozinhar, biscoitos, torradas, sopas, sorvete e confeitos. Os usuários industriais que utilizam os 10% remanescentes, são companhias farmacêuticas, que fazem cultura de bactérias sobre ele, e a indústria de produtos químicos que usa-o para sacos de plástico e filmes de plástico para vedação.

O óleo de semente de colza cultivado para fins alimentícios tem ácidos graxos que são 6% saturados, 64% monoinsaturado e 30% poliinsaturados. Diz-se que uma cadeia é saturada quando cada um de seus átomos de carbono tem 2 hidrogênios ligados. Se os átomos de hidrogênio de carbonos adjacentes são retirados, diz-se que a cadeia tem uma ligação insaturada. Se a cadeia tem uma dessas ligações é chamada monoinsaturada e se ela tem duas ou mais ligações ela é chamada poliinsaturada. Alguns nutricionistas reivindicam que gorduras monoinsaturadas são mais saudáveis e, desta forma, o óleo de colza tem uma alta pontuação — quase tão alta quanto o óleo de oliva, que é 77% monoinsaturado. O óleo de semente de colza pode conter pequenas quantidades de ácido erúcico, que é também monoinsaturado, mas dá ao óleo um gosto desagradável se há muito dele. As variedades mais antigas de *Brassica napus* continham até 50% deste ácido mas o cruzamento selecionado levou às variedades que agora cultivamos, que têm menos do que 1% de ácido erúcico. Existe um movimento para reintroduzir as variedades mais antigas, pois o ácido erúcico tem mercado com a indústria de produtos químicos, sendo que a cultura deste tipo de colza poderia crescer em fazendas que não mais necessitassem do cultivo da variedade utilizada para alimentação. A variedade não alimentícia poderia ser tratada com metanol para produzir RME, para motores a diesel.

Em teoria, qualquer gordura animal ou vegetal poderia ser também transformada em biodiesel; há alguns anos isto foi proposto como um meio de se acabar com o sebo indesejável das ovelhas da Nova Zelândia. Os ônibus que servem o aeroporto de Logan, em Boston, Massachusetts, têm queimado um combustível que contém 20% de restos de gordura animal e vegetal coletados na cidade.

Algas podem também fazer óleo e, dadas as condições ideais, podem dobrar de número cinco vezes em um dia. Não apenas isto, mas algumas algas convertem mais do que a metade de suas massas em óleo, podendo crescer bem em água poluída — e mesmo em água mais salgada que a do mar. Em um clima ensolarado, um tanque com superfície de 10.000 m^2 (um hectare) poderia produzir 120 toneladas de alga por ano, mais do que o dobro da biomassa produzida em uma cultura como a de semente de colza ou de cana-de-açúcar. Paul Roessler, do Solar Energy Research Institute (SERI), em Golden, Colorado, afirma que um tanque assim poderia produzir quase 100.000 litros de combustível por ano. Novamente, estes óleos seriam convertidos aos seus ésteres metílicos. O SERI está investigando as algas diatomáceas *Chaetoceros* e *Navicula* e a alga verde *Monoraphidium*, como possíveis candidatas para se produzir combustível de algas.

Enquanto isso, estudos no Instituto de Pesquisa para Agrobiologia e Fertilidade do Solo, na Holanda, têm mostrado que seria possível aumentar a produção de óleo de semente de colza de 2,5 toneladas por hectare para mais de 5 toneladas, pela combinação de florescimento prematuro, amadurecimento tardio e aglomeração das vagens. Estas características já estão presentes em diversas variedades de colza, porém, agora elas precisam ser reunidas na mesma planta.

O problema com todos os biocombustíveis é que eles tendem a esconder custos adicionais; em outras palavras, podemos produzir um litro de etanol, metanol ou RME e assumir que só há ganhos em termos de energia. Mas não é. Uma grande quantidade de outros tipos de energia foi consumida para produzi-lo. As culturas precisam ser plantadas, fertilizadas, protegidas, colhidas e processadas, antes de termos um combustível utilizável, sendo que todas estas etapas gastam energia. Na verdade, calcula-se que para produzir um litro de RME, cerca de um litro de combustível fóssil tem de ser consumido. Certamente, o esforço para produzir biocombustíveis seria inútil se este fosse o caso, mas há modos, através dos quais as plantas podem ser produzidas, sem a necessidade de combustíveis fósseis. Talvez fosse necessária somente uma pequena quantidade inicial de eletricidade, que poderia ser gerada por uma usina hidroelétrica, mas, para construí-la, teriam de ser produzidas grandes quantidades de cimento e, isto também, requer uma grande participação dos combustíveis fósseis.

Algum dia, nossos descendentes terão de achar modos de viver sem os combustíveis fósseis, desta forma estes problemas terão de ser solucionados. Enquanto isso, seria melhor se olhássemos mais atentamente para outras moléculas, que poderiam ser obtidas de fontes renováveis.

◆ QUADRO 5 ◆
Limpo e frio
• hidrogênio •

James Dewar (1842-1923) inventou a garrafa térmica, a qual associamos com sua capacidade de manter aquecidas bebidas quentes. Mas Dewar usou-a para manter líquidos muito frios ainda frios. Foi graças ao seu recipiente prateado de vidro, com sua camada de vácuo, que, em 1898, ele foi capaz de liquefazer o *gás hidrogênio* pela primeira vez e, no ano seguinte, produzir hidrogênio sólido. O hidrogênio funde a −259° C e ferve a −253° C. É o mais leve entre todos os gases e foi feito primeiramente em 1766, por Henry Cavendish, através da reação de metais com ácidos. (Encontramos este homem notável anteriormente na Galeria 6.)

Ao longo de sua história, o hidrogênio tem se ligado com os meios de transporte – mas sempre de maneiras impraticáveis. O mesmo acontece hoje. O gás hidrogênio foi usado primeiramente por Henri Griffard, para levantar uma aeronave em Paris em 1852, mas foi no começo do século 20 que os chamados "dirigíveis" tiveram uma curta mas espetacular carreira. Eles foram usados para bombardear Londres e Paris na Primeira Guerra Mundial e para transportar passageiros através do Atlântico, na década de 1920 e 1930, até o espetacular desastre com o *Hindenburg* em Nova York, em 1937, quando esta aeronave explodiu, enquanto pousava, com a perda de muitas vidas.

Mais recentemente, o hidrogênio tem sido proposto como um combustível para carros e a Daimler-Benz Aerospace Airbus está desenvolvendo um avião movido a hidrogênio. O problema com o hidrogênio é armazená-lo, pois ele ocupa muito espaço quando está na forma gasosa. Um quilograma de gás ocupa um espaço de 11 m^3, que são 11.000 litros. Condensado em hidrogênio líquido, entretanto, ele ocupa somente 14 litros, proporcionando três vezes mais energia do que o mesmo volume de gasolina. A tecnologia para produzir hidrogênio líquido já existe e é necessária para manusear a enorme quantidade requerida pelo programa aeroespacial dos EUA, que utiliza estradas e tanques movidos por trens para movimentar 75.000 litros por vez. Um tanque de armazenamento em Cabo Canaveral comporta mais de três milhões de litros de hidrogênio líquido.

Há planos para fornecer hidrogênio como combustível domiciliar, uma vez que os recursos de gás natural (metano) esgotam-se. Pelo fato de o hidrogênio ser um gás mais leve do que o metano, ele requer um volume três vezes maior para fornecer a mesma quantidade de calor. Há benefícios ambientais que diminuem esta desvantagem: quando queima, o hidrogênio produz somente vapor de água. Um dia haverá uma "economia do hidrogênio", na qual este gás será bombeado para nossas casas para aquecer, cozinhar e, talvez, para reabastecer o carro da família.

Carros a hidrogênio têm sido demonstrados no Japão. Uma equipe de cientistas, liderados por Shoichi Furuhama, do Instituto Tecnológico de Musashi, trabalhou em um carro a hidrogênio por mais de 20 anos e, em 1992, o carro completou seu teste, percorrendo 300 km com um tanque cheio com 100 litros de hidrogênio líquido. O combustível é mantido dentro de uma versão da garrafa térmica de Dewar feita de aço inoxidável. O carro de Musashi é um modelo esportivo Nissan Fairlady Z, em cujo motor, a diesel, foi adaptada uma vela de ignição especial, de forma que ela inicie a combustão de gás hidrogênio sob 100 atmosferas de pressão. A BMW, na Baviera, em 1996, tinha 6 carros a hidrogênio na estrada e é uma líder mundial neste campo. A companhia espera começar a comercializar carros a hidrogênio em 2010 e, em 2025, cerca de 2% dos carros rodarão com este combustível. Postos de abastecimento operados por robôs serão desenvolvidos para reabastecer um carro com hidrogênio líquido, sendo possível fazê-lo em três minutos com perda zero de combustível. (No abastecimento de um carro normal perde-se cerca de 2% de combustível.)

Atualmente o hidrogênio custa três vezes mais que o petróleo e o carro, por si só, custará cerca de duas vezes mais, em todo caso. O hidrogênio líquido é carregado em um tanque de combustível cilíndrico de 120 litros, sob pressão cinco vezes maior do que a atmosférica e mantido resfriado por 70 finas camadas de folhas de alumínio isolantes e fibra de vidro, que enchem um espaço de 3 cm entre o tanque e a parte de fora do recipiente. Um tanque cheio pesa cerca de 60 kg e é suficiente para possibilitar que um carro de passageiros mediano rode 400 km. Os perigos não são maiores do que aqueles com um carro a gasolina, mas a distância percorrida é somente cerca da metade da percorrida com o mesmo peso de gasolina.

Uma das fontes de hidrogênio para a Europa poderia ser o Canadá. Lá, o Projeto Piloto Hidro-Hidrogênio Euro-Quebec tem mostrado que a energia hidroelétrica barata do rio São Lourenço, poderia produzir este gás em grande escala, podendo ser transportado através do Atlântico por tanques de 200 m de comprimento, com capacidade de levar 15.000 m^3 (15 milhões de litros) de hidrogênio líquido.

Mas o hidrogênio, como combustível, não precisa ser carregado na forma líquida: ele pode ser absorvido e armazenado em certas ligas metálicas. A Mazda construiu um carro movido a hidrogênio, que foi exibido na Tokyo Motor Show, em 1991, e que armazenava seu combustível desta maneira. Ligas de titânio e ferro ou magnésio e níquel podem absorver o equivalente ao seu próprio volume de hidrogênio líquido e liberá-lo assim que necessário. Dentro da liga o hidrogênio não é queimado, mas usado para gerar eletricidade em uma célula de combustível, onde o hidrogênio libera seus elétrons para produzir uma corrente elétrica e, então, combiná-los com oxigênio para formar água.

Infelizmente, o armazenamento de hidrogênio em ligas é cercado de dificuldades. Bombear o hidrogênio para dentro e para fora da liga faz com que o metal se quebre, reduzindo-se a poeira após algum tempo e, se traços de umidade entram em contato com o tanque de armazenamento, sua capacidade é bastante reduzida. Problemas como estes e o alto custo do hidrogênio, fazem com que ele seja impraticável como combustível para carros e é provável que carros movidos a hidrogênio jamais sejam populares.

Se algum dia houver uma economia baseada no hidrogênio, ela certamente precisará de muito gás. O hidrogênio já é produzido em grande escala pela indústria de produtos químicos e é transportado por dutos por centenas de quilômetros na Europa e nos EUA. Ele é utilizado de muitas formas, mas a maioria é usada na fabricação de amônia, peróxido de hidrogênio (água oxigenada) e margarina. Uma grande quantidade de gás hidrogênio é gerada como produto secundário da fabricação de hidróxido de sódio (soda cáustica). Este gás é queimado para gerar eletricidade, bombeado para outras companhias para, por exemplo, fazer peróxido de hidrogênio ou vendido em lotes menores em cilindros de alta pressão. Um caminhão lotado com quarenta toneladas de cilindros de gás demonstra a dificuldade econômica do hidrogênio, pois, na verdade, ele transporta menos do que meia tonelada de gás, o que é uma mera fração da energia contida em um único carregamento de petróleo.

A produção mundial de hidrogênio é cerca de 350 bilhões de metros cúbicos por ano, que é em torno de 30 milhões de toneladas. Há duas fontes naturais: água (H_2O) e hidrocarbonetos como o metano (CH_4). Há também uma estimativa de 130 milhões de toneladas de hidrogênio na atmosfera da Terra, porém ele está muito diluído para ser extraído e, com o tempo, perde-se lentamente para o espaço.

O hidrogênio é liberado da água pela passagem de corrente elétrica por ela (eletrólise), mas este não é um processo economicamente rentável, apesar dos vários melhoramentos na eficiência, como a eletrólise de vapor d'água dentro dos poros de um eletrodo de óxido de zircônio. Usar a eletricidade excedente, de usinas hidroelétricas à noite, para gerar hidrogênio seria uma maneira de fazer com que este gás ficasse mais barato.

Uma outra maneira de gerar hidrogênio renovável é fazer gás de água de carvão renovável, mas este processo produz uma mistura de gás hidrogênio e monóxido de carbono que, preferivelmente, é convertido no combustível alternativo metanol, como já vimos. Um terceiro método, que ainda é uma novidade científica, é usar a luz solar para decompor a água nos seus gases componentes, oxigênio e hidrogênio. Foi descoberto vinte anos atrás que dióxido de titânio em pó, "dopado" com platina metálica, poderia fazer isto, mas a quantidade de hidrogênio produzida era muito pequena. Kazuhiro Sayama e Hironori Arakawa, do Laboratório Nacional de Química para a Indústria, em Iaraki, Japão, mostraram que o rendimento poderia ser aumentado significativamente pela adição de carbonato de sódio à água, mas mesmo assim estamos muito distantes de viabilizar economicamente a geração de hidrogênio pela luz solar.

Finalmente, há algumas bactérias, que vivem em fontes termais, que são capazes de produzir hidrogênio. Em 1996, um grupo de cientistas do Laboratório Nacional Oak Ridge, no Tennessee, mostraram que a enzima glicose desidrogenase do *Thermoplasma acidophilum*, que foi descoberta em restos de carvão fumegante de fundidoras e a enzima hidrogenase do

Pyrococcus furiosus, que vem de respiros vulcânicos, localizados no fundo do Pacífico, eram capazes de juntas gerarem gás hidrogênio de moléculas de glicose, convertendo-as a ácido glucônico. Ambas as enzimas são resistentes ao calor e, assim, podem trabalhar a altas temperaturas, tornando o processo mais rápido. Dada a grande quantidade de celulose produzida como biomassa cada ano e visto que a celulose é um polímero de glicose, pode ser que um dia seja possível fazer hidrogênio de madeira e papel usado, utilizando tais enzimas.

♦ QUADRO 6 ♦
Sob pressão
• metano •

O etanol, o metanol, o RME e o hidrogênio oferecem possíveis fontes sustentáveis de energia, que poderiam movimentar nossos carros. Estes combustíveis não foram suficientes para suprir a quantia de que necessitamos, mas há outras fontes que podemos utilizar, assim como o lixo. Uma grande quantidade de energia pode ser obtida queimando-se o lixo municipal, como combustível, em incineradores.

Mehdi Taghiei, da Universidade de Kentucky, estima que os EUA poderiam gerar 80 milhões de barris de petróleo de seu lixo plástico a cada ano e mostrou que, misturar com tetralina, um hidrocarboneto com alto ponto de ebulição, e aquecer sob pressão de gás hidrogênio, a 450° C, por uma hora, converterá 90% do plástico em um óleo claro que, diferente de óleo cru, é livre de enxofre e, por isso, mais fácil de refinar. Outras companhias químicas encontraram métodos melhores de fazer isto, usando um leito de areia quente fluidizada, que pode transformar todos os tipos de plástico, incluindo PVC, em hidrocarbonetos úteis para reciclagem.

O calor e a pressão podem converter a celulose de serragem e jornais em óleo, em um processo similar ao que produziu combustível fóssil a partir da antiga vegetação enterrada na crosta da Terra. Quando o esgoto é digerido na ausência de ar, produz-se gás metano que é usado na Europa como combustível para gerar eletricidade. Mas, este processo só é economicamente viável quando subsidiado. O metano poderia também ser transformado em gás de água e, então, em metanol. O esgoto por si só pode também ser transformado diretamente em óleo, um processo que se mostrou factível em 1987 pelos laboratórios Battelle Pacific Northwest, nos EUA. Neste processo, o lodo de esgoto é alcalinizado e aquecido sob pressão, convertendo o material orgânico em óleo cru, água e dióxido de carbono.

Melhor do que tentar converter dejetos em combustíveis líquidos, seria permitir que eles fossem processados por micróbios produtores de metano, como acontece em velhos aterros. O metano que sai de tanques contendo dejetos apodrecidos e esgoto, poderia ser coletado e até mesmo usado para movimentar carros. Atualmente, já existem carros rodando com o metano de gás natural. Esse metano pode ser armazenado e usado como GNC (gás natural comprimido) e GNL (gás natural líquido), que já estão em uso como combustível para transporte, fornecidos em cilindros. No mundo todo, meio milhão de veículos rodam com GNC, principalmente na Itália, Canadá e Nova Zelândia. Converter um carro para usar GNC é fácil, porque, como a gasolina, ele queima bem em motores com ignição elétrica, mas o tanque de combustível é grande e pesado, diminuindo o espaço para bagagem e a distância rodada com um tanque cheio.

O metano é também uma fonte renovável, é o principal subproduto do esgoto e, na verdade, a única matéria orgânica que se decompõe sob a influência de bactérias anaeróbicas. O metano pode ser extraído do material em decomposição do lixo orgânico. Ambas as fontes poderiam ser usadas para produzir GNC, após tratamento, que poderia ser necessário, devido à baixa qualidade do gás emanado, que sai misturado com dióxido de carbono e nitrogênio, gases estes sem valor energético. AInda que o metano possa ser separado e vendido como GNC, é muito mais fácil apenas queimar o gás efluente para produzir calor ou movimentar turbinas para gerar eletricidade.

Antes que usemos GNC ou GNL em grande escala, devemos estar certos de que podemos lidar com estes combustíveis seguramente. A tecnologia para manuseá-los é altamente sofisticada e segura, mas não devemos nunca esquecer que eles podem ser perigosos, como todos os hidrocarbonetos voláteis. A história mostrou ser este o caso em diversas ocasiões. Um desastre particularmente espetacular aconteceu em Guadalajara, a segunda maior cidade do México, em 22 de abril de 1992, quando uma série de 20 explosões sucessivas, nos dutos de esgoto, derrubou construções e matou 194 pessoas. Moradores reclamaram do cheiro de gasolina saindo dos dutos no dia anterior ao acidente, mas nenhuma providência foi tomada. Dirigentes da empresa petrolífera estatal, a Pemex, culparam um vazamento de um alcano, hexano (um hidrocarboneto), de uma fábrica local de óleo para cozinha, enquanto outros supunham que toneladas de gasolina causaram o acidente.

Na verdade, são necessários somente 65 miligramas de vapor de um alcano em um litro de ar para causar uma explosão. O conteúdo de um único tambor de 250 litros teria sido capaz de explodir um quilômetro de dutos de esgoto com dois metros de diâmetro. As explosões repetidas podem ser explicadas como o comportamento de uma mistura de ar e vapor combustível, fazendo com que o gás queimasse ao longo do duto, se a quantidade de hidrocarboneto fosse baixa, mas explodisse toda vez que a chama encontrasse uma mistura mais rica em ar ou uma junção do duto.

Em 1974, uma fábrica de produtos químicos em Flixborough, Inglaterra, explodiu quando um grande tanque de hexano pegou fogo. Em 1987, um acampamento de férias em San Carlos, Espanha, tornou-se uma bola de fogo quando um caminhão tanque de gás propano liquefeito (GLP) sofreu um acidente. Em 1989, a ruptura de um duto de gás metano que se estendia ao longo do trilho da estrada de ferro Transiberiana explodiu em chamas, engolindo dois trens de passageiros. E, em 1984, o pior de todos os acidentes aconteceu na Cidade do México, quando um local de armazenamento de GLP explodiu, matando 542 pessoas e deixando mais de 4.000 outras seriamente queimadas.

Se tais incidentes são coisas do passado resta saber, mas há agora boas razões para acreditar que podemos usar o metano seguramente. O gás pode ser condensado em um líquido que ferve a -162° C, ocupando apenas 0,2% do seu volume original. Desta maneira, mais de 75 bilhões de metros cúbicos de gás são embarcados no mundo todo a cada ano em tanques especiais, que carregam 25 milhões de litros de GNL de uma só vez.

O GNL precisa ser armazenado e manuseado a -160° C, o que em países quentes como nos do Golfo Pérsico, pode significar 240° C abaixo da temperatura da superfície externa do recipiente. Em Omã há tanques contendo 120 milhões de litros de GNL sob um calor escaldante. Eles são um tributo à capacidade de engenheiros e, mesmo que as unidades de refrigeração falhem, os tanques não explodiriam — o gás natural evaporaria lentamente nos 20 dias seguintes. Em Brunei há um sistema de GNL, que foi incorporado em 1971 e permaneceu frio e seguro após mais de 25 anos.

Apesar disso, ainda somos assombrados

pelo pesadelo de explosões de gás natural liquefeito, mas elas têm menos probabilidade de ocorrer devido à pesquisa sobre o comportamento do gás metano. Este gás queimará ferozmente, mas não explodirá a menos que algumas condições muito especiais atuem juntas. Isto pode acontecer se o gás escapar e começar a queimar e, então, mais combustível for adicionado, fazendo com que o volume se expanda e torne-se turbulento. Poderá então explodir com violência.

Pesquisas sobre a explosão de vapores de alcanos usam lasers, filmagem ultra-rápida e análise de imagens por computador das cores e formas da chama expandindo-se. Foi revelado assim que a explosão depende da turbulência, que pode promover uma melhor mistura de ar e vapor. Se isso pode ser evitado, também pode-se evitar uma explosão. Projetos mais antigos de instalações de armazenamento e de extração de óleo e fábricas de produtos químicos tinham uma rede de dutos, escadas, passarelas e suportes que, na verdade, ajudavam a criar turbulência e isto foi o que aconteceu na maioria dos desastres, como em Flixborough. Os desenhistas de hoje usam projetos melhores para prevenir a turbulência.

Simulações foram feitas para investigar o comportamento de vazamentos massivos de alcanos. Computadores podem agora predizer o que ocorrerá em uma dada situação. A velocidade com que um alcano vaporiza, a velocidade do vento, o perfil do terreno e a proximidade de outros tanques de armazenamento podem todos ser levados em conta, dando uma melhor sugestão de combate ao problema. Programas de computador advindos destes estudos são agora disponíveis para projetistas de fábricas e especialistas em segurança de todo o mundo.

Mas os alcanos ameaçam-nos de uma forma menos dramática, porém, potencialmente mais perigosa. Todos eles são gases muito bons para o Efeito Estufa,
ainda melhores do que o dióxido de carbono. O metano é liberado na atmosfera pelos seres humanos, vacas e pastos. Vazamentos de gás natural de poços, dutos e tanques de armazenamento também contribuem para a quota diária. Acredita-se que metade da produção de gás natural da Rússia é perdida desta forma. Se o metano pode ser usado em grande escala, sem adicionar ônus para este planeta, permanece ainda em questão.

◆ **Q U A D R O 7** ◆

Tornando as ruas seguras
• benzeno •

Qualquer que seja o combustível que coloquemos no tanque de um carro familiar, ele necessitará de outros aditivos, se quisermos queimá-lo eficientemente e proteger o motor. Um destes aditivos, introduzido na década de 1920, foi o chumbo tetraetila, que era bom para os motores, mas prejudicial aos seres humanos. Quando a gasolina com chumbo saiu de circulação, algum outro aditivo deveria ser colocado na gasolina para melhorar sua queima em carros mais antigos, que foram construídos para rodar com a gasolina com chumbo. Uma gasolina especial contendo benzeno e livre de chumbo foi formulada para estes carros, para melhorar a eficiência. Mas o benzeno também é um poluente. Os motoristas com carros mais velhos poderiam escolher entre poluir com chumbo ou benzeno — a escolha era deles.

Outros motoristas, usando gasolina livre de chumbo, não precisariam ficar tão convencidos, pois a maioria das gasolinas contém benzeno: a gasolina com chumbo tem cerca de 2%, a gasolina sem chumbo super tem 5% e, mesmo a sem chumbo, contém um pouco. O benzeno extra na gasolina sem chumbo super compensa a falta do aditivo de chumbo, o que a torna a alternativa ecológica para carros que foram fabricados para rodar com gasolina com chumbo. Porém, poucos motoristas escolheram a gasolina sem chumbo super, que nunca respondeu por mais do que alguns poucos pontos porcentuais das vendas.

O combustível com o qual todos os outros são comparados é o hidrocarboneto líquido iso-octano (um hidrocarboneto com oito átomos de carbono, C_8), que dá nome ao chamado grau de octanagem. O iso-octano tem um grau 100. Quando a gasolina do petróleo é refinada, temos uma mistura de hidrocarbonetos com um grau de octanagem médio menor do que este. Gasolina sem chumbo tem grau de octanagem 95 e, mesmo este grau sendo perfeitamente adequado para motores modernos, não é bom para os mais antigos. Eles precisam que o grau seja elevado para 98, o que pode ser feito pela adição de algumas gotas de chumbo tetrametila (que é preferível ao chumbo tetraetila), com uma concentração de 0,15 g por litro, ou refinando o petróleo de forma a haver mais hidrocarbonetos aromáticos, como o benzeno. Os hidrocarbonetos aromáticos também têm alto grau de octanagem e cerca de 5% de benzeno adicionado à gasolina resulta em um grau de octanagem de 98.

O benzeno foi inicialmente isolado em 1825, por Michael Faraday, na Royal Institution em Londres, quando ele o descobriu no gás que emanava de óleo de baleia aquecido. O carvão da hulha fornece uma grande quantidade de benzeno, que já foi usado como tinta para canetas, tintas de secagem rápida, fluidos para lavagem a seco e soluções impermeabilizantes para roupas à prova de água. O benzeno é ainda usado para fazer poliestireno, pigmentos e náilon, porém agora ele vem do petróleo.

O benzeno é perigoso porque é altamente inflamável e porque respirar seus vapores, em um espaço confinado, pode matar — ainda que já tenha sido comumente utilizado como solvente pela indústria e em lares. O benzeno também causa câncer em animais de laboratório e grupos de trabalhadores expostos a altos níveis mostraram índices elevados de leucemia. Mesmo antes da Segunda Guerra Mundial ele era suspeito de causar leucemia em algumas poucas pessoas altamente expostas. Donald Hunter, no seu livro *The Diseases of Occupations*, diz que, em 1939, havia 14 destes casos entre dezenas de milhares de trabalhadores que estavam diariamente em contato com o benzeno. (Ironicamente, no começo do século 20, médicos injetavam benzeno nos ossos, como tratamento contra leucemia.) É a ligação com a leucemia que levantou dúvidas sobre a decisão de adicionar benzeno à gasolina. Regulamentações de segurança, propostas pelos EUA, poderiam limitar o benzeno a 0,1 parte por milhão (ppm), muito mais baixo do que o padrão atual utilizado no Reino Unido, que permite 5 ppm. Mas, especialistas do governo já recomendaram que o benzeno não deveria exceder uma média de 5 ppb, que é mil vezes menor do que os níveis atualmente permitidos, e que mesmo este deveria, finalmente, ser diminuído para 1 ppb.

Antigamente, 10 ppm e mesmo 100 ppm eram considerados seguros. Ao ar livre, os níveis de benzeno são milhares de vezes menores do que estes, sendo medidos em partes por bilhão (ppb). Em um dia frio de dezembro de 1991, em Londres, os níveis de benzeno no ar, geralmente em torno de 2 ppb, atingiram 13 ppb. Uma parte veio de postos de serviço e outra de vazamentos de tanques de combustíveis, mas a maioria vem da combustão incompleta em carros não equipados com catalisadores. O nível tende a abaixar, pois há menos benzeno na gasolina de hoje, devido ao melhoramento das técnicas de refinamento. Nos EUA, o nível máximo de benzeno permitido na gasolina é de 1%, sendo que a Mobil desenvolveu um processo de refinamento que remove todo ele. Além disso, há outros meios de aumentar a octanagem da gasolina sem a adição de benzeno, com a adição de moléculas oxigenadas como álcoois e éteres.

Uma outra forma de reduzir a exposição pública ao benzeno é redesenhar as bombas de gasolina. Há três maneiras de se fazer isto. A primeira é colocar uma proteção em torno do bico da mangueira, para recolher os vapores emanados enquanto se abastece. O segundo método provou ser impopular com os motoristas que o testaram nos EUA, mas é ainda utilizado em Los Angeles, e este envolve a sucção dos vapores para fora do tanque, enquanto ele é abastecido, fazendo com que eles retornem ao tanque subterrâneo do proprietário do posto. Um terceiro método é absorver o vapor em um canudo com carvão ativo, que pode ser queimado quando o carro estiver rodando. O carvão absorve os vapores de benzeno.

A quantidade de benzeno que absorvemos através dos nossos pulmões é a maior, excedendo àquela que pode ser adquirida da nossa comida e bebida. Fumar cigarros também libera benzeno, porém as quantidades são tão baixas que não oferecem riscos adicionais. Em 1990, foi detectado benzeno na água Perrier, causando temor pelos riscos à saúde. O benzeno veio do gás carbônico utilizado para gaseificar a água. Mesmo assim, os níveis eram como os do ar de Londres, cerca de 13 ppb. A quantidade é tão pequena que teria sido necessário beber uma garrafa desta água todos os dias por 100 anos para absorver meio grama de benzeno. Em todo caso, a Perrier recolheu todas as garrafas, resolvendo o problema rapidamente e fornecendo água livre de benzeno, pouco tempo depois. Hoje ela é tão "pura" com sempre tem sido.

♦ **Q U A D R O 8** ♦
Uma pitada de mágica vermelha
• cério •

O cério, um metal pouco conhecido, descoberto quase 200 anos atrás, poderia ser a resposta para um outro problema ambiental relacionado com o transporte. O óxido de cério pode eliminar 90% da emissão de elementos particulados da exaustão de motores a diesel.

Alguns especialistas da área da saúde acreditam que a exaustão de elementos particulados representa uma ameaça àqueles que vivem perto de rodovias movimentadas e que as emissões deste tipo de poeira aumentam devido ao número crescente de carros com motores a diesel. Estes carros representam mais de 20% das vendas de carros novos em alguns países e, como os ônibus, furgões, caminhões e táxis, emitem minúsculas partículas de carbono, com tamanhos menores do que milésimos de milímetros. Um carro a diesel libera cerca de 205 mg de elementos particulados para cada quilômetro que roda, sendo que um motor a gasolina emite apenas 15 mg.

Elementos particulados podem se alojar nos pulmões e são culpados pelo surgimento de doenças respiratórias, assim como a asma e a bronquite. A Agência Internacional para a Pesquisa do Câncer diz que elementos particulados contêm um conhecido composto carcinogênico, o benzopireno, que também está presente na fuligem comum e mesmo em uma torrada queimada. Entretanto, as quantidades são tão baixas que não precisamos nos preocupar – as defesas naturais do organismo contra agentes carcinogênicos podem facilmente acabar com esta ameaça.

O problema com os elementos particulados é maior na França, onde metade dos carros novos rodam com diesel e onde há uma estimativa de que 80.000

toneladas de elementos particulados são emitidas a cada ano. Lá pela metade da década de 1990, a Peugeot tornou-se a maior produtora de carros a diesel do mundo, encorajada pelo governo francês, cujas taxas faziam com que o diesel custasse um terço a menos do que a gasolina. A produção de carros a diesel na Europa já excede dois milhões de unidades anualmente, prevendo-se que, no ano 2000, estes carros emitiriam 200.000 toneladas de elementos particulados por ano.

Uma forma de reduzir a emissão de elementos particulados é seqüestrá-los em um filtro de cerâmica e, então, queimá-los. Porém, isto desperdiça combustível. Mas a gigante francesa na área química, Rhône-Poulenc, veio com uma outra resposta: adicionar um pouco de óxido de cério ao combustível, o que catalisa a queima dos elementos particulados, eliminando-os. Sem surpresa alguma, pois a Rhône-Poulenc é a maior fornecedora de cério do mundo.

Somente um pouco de óxido de cério é necessário: 50 g para cada tonelada de diesel (aproximadamente 1.400 litros), desta forma, um carro a diesel precisaria de cerca de 1,5 kg deste aditivo durante sua vida útil. O carro poderia ser equipado com um cartucho injetor de óxido de cério, que duraria cerca de dez anos e custaria cerca de US$ 400.

O cério é um metal cinza que tem pouco uso como tal, pois escurece com facilidade, é atacado pela água e até mesmo acende, se riscado com uma faca. É utilizado para endurecer o aço, em arcos de carbono, holofotes e pedras para isqueiros. O óxido de cério é usado para polir superfícies de vidro e tem uma coloração mais viva do que a base tradicional de maquiagem feita de óxido de ferro. As paredes dos fornos "autolimpantes" contêm óxido de cério, que catalisa a oxidação de resíduos, que são principalmente feitos de carbono.

O cério foi primeiramente identificado pelo químico sueco Jöns Jacob Berzelius e Wilhelm Hisinger, em 1803, que deram seu nome devido ao recém-descoberto asteróide, Ceres. Mas foi somente 70 anos mais tarde que dois químicos americanos, William Hillebrand e Thomas Norton, obtiveram-no puro. O cério é um elemento do chamado grupo das terras-raras, que são tão similares que resistiram, desde suas descobertas, às tentativas para separá-los e purificá-los.

O cério é largamente distribuído no meio ambiente e dele nosso corpo contém cerca de 40 mg, porém não desempenha nenhum papel biológico conhecido. Ele não é tóxico e os sais de cério já foram prescritos contra enjôos em mulheres grávidas e durante viagens. Devido a sua grande segurança, os pigmentos de cério são vistos como possíveis substitutos para pigmentos feitos com metais tóxicos na fabricação de tintas e plásticos. Sinais de trânsito poderiam se tornar muito mais atraentes se usassem pigmentos de cério, especialmente os vermelhos. Vermelho é a cor que mais vende, excedendo US$ 750 milhões por ano, em todo o mundo.

O sulfeto de cério é um pigmento atóxico vermelho brilhante, destinado a substituir aqueles feitos com os metais tóxicos cádmio, mercúrio e chumbo. (Você encontrará dois destes metais novamente na Galeria 8.) Até recentemente, o vermelho de cádmio era a escolha preferida para pigmentos vermelhos, mas uma legislação severa está sendo introduzida para restringir o uso de cádmio e outros metais pesados, tais como chumbo e mercúrio, que também são tóxicos. Infelizmente, estes últimos respondem pela maioria dos pigmentos vermelhos de metal. O sulfeto de cério é também um pigmento vermelho vivo e estável até 350° C. Ele até mesmo cria seu próprio "universo de cor", pois produz diferentes tonalidades de vermelho, não obtidas com nenhum outro pigmento. O sulfeto é feito pelo aquecimento de vapor de cério metálico em uma atmosfera de enxofre. Pela adição de traços de outros metais, do grupo das terras-raras, é possível produzir uma gama de cores, desde marrom escuro, passando pelo vermelho vivo, até o laranja.

Se estes novos usos do cério forem empregados, poderia haver uma demanda por este metal de várias centenas de toneladas por ano. Há óxido de cério suficiente para suprir as necessidades mundiais? O especialista em terras-raras, Patrick Maestro, em um trabalho na *Kirk-Ohtmer Encyclopaedia of Chemical Technology*, pensa que há, argumentando que o cério é o metal mais abundante do grupo das terras-raras, mais comum ainda do que o cobre ou o chumbo.

Aditivos para combustível e pigmentos não são as únicas razões pelas quais a demanda por cério aumentará. Monitores de televisão com tela plana, bulbos de lâmpadas com baixo consumo de energia e sensores oticomagnéticos de CDs também usam cério. O país que mais se beneficiará com tudo isto é a China, que possui os maiores depósitos mundiais de minério de cério, com reservas que excedem 36 milhões de toneladas, de um total mundial de 50 milhões de toneladas. Os outros depósitos estão nos EUA, Índia e Austrália.

◆ QUADRO 9 ◆

Poupem as árvores
• acetato de magnésio e cálcio •

Não somente o combustível e os aditivos que utilizamos em nossos carros serão um problema no futuro. Algumas vezes não podemos usar nossos carros porque as estradas estão congeladas. Manter as ruas das cidades limpas, quando o inverno chega, pode ameaçar as plantas próximas às vias e, especialmente, árvores. Um inverno ameno pode poupar milhares de árvores nas ruas das cidades, não porque elas correm menos riscos de serem danificadas pelo frio, mas porque elas não foram expostas ao sal que é usado para limpar a neve e o gelo das vias. Um inverno rigoroso e a utilização de muito sal matam não somente milhares de pequenas árvores ao longo das vias, mas também árvores já crescidas.

Plantar somente árvores resistentes ao sal nas ruas das cidades e estradas é um modo de solucionar o problema. Todas as árvores são afetadas por sal, mas algumas, como o carvalho e o choupo branco, são consideravelmente tolerantes uma vez que já estejam crescidas. Entretanto, esta é uma solução a longo prazo. No futuro, as árvores poderiam ser salvas se as autoridades da cidade adotassem um novo agente para remover o gelo, que não agredisse a natureza, em vez de sal. Esta alternativa é o acetato de magnésio e cálcio (AMC), desenvolvido por químicos nos EUA e Europa. Ele não somente causa menos danos às plantas do que o sal, mas também pode ajudá-las a crescer, fazendo com que o solo fique mais permeável ao ar e à água. Resultados preliminares dos EUA indicam que o AMC não causa nenhum dano mensurável às árvores, quando é aplicado em concentrações nas quais o sal as mataria. Além disso, o cálcio e o magnésio são nutrientes essenciais para as plantas.

O acetato do AMC também é uma vantagem. Esta é a parte carregada negativamente do composto e, diferente do cloreto, que é a parte carregada negativamente do sal, ele não danifica as estruturas das vias e pontes, pelo ataque das barras de aço usadas para dar mais rigidez ao concreto. Esta vantagem do AMC pode, por fim, ser a principal razão pela sua introdução, ao invés da preocupação com as árvores e outros tipos de vegetação ao longo das vias. Dessa forma, ele terá de competir com outros agentes removedores de gelo que não contêm cloreto, tais como uréia e etilenoglicol. A uréia, embora barata, não é muito eficiente e pode causar danos ao meio ambiente de uma outra forma, pois ela age como um fertilizante nitrogenado. Ela se decompõe em amônia, que é muito tóxica para os peixes e, desta forma, pode poluir riachos e rios para os quais ela venha a ser carregada. O etilenoglicol é um agente anticongelamento usado em carros, mas, infelizmente, é relativamente tóxico e o seu uso generalizado seria vetado. É também um pouco escorregadio, fazendo com que as ruas fiquem ainda mais perigosas com seu uso. Porém, o etilenoglicol é freqüentemente utilizado como agente removedor de gelo, em asas de aeronaves, antes da decolagem. O AMC não apresenta nenhuma das desvantagens da uréia ou do etilenoglicol e os testes de toxicidade mostram que ele é até menos danoso do que o sal.

O princípio químico atrás dos agentes removedores de gelo é que uma solução de qualquer produto químico sempre congela a uma temperatura menor que a de água pura. Quanto mais solúvel o composto, mais fria a solução consegue chegar sem congelar. Uma solução concentrada de sal comum pode permanecer líquida a uma temperatura inferior a $-21°$ C. Por esta razão, espalhar sal sobre a neve e o gelo causa seu derretimento e remoção.

A grande vantagem do sal é o seu baixo preço, mas reparar seus estragos ao concreto de pontes e vias elevadas pode custar milhares de vezes mais do que o sal. Quando o ferro e o aço usados na construção de rodovias são expostos a uma solução salina rapidamente enferrujam. O enferrujamento causa expansão e rachaduras do concreto, que o aço deveria reforçar. O viaduto Thelwall, da rodovia M6, em Cheshire, noroeste da Inglaterra, é uma seção elevada com aproximadamente um quilômetro e meio. Mantê-lo livre de gelo requer cerca de 15 toneladas de sal, em um inverno típico, com um custo total de cerca de US$ 15.000, durante seus 25 anos de existência. O uso de sal danificou de tal forma o viaduto que os reparos custam agora US$ 15 milhões. Mais sério ainda foi o colapso em 1985 da ponte Ynysygwas, no rio Afan, perto de Port Talbot, País de Gales. O fato foi atribuído diretamente ao ataque do sal.

O AMC, por outro lado, custa dez ou vinte vezes mais caro do que o sal e apesar de uma aplicação de AMC durar mais tempo do que o sal, ele ainda não é competitivo, pois seu preço é elevado. Mas o AMC é uma proposta econômica viável como agente removedor de gelo para pontes, viadutos e ruas de cidades com árvores ao longo, pois o dano que ele causa é desprezível. Na verdade, testes mostram que o AMC protege o aço contra o enferrujamento.

O AMC é fabricado a partir de pedras calcárias, que existem na natureza em grande abundância. Este mineral é uma mistura de carbonatos de cálcio e magnésio, que são aquecidos para se transformarem nos seus respectivos óxidos e, tratados com ácido acético, formam o AMC. O problema de se usar o AMC é realmente seu custo, mas, talvez, no futuro estejamos preparados a pagar um pouco a mais para proteger as árvores e as plantas, com as quais compartilhamos o espaço nas cidades e que nos dão tamanho prazer no verão.

◆ **Q U A D R O   1 0** ◆

Boom! — Você não está morto!
• azida de sódio •

É lógico que, se você batesse seu carro em uma árvore plantada ao lado de uma estrada, teria uma opinião ligeiramente diferente da contribuição estética dela na paisagem. Porém, assim que você saísse dos escombros poderia apreciar os benefícios de um produto químico descrito neste quadro final da Galeria 7. A azida de sódio parece perigosa — afinal de contas ela é tóxica e explosiva — mas pode entrar em ação para salvar sua vida.

O carro moderno é um triunfo da engenharia, no mínimo pela incorporação de equipamentos de segurança projetados para proteger os ocupantes, no caso de um acidente. Há barras que absorvem energia (pára-choques), painéis de instrumentos almofadados, barras de proteção lateral, encostos para a cabeça nos bancos dianteiros e traseiros, cintos de segurança, barras antitravamento das portas e tetos reforçados. Mesmo com toda esta proteção, pessoas ainda morrem em acidentes de carro, sendo que o motorista e o passageiro do banco dianteiro são os que mais correm riscos. De acordo com a US National Highway Traffic Safety Administration,[*] 20.000 ocupantes dos bancos dianteiros morrem a cada ano e 300.000 ficam seriamente machucados.

Um modo de salvar algumas destas vidas é levar 250 gramas deste perigoso produto químico, a azida de sódio, no carro — e detoná-lo para inflar os airbags, se o carro sofrer uma colisão. Os airbags amortecem o impacto dos passageiros dos bancos dianteiros, prevenindo que suas cabeças sejam esmagadas contra a coluna da direção, painel ou pára-brisa. Os airbags salvaram mais de 1.200 vidas somente nos EUA, entretanto, mataram cerca de 50 acidentalmente, quebrando o pescoço. A maioria destas pessoas morreria de qualquer forma em decorrência dos ferimentos sofridos. Hoje em dia, todos os carros novos podem ser equipados com airbags frontais. Alguns veículos dispõem de airbags nos lados dos carros, para proteger contra colisões laterais, que contribuem para cerca de um terço das fatalidades.

Os airbags foram patenteados na década de 1950 e projetados para serem inflados com gás de um reservatório pressurizado. Estes falharam, pois não ofereciam segurança, devido ao comportamento imprevisível do reservatório e da variação de pressão do gás de dentro. A resposta foi substituir o reservatório de gás a alta pressão por uma carga de azida de sódio, gerando o gás pela "explosão". Uma quantidade específica de azida de sódio libera instantaneamente a exata quantidade de gás nitrogênio.

A seqüência dos eventos que disparam um airbag vem a seguir. Imagine que você está rodando no seu carro e colide com um outro veículo ou objeto. Se a velocidade no impacto é cerca de 20 km/h, ocorre o registro em um sensor eletrônico, que decide se o airbag será inflado. Este sensor pode estar localizado na frente do carro, perto do assoalho ou pode estar até mesmo embrulhado com o próprio airbag. Ele analisa a desaceleração do veículo e diferencia entre um impacto que pode ameaçar a vida e uma pequena pancada. Se o motorista correr perigo, ele ativa então um iniciador (conhecido como espoleta), que por sua vez detona a azida de sódio. Isto produz um grande volume de gás, que é filtrado assim que infla o saco de náilon. Este último, projetando-se para a frente, amortece o impacto dos passageiros dos bancos dianteiros, protegendo-os de ferimentos fatais. Entre o impacto e o enchimento do airbag passam-se 25 milésimos de segundo, que é cinco vezes mais rápido do que um piscar de olhos. Alguns poucos milésimos de segundos após

---

[*] *Órgão dos EUA que cuida da segurança nas estradas. (N.T.)*

os passageiros atingirem os airbags, estes começam imediatamente a desinflar, com liberação controlada do gás nitrogênio aquecido pelas saídas laterais.

Nos EUA o airbag do motorista infla com 70 litros de gás, enquanto o do passageiro tem em torno de duas vezes este volume, pois tem de preencher um espaço maior. Esses airbags são grandes porque podem ter de proteger pessoas que não estejam utilizando cinto de segurança. Na Europa e no Brasil, onde o uso do cinto de segurança é obrigatório, os airbags são menores (cerca de 30 litros para o do motorista) e são projetados principalmente para proteger a cabeça e o pescoço contra lesões.

A mistura de produtos químicos que infla o airbag é chamada de propelente e consiste em azida de sódio, nitrato de potássio e dióxido de silício (sílica). A seqüência de reações químicas começa com a azida de sódio (fórmula química NaN_3) na espoleta, que é detonada com um impulso elétrico, fazendo com que a temperatura chegue a 300°C, o que é suficiente para iniciar a rápida decomposição de todo o propelente. Primeiramente a azida detona, produzindo uma mistura de sódio metálico derretido e gás nitrogênio. O sódio reage então com o nitrato de potássio, liberando mais nitrogênio e formando os óxidos de sódio e potássio. Estes óxidos combinam-se instantaneamente com a sílica para formar silicato de sódio vítreo. Somente o gás nitrogênio escapa para os airbags.

A azida de sódio é um pó branco e cristalino que consiste em íons positivos de sódio e íons negativos de azida. A azida é a responsável pela reação. Este estranho produto químico contém três átomos de nitrogênio atados. Talvez não seja tão surpreendente que ele queira voltar a ser o estável gás nitrogênio — com dois átomos de nitrogênio — o que acontecerá na maioria das vezes, caso encontre as condições adequadas. Quando isto acontece no laboratório, sobra somente o sódio metálico, sendo este um dos métodos de se produzir amostras ultrapuras de sódio para fins de pesquisa.

A azida de sódio é feita industrialmente de amideto de sódio e do gás óxido nitroso, tendo uma variedade de aplicações, afora a de propelente para airbags. Pode ser convertida em ácido hidrazóico e, então, ser utilizada para a produção de outros sais, tais como a azida de chumbo, que é utilizada como detonador. A azida de sódio é muito tóxica, tendo sido usada na agricultura para matar nematóides e ervas daninhas e evitar o apodrecimento de frutas. Ela também é venenosa para os seres humanos, ainda mais venenosa que o cianureto. Se inalada ocorre severa irritação no nariz, garganta e pulmões. A azida é um veneno metabólico que inibe enzimas como a citocromo oxidase e a catalase, tendo um sério efeito sobre o sistema cardiovascular, levando ao aumento da pressão sanguínea, respiração anormal, disritmia cardíaca, hipotermia, convulsões e possível morte. No entanto, ela não é carcinogênica.

É claro que seria melhor evitar o uso da azida de sódio. Na Europa e na Ásia outros explosivos, tais como os aminotetrazóis e o nitrato de aminoguanidina, estão sendo utilizados para gerar gases nos airbags. Apesar de eles produzirem uma pequena quantidade de monóxido de carbono, isto não é uma séria ameaça para os ocupantes do carro.

Os airbags solucionam um problema, mas criam outros: seus descartes após a vida útil do carro. O que fazer com as 100-250 g de azida de sódio e outros propelentes? A incineração controlada é uma maneira de torná-la inócua, mas um método melhor é proposto: descartá-los através da oxidação com água supercrítica (veja Quadro 8 na Galeria 6), que reduziria os propelentes a gases inofensivos tais como o nitrogênio e o dióxido de carbono.

Uma outra maneira de solucionar o problema é trocar o propelente por outra fonte de gás, voltando agora ao conceito sugerido para os primeiros airbags, que é ter um recipiente de gás comprimido como, por exemplo, o argônio. Nos chamados dispositivos "híbridos" o argônio é rapidamente aquecido com uma pequena quantidade de propelente, fazendo com que o recipiente se abra, expelindo seu conteúdo no saco do airbag. Em muitos carros, um airbag com azida de sódio mais compacto é utilizado na direção, enquanto o airbag do passageiro é o modelo híbrido, pois há um espaço maior disponível para montá-lo.

O propelente pode ser dispensado se o gás no recipiente contiver uma mistura explosiva, tais como hidrogênio/ar ou butano/óxido nitroso. Estas misturas podem ser detonadas, explodindo instantaneamente e enchendo o airbag com um gás inerte. Os sacos inflam mais rápido do que com a azida de sódio e esta é uma vantagem para airbags laterais, que possuem menos tempo para proteger as pessoas em caso de colisão.

Um dos medos populares com os airbags é que o som da explosão poderia deixar uma pessoa surda ou que a pessoa poderia desmaiar, sufocando-se com a cabeça enterrada no airbag. Não há riscos de que nenhum destes incidentes ocorra. A maioria das pessoas envolvidas em acidentes, nos quais airbags foram acionados, nem notaram o barulho da explosão, que foi abafado com o próprio barulho do acidente. Também não é provável que uma pessoa se sufoque, pois o airbag é projetado para desinflar completamente dentro de segundos após a cabeça atingi-lo.

Quase a metade daqueles que participaram de um acidente, no qual um airbag inflou sofreram algum tipo de lesão, apesar de geralmente serem lesões muito leves. Algumas poucas pessoas desafortunadas ainda sofrem concussões e fraturas, devido à força do impacto. Susan Ferguson, do Insurance Institute of Highway Safety, em Arlington, Virginia, realizou uma cuidadosa análise dos acidentes devidos aos airbags na Airbag 2000 Conference, em Karlsruhe, na Alemanha, em novembro de 1996. Aqueles que haviam morrido em conseqüência do airbag eram, na maioria, bebês, crianças pequenas ou pessoas idosas, que se sentavam muito próximas à direção e cujas cabeças foram violentamente jogadas para trás com a explosão do airbag. Bebês sentados em cadeiras de segurança no banco dianteiro correm sempre perigo. A energia de um airbag enchendo pode desferir um golpe fatal se atingir um ângulo errado. Em um acidente em um shopping center em Idaho, ocorrido em 1996, um bebê, sentado em uma cadeira de segurança no banco dianteiro, foi decapitado, quando o carro de sua mãe bateu em um veículo estacionado e o airbag explodiu. O horror mostrado em tal acidente pode facilmente nos fazer questionar o valor dos airbags, mas este pode ser o preço que uns poucos desafortunados têm de pagar para que os restantes fiquem mais bem protegidos e para que muitas vidas sejam salvas.

GALERIA 8

ELEMENTOS DO INFERNO

Em exposição, as moléculas que são essencialmente malévolas

- ◆ Rápido e mortal
- ◆ Que tal um gim tônica, querida?
- ◆ As pessoas estão se revoltando
- ◆ Um jeito novo de morrer
- ◆ Envenenado furtivamente
- ◆ Descarregando suas baterias
- ◆ Um jeito novo de se depilar
- ◆ Réquiem para Mozart
- ◆ Poluindo o planeta
- ◆ Salva-vidas radioativo
- ◆ Terra à vista!

De boas intenções o inferno está cheio... assim diz o velho ditado. Nesta Galeria eu quero mostrar a você que isto pode ser realmente verdade, mas também é verdade que o inferno tem más intenções - algumas vezes todo o caminho abaixo, até o poço de fogo. Os elementos não podem realmente ser descritos como vindos do inferno, nem moléculas, mas podem produzir efeitos que somente poderiam ser descritos como satânicos.

Alguns elementos, que existem naturalmente, podem ser muito tóxicos, tais como o berílio e o chumbo, sendo o mesmo verdade para algumas moléculas, como a atropina. Nós vimos em outras Galerias que quando os químicos descobrem uma molécula natural, que possui características desejáveis, é sempre possível fazer uma versão mais segura, mantendo as mesmas propriedades, ou mesmo aumentá-las; enquanto efeitos colaterais indesejáveis podem ser eliminados ou no mínimo diminuídos. O oposto é sempre possível. Se a propriedade desejada de uma molécula é sua capacidade de matar, então, é possível refinar este aspecto. O que era meramente perigoso pode se tornar maliciosamente mortal. Começamos nossa visita pelos quadros da Galeria 8 com uma inspeção de algumas destas terríveis moléculas.

◆ QUADRO 1 ◆

Rápido e mortal
• sarin •

Poderia Adolf Hitler ter salvo o seu Terceiro Reich da derrota? Muito provavelmente. O que ele precisava era de uma arma secreta, para varrer as tropas aliadas quando invadiram as praias da Normandia, no norte da França, no Dia-D, em 6 junho de 1944. Então, com uma rápida vitória no oeste, poderia ter conduzido suas tropas para encontrarem-se com o exército russo, que chegava do leste e, talvez, também varresse estes invasores da mesma forma.

Hitler era aficionado por armas secretas. Algumas, como os bombardeiros a jato, a bomba voadora V1 e a bomba a jato V2, foram triunfos da engenharia, fazendo muito estrago, mas foram geralmente desenvolvidas tarde demais para salvar o seu império. Na verdade, Hitler tinha uma arma secreta que era muito barata, fácil de ser feita e que teria parado o avanço dos Aliados. No entanto, ele nunca a usou. A arma era o gás dos nervos sarin, contra o qual os Aliados não tinham defesa, pois nem mesmo sabiam de sua existência. Em 1944 o sarin estava sendo produzido, mas os nazistas não o usaram, devido à falsa crença de que os Aliados retaliariam com o mesmo produto químico.

Mas o que Hitler evitou usar na Segunda Guerra Mundial, outros não teriam nenhum escrúpulo em usar para atingir seus objetivos. Doze pessoas morreram e mais de 5.000 foram machucadas quando membros da seita apocalíptica Aum da Verdade Suprema liberaram sarin no metrô de Tóquio, durante a hora do *rush*, na manhã de 19 de abril de 1995. Um ataque anterior com sarin, pelo mesmo grupo, matou sete pessoas em Matsumoto, no Japão, em 1994.

O plano da Aum da Verdade Suprema era deixar Tóquio em pânico, liberando sarin em cinco trens que convergiriam para a estação de metrô de Kasumigaseki, na hora do *rush* às 8:15 h da manhã. Eles sabiam que altos membros do Departamento Metropolitano de Polícia de Tóquio e da Agência Nacional de Polícia, policiais e oficiais usavam esta estação e neste horário. O sarin foi acondicionado em sacos de plástico, enrolados dentro de jornais, que foram deixados no chão dos vagões dos trens pelos terroristas do culto, que, então, furaram os sacos plásticos com um guarda-chuva afiado na ponta, assim que deixavam seus respectivos trens, algumas estações antes da estação de Kasumigaseki.

Enquanto sarin puro não tem cheiro, o usado pelo culto Aum era somente 30% puro e os contaminantes tinham um cheiro pungente, o que alertou os passageiros para o fato de que algo estava errado. Porém, enquanto alguns trabalhadores cambaleavam para fora dos trens, tossindo e entrando em colapso nas estações, ao longo da linha, outros passageiros continuaram. Em alguns vagões os passageiros entraram em pânico, com aqueles em sua volta que caíam ao chão, se contorcendo em agonia e espumando pela boca.

Extraordinariamente, quando o pacote chamou a atenção de um funcionário do metrô, em uma das estações da Linha Marunouchi, ele prontamente pegou uma vassoura e uma pá e o removeu! O trem então continuou em seu caminho por mais uma hora e permaneceu carregando passageiros. Ele não somente passou por Kasumigaseki, mas continuou até o término, deu a volta e passou novamente pela estação. No outro lado da linha ele tornou a voltar e, finalmente, passou por Kasumigaseki pela terceira vez, fazendo sempre novas vítimas. Ele foi finalmente parado às 9:27 h da manhã.

Ainda que o número total de passageiros afetados tenha atingido um total de mais de 5.500 pessoas, somente 12 morreram. Os 169 hospitais de Tóquio começaram a lotar com as pessoas afetadas, apesar de duas horas antes já ter sido feito o primeiro diagnóstico correto – por um médico militar – de que os pacientes haviam sido vítimas de gás dos nervos. Nos dias e semanas seguintes, pessoas continuaram a dar entrada em hospitais com sintomas advindos do gás dos nervos que as afetou.

Em 1988, os habitantes de uma aldeia curda denunciaram que foram vítimas de um ataque por gás dos nervos, pelo governo do Iraque, que matou muitas mulheres e crianças. Também se suspeitou que o Iraque tinha usado sarin na guerra contra o Irã, alguns anos antes. Isto era impossível de ser provado naquela época, mas, desde então, era possível que a acusação curda fosse verídica. Em 1993, amostras do solo e de fragmentos de bombas foram coletados de crateras em aldeias curdas, por James Briscoe, um arqueólogo trabalhando para o grupo americano de Médicos para os Direitos Humanos e analisados pelo Estabelecimento Britânico de Defesa Química e Biológica, em Porton Down, Inglaterra. Químicos acharam traços de substâncias derivadas do sarin no solo. Eles detectaram, até mesmo, resíduos do próprio sarin, que havia sido absorvido em uma camada de tinta de um fragmento de bomba. Testes analíticos são agora sensíveis o suficiente para detectar menos de um bilionésimo de grama de gás dos nervos.

O sarin é denominado bomba atômica dos pobres, devido à devastação que uma quantidade relativamente pequena pode provocar - no mínimo para vidas humanas. O sarin não é um gás, mas um líquido incolor que ferve a 147° C, e é suficientemente volátil para que seus vapores contaminem o ar em níveis letais. Ele interrompe o funcionamento do sistema nervoso central daqueles que o inalam, tais como os passageiros de Tóquio, que não perceberiam que estavam em perigo, pois sarin puro é inodoro. Ele mata pela paralisia dos nervos e músculos dos pulmões e do coração.

O sarin é feito com produtos químicos comerciais disponíveis no mercado, o dicloreto metilfosfônico, isopropanol e fluoreto de sódio, mas a venda destes é cuidadosamente monitorada em todo o mundo, somente por esta razão. O perigo para os prováveis fabricantes vem do manuseio do produto acabado, pois qualquer contato direto com o sarin, mesmo uma gota de líquido na pele, pode ser letal. Menos do que um miligrama é suficiente para matar um ser humano. Na verdade, 28 g de sarin seriam suficientes para matar uma cidade inteira com 25.000 habitantes, se finamente pulverizado no ar.

O químico alemão Gerhard Schrader descobriu os gases dos nervos tabun e sarin em 1937, quando trabalhava para o conglomerado de indústrias químicas IG Farben, testando vários compostos de fósforo com propriedades inseticidas. Schrader não foi o primeiro a fazer estes tipos de moléculas – elas foram divulgadas em revistas técnicas em 1902 – mas foi o primeiro a perceber a natureza letal delas. Também descobriu um modo melhor de fazê-las, que foi patenteado pela IG Farben em 1938. Quando os nazistas perceberam o quanto elas eram tóxicas, os novos produtos químicos tornaram-se altamente secretos, recebendo o nome de N-Stoff. Foram testados não somente em cobaias, mas também em macacos e em prisioneiros de campos de concentração.

Nos estágios finais da Segunda Guerra Mundial, os diretores do quartel-general da IG Farben, em Frankfurt, destruíram todos os seus arquivos, mas detalhes dos testes surgiram durante o Julgamento de Nuremberg. Em todo caso, no final da guerra os Aliados procuraram grandes depósitos de gás dos nervos. Indústrias químicas os tinham fabricado em uma velocidade de centenas de toneladas por mês, havendo o suficiente para destruir toda a vida humana na Terra.

Em suas memórias *Inside the Third Reich*,[*] Albert Speer, que era ministro dos

---

[*] *Edição brasileira:* Por dentro do III Reich. (N.T.)

armamentos e produção de guerra, diz que sinceramente considerou matar Hitler no começo de 1945, liberando gás dos nervos nos dutos de ventilação do bunker, o refúgio subterrâneo do Führer em Berlim. Entretanto, seus planos foram frustrados, quando as entradas de ventilação foram repentinamente redesenhadas para evitar possíveis ataques com gás.

Na Segunda Guerra Mundial, químicos britânicos também estavam trabalhando em moléculas de fósforo similares, mas não descobriram nem o tabun, nem o sarin. Apesar de terem feito moléculas similares, elas não eram mais tóxicas do que o fosgênio ou o gás mostarda, que foram utilizados na Primeira Guerra Mundial. Desta forma, os Aliados continuaram a armazenar estes gases de guerra mais cedo do que os alemães, porém estes eram menos eficientes.

O sarin é um composto organofosforado, que é um termo freqüentemente confundido com organofosfato, a classe de produtos químicos comumente usados como pesticidas. Ambas as classes de compostos são inseticidas, sendo que o sarin já foi testado contra a filoxera, o pulgão, que ataca os vinhedos. Uma solução de 0,1% de sarin foi borrifada no solo, perto das raízes das videiras, eliminando completamente a infestação. Tão eficiente como é, o sarin é extremamente perigoso para ser usado como inseticida.

A molécula de sarin consiste em um átomo de fósforo ligado em quatro outros átomos ou grupo de átomos, isto é, oxigênio, flúor, um grupo isopropóxi e um grupo metila. É este último grupo que determina se a molécula é um composto organofosforado, pois tem uma ligação carbono-fósforo direta. Inseticidas organofosfatados não têm tal ligação, que geralmente proporciona a esta classe uma toxicidade muito menor para os mamíferos, apesar de ainda serem mortais para os insetos.

O sarin é chamado gás dos nervos porque atua no corpo paralisando o sistema nervoso central. Faz isto atacando a enzima chave colinesterase, que é necessária para cancelar o mensageiro químico acetilcolina, após ter feito seu trabalho de transmissão de um sinal através da junção (sinapse) do nervo. Um impulso elétrico viaja pela fibra de um nervo, liberando acetilcolina, que dispara um impulso no próximo terminal do nervo. Uma vez feito seu serviço, a acetilcolina deve ser removida e isto é o que a enzima faz. Se a molécula mensageira não é cancelada, continua estimulando o terminal do nervo, resultando em tremores, convulsões e possível morte, se o coração ou pulmões forem afetados. O gás dos nervos bloqueia a enzima tão eficientemente que, uma única e minúscula gota, é letal.

Um dos primeiros sintomas de envenenamento por sarin é cegueira parcial, causada por sua ação nos nervos e músculos dos olhos. Mas nem tudo está perdido neste estágio, pois há um antídoto contra o sarin, que é carregado pelas tropas em batalha e mantido em estoque em hospitais. Tristemente, é provável que estes antídotos precisem ser utilizados um dia, porque o sarin continua a ser utilizado como arma de terror em massa. O sarin pode ser neutralizado a um custo relativamente barato, utilizando o tratamento com o antídoto ou em operações de limpeza. A molécula é facilmente destruída por soluções alcalinas, uma mistura de carbonato de sódio e alvejante caseiro o tornará inócuo, tirando seu átomo de flúor e transformando-o em uma molécula que não é volátil e atóxica.

O antídoto para o gás dos nervos consiste em atropina, que age contrariamente à acetilcolina no terminal do nervo, juntamente com a pralidoxima, que libera a enzima colinesterase bloqueada com sarin, que volta a funcionar normalmente. A atropina é um curioso exemplo de um veneno sendo usado para combater outro. Casos de envenenamento deliberado com atropina são agora raros, mas não desconhecidos. O próximo quadro dá uma olhada nesta molécula natural.

QUADRO 2

Que tal um gim tônica, querida?
• atropina •

Custa menos do que 8 dólares um grama de atropina, o que é suficiente para envenenar uma esposa e iniciar um falso processo contra águas tônicas contaminadas nas prateleiras de um supermercado local. Assim pensou o professor de bioquímica Paul Agutter, de Edimburgo, Escócia. O plano dele quase foi bem-sucedido, quando tentou matar sua esposa, Alexandria, em agosto de 1994. Devido a uma notável coincidência, seu plano demoníaco foi desmascarado e a vida de sua esposa foi salva. Agutter foi preso, levado a julgamento, considerado culpado de tentativa de assassinato e preso por 12 anos.

A surpreendente coincidência foi que uma das primeiras garrafas de água tônica envenenada de Agutter acabou indo parar na casa de Geoffrey Sharwood-Smith, um médico consultor de anestesia, que estava familiarizado com os sintomas de envenenamento por atropina. Sua esposa e filho ficaram doentes após beberem gim tônica e ele informou o hospital, para onde eles tinham sido levados, que suspeitava de envenenamento por atropina.

Nos dias seguintes, cinco outras pessoas da localidade foram diagnosticadas como sofrendo de sintomas de envenenamento por atropina, inclusive a Sra. Agutter, a pretensa vítima. A análise de seu gim tônica provou que havia mais atropina nele do que nas garrafas de água tônica do supermercado, revelando assim as intenções assassinas de seu marido. O plano dele era matá-la, receber a parte dela da herança de família e casar com sua amante. Agutter esquematizou bem — sua escolha pela atropina foi esperta. Este veneno é metabolizado pelo organismo, deixando apenas traços, na hora em que a morte ocorre. Também não é irritante, não havendo órgãos internos inflamados para serem encontrados pelos patologistas quando feita a análise *post-mortem*.

Nos EUA, a atropina causou a morte de adolescentes que tentaram se drogar tomando uma infusão feita com as folhas de um arbusto ornamental da família do lírio, chamado trombeta-de-anjo. Esta planta produz uma grande quantidade de atropina, que induz a alucinações em pequenas doses, mas doses muito altas podem causar paralisia e perda de memória, levando à morte em alguns casos. O Centro de Controle de Doenças dos EUA distribuiu um aviso nacional sobre o envenenamento epidêmico com atropina da trombeta-de-anjo e, em Maitland, Flórida, o conselho da cidade foi ainda mais longe, tornando a plantação ilegal.

Uma fonte natural mais bem conhecida de atropina é a mortal beladona, cujo nome botânico é *Atropa belladonna*, da qual o nome atropina é derivado. Uma fruta desta planta é suficiente para matar uma criança — apesar de raramente fazê-lo, pois seu gosto amargo imediatamente age como um aviso e um repelente. O gosto da atropina pode ser detectado em concentrações tão baixas quanto uma parte em dez mil, o que explica por que Agutter preferiu adicioná-la à água tônica. Esta mistura essencial para o gim já é amarga porque contém quinino, que mascara o gosto da atropina.

John Mann, em seu fascinante livro *Murder, Magic and Medicine*, diz que a beladona foi investigada por Cleópatra, em sua procura pelo melhor veneno para se suicidar, após a sua derrota e a de seu amante Marco Antônio, na batalha naval do Ácio em 31 a.C. Ela ordenou que fosse dada atropina a um escravo e, apesar de ter tido uma morte rápida, foi claramente dolorosa. (Investigações posteriores revelaram que o veneno da víbora era igualmente rápido, levando a uma morte relativamente tranqüila, desta forma, Cleópatra optou por ela.) Mann especula que uma outra assassina da antiguidade escolheu a atropina: a aristocrata *serial-killer* Lívia, esposa do imperador romano Augusto. Ela provavelmente usou a beladona para eliminar aqueles que sucederiam seu marido como imperador, garantindo assim que seu filho, Tibério, fosse o próximo imperador — e foi. Nós vimos uma desafortunada conseqüência disto na Galeria 4.

Na época do Renascimento a beladona estava na moda como cosmético para os olhos — na verdade, o nome beladona vem do italiano, *bella donna* ou mulher bonita. As mulheres espremiam o suco da fruta nos olhos e a atropina causava o dilatamento da pupila, dando uma aparência sedutora de olhos inocentes. Uma aplicação funcionava por vários dias. Atrizes continuaram a usar atropina com este propósito, mesmo no século 20, da mesma forma que os médicos oftalmologistas, quando desejavam examinar as partes internas dos olhos do paciente.

A atropina é um pó branco cristalino e inodoro, que derrete a 114° C e foi primeiramente isolado em 1833 por dois químicos alemães, Geiger e Hess, do fruto negro e parecido com uma cereja da mortal beladona. Ela ainda é extraída deste alto arbusto nativo das florestas nas proximidades do Mediterrâneo e que é cultivado na França. Como produto químico puro, a atropina não é muito solúvel em água; sendo assim, os médicos que a administram, preferem usar um derivado, tal como o sulfato de atropina, que é muito solúvel. As quantidades administradas para fins terapêuticos são diminutas, com doses típicas menores do que um miligrama. Quantidades maiores levam ao embaralhamento da visão, excitação e delírio, mas se há intenção de matar alguém com atropina, é necessário dar, no mínimo, um grama.

A atropina pode ser um veneno mortal, mas também é um antídoto para outros venenos, como os inseticidas com carbamatos e organofosfatos usados na agricultura. Como notamos no quadro anterior, nesta Galeria, ela também é um antídoto para o mais mortal dos produtos químicos, o gás dos nervos — soldados na Guerra do Golfo de 1991/2 carregavam suprimentos de atropina e pralidoxima para injetar em si próprios, no caso de ataque por gás dos nervos. Esta curiosa dualidade entre toxina e tratamento reside no efeito que a atropina tem sobre o órgão alvo dos gases dos nervos, o terminal do nervo. A atropina acalma imediatamente o terminal do nervo e a pralidoxima libera novamente a enzima bloqueada pelo gás dos nervos, que começa a fazer seu trabalho outra vez, restabelecendo a função normal do nervo.

No corpo, a atropina bloqueia a produção da molécula mensageira, a acetilcolina. O primeiro efeito é que os fluidos corporais diminuem, como a saliva, lágrimas, muco, secreção pulmonar, suor e urina e este é o motivo pelo qual ela é administrada após operações cirúrgicas. Em várias ocasiões a atropina foi receitada como tratamento para condições onde há excesso de produção de fluidos corporais, como na febre do feno, resfriados e diarréia. Já houve épocas em que ela foi receitada como cura para pessoas não urinarem na cama.

Nem todas as criaturas vivas são adversamente afetadas pela atropina. A bactéria do solo, *Pseudomonas putrida*, na verdade alimenta-se do veneno, destruindo a molécula para extrair seus átomos de carbono e nitrogênio. Pelo fato de a atropina existir em pequenas quantidades em diversas plantas, haveria uma crescente produção desta toxina natural no meio ambiente se não fosse pela bactéria que a digere.

◆ QUADRO 3 ◆

As pessoas estão se revoltando
• gás CS •

Nem todos os produtos químicos que irritam o corpo e produzem sintomas desagradáveis são toxinas perigosas. Alguns poucos, tais como o gás CS, têm sido utilizados para combater o crime e, em escalas maiores, para controlar multidões enfurecidas. Ainda que certamente aprovemos o uso no primeiro caso, podemos desaprovar o outro, especialmente se formos simpáticos à causa do protesto. Não podemos atribuir ao gás CS uma linhagem anterior, advinda de alguma ditadura maligna, como fizemos com o gás dos nervos: o CS foi descoberto e desenvolvido em uma democracia ocidental.

Os policiais do mundo todo carregam freqüentemente latas de gás CS. Na verdade, o CS não é um gás, mas um sólido branco que derrete a 96° C, sendo que as latas contêm uma solução de CS, dissolvido em um solvente adequado. O CS não é solúvel em água e os *sprays* da policia contêm uma solução 5% em metilisobutil cetona, que é considerado um solvente seguro. Quando um jato de CS é disparado no olho de um agressor, ele ou ela será imediatamente acometido por uma incontrolável lacrimação. O CS é considerado um dos mais seguros meios de se

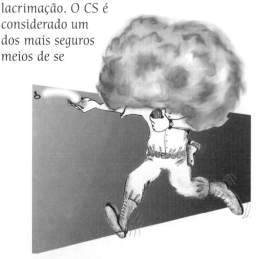

incapacitar um agressor, mas pode causar ferimentos.

Alastair Hay, da Universidade de Leeds, no norte da Inglaterra, especialista em toxicologia e chefe da UK's Working Party on Chemical and Biological Warfare,[*] tem monitorado agentes como o CS por muitos anos. Sua opinião sobre o gás CS é que, em teoria, ele é seguro, apesar de pessoas com asma poderem reagir mal a ele. Hay chama a atenção para o fato de que na Coréia do Sul, onde ele é amplamente utilizado, as pessoas permaneceram afetadas por várias semanas, após a exposição ao gás CS.

O CS e outros irritantes oculares têm sido utilizados pela policia faz mais de 50 anos, sendo dispersados pela multidão na forma de fumaça, advindas das latas contendo o agente, daí o nome "gás lacrimogênio". A maior parte foi descoberta no começo do século 20, como parte da pesquisa militar sobre agentes químicos para guerrilha. O exército alemão foi o primeiro a utilizar um gás lacrimogênio na Primeira Guerra Mundial, lançando recipientes cheios com brometo de benzila contra as posições russas, perto de Bolimow, no fronte leste e contra as tropas francesas, perto de Neuve Chapelle, no fronte oeste. Nem os russos e nem os franceses estavam cientes de que foram atacados desta forma, acreditando que as condições climáticas impediam os vapores de dispersar eficientemente.

Durante esta guerra mais de 20 irritantes oculares foram descobertos e o interesse por gases lacrimogênios continuou nos anos pós-guerra. Em 1928, dois químicos americanos, Ben Corson e Roger Stoughton, do Middlebury College, em Vermont, fizeram uma série de novos compostos, cada um com dois grupos ciano. Se bem que a maioria destes fossem materiais inócuos, eles observaram que um tinha "desastrosos" efeitos quando manuseado. Esta era uma molécula

---

[*] *Órgão do governo britânico que se preocupa com armas químicas e biológicas. (N.T.)*

relativamente simples que hoje conhecemos como CS. Ela consiste em um anel benzênico, ao qual está conectado um átomo de cloro e uma ligação dupla carbono-carbono e, em uma de suas extremidades, estão ligados dois grupos ciano. Seu nome químico é 2-clorobenzilideno malonitrila. Os militares deram a esta molécula o nome código de CS, que fazia parte de uma série que foi classificada como agentes "C". Um outro irritante ocular era CN, ω-acetofenona, utilizado como gás lacrimogênio até que fosse descoberto que tinha propriedades carcinogênicas. O pior dos irritantes oculares é o CR, ou dibenz-1,4-oxazepina, mas é considerado severo demais para ser utilizado generalizadamente.

Todos os irritantes oculares atuam no sensível terminal nervoso da membrana mucosa do olho, disparando certas enzimas chave, que promovem a produção de um fluxo enorme de lágrimas através do duto lacrimal, para dissipar as moléculas ofensoras. Os irritantes oculares ligam-se aos átomos de enxofre dentro das enzimas, fazendo com que as moléculas interajam com o sítio ativo, causando a resposta protetora. Algumas poucas moléculas de tais materiais são necessárias para disparar as lágrimas.

As enzimas estão lá para monitorar e proteger os olhos e nós experimentamos a ação delas quando encontram outro agente lacrimejante, alguns são perfeitamente naturais, tais como o formaldeído, presente na fumaça e o produto químico tiopropanal S-óxido, liberado do alho picado. Um problema crescente é o agente lacrimejante peróxi-acetil nitrato, que é o que faz a poluição nas cidades, durante o verão, ser tão irritante. Todos produzem os sintomas da superatividade das enzimas: uma sensação de ardência, o imediato fechamento das pálpebras, fluxo de lágrimas e inflamação. Saia de perto da fonte do produto químico e, dentro de alguns minutos, estes sintomas desaparecerão. Isto também é válido para o CS, cujos efeitos desaparecem dentro de 15 minutos. Uma quantidade pequena, como um miligrama de CS em um metro cúbico de ar, incapacitará a maioria das pessoas e este é o motivo pelo qual uma granada de gás lacrimogênio é tão eficiente para dispersar uma multidão. Para utilizar contra indivíduos, ele tem de ser dissolvido e borrifado diretamente neles.

Os aspectos de saúde e segurança do CS foram debatidos por muitos anos e o governo britânico publicou um relatório em duas partes intitulado *Relatório de Investigação sobre os Aspectos Médicos e Toxicológicos do CS*, em 1969 e 1971. Estes confirmaram que o CS era um agente adequado para o controle de tumultos porque ele preenchia os critérios de ser eficiente sem ser prejudicial. As pessoas afetadas por ele rapidamente se recuperam, sem a necessidade de atenção médica. O CS pode parecer uma ameaça à saúde, mas somente em níveis vários milhares de vezes mais altos do que os necessários para o controle de multidões ou em *sprays* da polícia. Então, ele pode causar sérias lesões, tais como edema (acúmulo de líquido nos pulmões), sendo esta a causa da morte de algumas poucas pessoas.

Toxinas químicas como o sarin, a atropina e o CS podem geralmente ser destruídas de maneira relativamente fácil, pois são moléculas orgânicas, cuja toxicidade é extremamente relacionada com a estrutura. Mudando a estrutura, ainda que levemente, elas se tornam inócuas. Metais são diferentes. Você não pode destruir um átomo de metal e, uma vez que ele tenha tido acesso ao seu corpo, o melhor que se pode fazer é excretá-lo rapidamente, como acontece com o arsênio ou antimônio. Se isto não é possível, então você precisa transportá-lo para um lugar onde sua ação tóxica é mínima, como prendê-lo em seu esqueleto ou no seu fígado. O berílio, o chumbo e o cádmio são três metais tóxicos que o corpo acha difícil remover e, o que é pior, ainda se acumulam lentamente. Os próximos três quadros são sobre estes metais.

QUADRO 4

Um jeito novo de morrer
• berílio •

Em 1990, houve uma explosão na fábrica militar russa em Utika, perto da fronteira com a China. A explosão arremessou uma nuvem de poeira sobre a cidade de Ust-Kamenogorsk nas proximidades, fazendo com que 120.000 pessoas fossem expostas a um produto químico que ataca os pulmões. O produto químico era o óxido de berílio e a enfermidade causada é conhecida como beriliose.

As vítimas que foram contaminadas com excesso de berílio sofreram de inflamação dos pulmões, o que as deixava com falta de ar. A beriliose é reconhecida há tempos como uma doença industrial entre certos trabalhadores de metais. Felizmente, poucos casos são agora relatados, o que é muito bom, tendo em vista que a doença não tem cura, apesar de os piores sintomas poderem ser aliviados com esteróides. Uma breve exposição a uma grande quantidade de berílio, de uma só vez, ou a exposição a uma pequena quantidade, por um longo período de tempo, leva à beriliose.

O acidente na Rússia revelou que armas nucleares estavam provavelmente sendo feitas em Utika. Para se obter energia nuclear ou para se fazer uma bomba precisa-se deste metal, que absorve nêutrons, aquelas partículas subatômicas com a qual pode-se partir átomos, liberando uma enorme quantidade de energia. Para ser usado na parte de dentro dos reatores, ou para fabricar os componentes de uma ogiva nuclear, podem ser utilizados berílio ou zircônio. Os países do Ocidente optaram pelo zircônio, que não é tóxico. Os soviéticos, por outro lado, optaram pelo berílio — e alguns pagaram um alto preço pela escolha deste metal mais leve.

Quarenta anos atrás, Isaac Asimov escreveu uma estória curta e profética chamada "Sucker Bait", que fazia parte de uma coleção intitulada *The Martian Way*. Uma expedição espacial é enviada para investigar um planeta fértil, onde todos os habitantes da colônia original morreram de uma misteriosa doença, que tornava a respiração cada vez mais difícil e que os matou dentro de poucos anos. O planeta tinha vida vegetal em abundância e, aparentemente, era ideal para o assentamento humano. Então, o que havia acontecido? Os sintomas sugeriam um veneno de ação lenta, porém os testes nada revelavam. Até que, finalmente, descobriram que o solo do planeta continha altos níveis de berílio.

O berílio é um metal raro na Terra: as rochas e o solo contêm cerca de somente 2 ppm e os oceanos menos ainda. Um milhão de toneladas de água do mar contêm menos de um grama. Entretanto, há minérios de berílio, tais como o berilo, que é o silicato de berílio e alumínio. Esse minério pode ser verde, devido a traços de cromo, sendo conhecido como esmeralda; uma versão azul pálida é chamada água-marinha.

O berílio é valioso porque é o único metal leve com um alto ponto de fusão (1.278° C). Ele não é corroído pelo ar nem pela água, mesmo quando aquecido ao rubro. Sua liga com cobre tem algumas propriedades muito úteis, tais como alta condutividade elétrica e é amplamente empregada na indústria de petróleo, para se fazer ferramentas que não soltam faíscas. Os engenheiros de aviação usam-no devido à sua grande força e resistência física.

Quimicamente o berílio é da família do magnésio, que, como vimos na Galeria 2, é um elemento essencial para a nutrição humana. O berílio pode mimetizar o magnésio e ocupar o lugar deste metal em algumas enzimas chave, que passam a não funcionar direito. Nossos pulmões são particularmente sensíveis. Trabalhadores na indústria que usam ligas de berílio correm o maior risco, pois são eles que fazem os tubos fluorescentes de televisão, recobertos com uma camada interna de óxido de berílio. Mas nenhum de nós pode evitar o berílio completamente e uma pessoa comum tem cerca de 0,03 mg de berílio em seu corpo. Isto não é suficiente para afetar nossa saúde, uma vez que a maior parte dele é armazenada em nossos ossos.

Há uma forma radioativa de berílio, designada berílio-10, pois ele tem uma massa atômica de 10 (composto de 4 prótons e 6 nêutrons em seu núcleo), enquanto a outra forma, mais abundante, é berílio-9 (4 prótons e 5 nêutrons), que não é radioativo. O berílio-10 tem uma meia-vida de 1.600.000 anos e é formado pela colisão de raios cósmicos com a atmosfera superior. Em 1990, o berílio-10 foi detectado no gelo da Groenlândia por Juerg Beer, do Instituto de Ciência Aquática e Poluição das Águas de Zurique. Ele descobriu que, durante os últimos 200 anos, a quantidade do isótopo radioativo foi mínima quando a atividade do Sol, mostrada pela freqüência de manchas solares, também foi mínima. Beer acredita que seria possível elaborar um registro da atividade do Sol desde a pré-história, usando o berílio encontrado no gelo como guia e correlacionando-o com outras mudanças climáticas.

◆ QUADRO 5 ◆
Envenenado furtivamente
• chumbo •

Ingemar Renberg, da Universidade de Umeå, Suécia, especializou-se na análise de sedimentos do fundo de lagos. Ano após ano, esses sedimentos preservam um registro da poeira na atmosfera, que foi levada ao rio pela ação da chuva e da neve, sendo possível tirar informações sobre a atmosfera de vários milhares de anos atrás. Em 1994, Renberg foi surpreendido ao encontrar evidências de poluição atmosférica por chumbo, em uma época muito anterior à revolução industrial, que começou cerca de 250 anos atrás.

Claude Boutron, da Universidade Domaine, em Grenoble, França, confirmou o achado de Renberg, pela análise da neve que caiu na Groenlândia e que foi preservada no gelo como um registro dos poluentes atmosféricos. Ele descobriu que os níveis de chumbo aumentaram, de um nível natural de ruído de fundo de 0,5 partes por trilhão (ppt), para 2 ppt no primeiro século d.C. O Império Romano foi o culpado. Ele estava então em seu auge de expansão e o chumbo era um bem valioso e vital, com uma produção que chegava a 80.000 toneladas por ano. O símbolo químico do chumbo é Pb, que vem da palavra latina *plumbum*.

Quando os romanos conquistaram a Bretanha em 43 d.C., descobriram ricos depósitos de chumbo e iniciaram uma indústria que haveria de continuar, embora com algumas interrupções, por mil anos, durando até a Idade Média. Iain Thornton e John Maskall, do London Imperial College, Londres, têm pesquisado a poluição por chumbo ao redor destas velhas minas e locais de fundição em Derbyshire e no Norte de Gales. Eles descobriram que, apesar da alta poluição superficial ao redor desses sítios, há pouca evidência de vazamento de chumbo nos solos das cercanias ou contaminando a água.

Roma floresceu em torno de 350 a.C. até 400 d.C. e o chumbo era comumente utilizado em telhados, canos, cisternas e peltres.* O chumbo é fácil de ser separado de seus minérios e de se trabalhar, pois derrete a somente 328° C. Os romanos também faziam tinta branca de chumbo e usavam xarope de açúcar de chumbo para adoçar molhos (açúcar de chumbo é o

---

* Peltre, cálice feito de liga de estanho, chumbo e outros metais. (N.T.)

produto químico acetato de chumbo). Estes envenenaram a população, sendo que alguns acreditam que o chumbo causou o declínio e a queda do Império. As causas mais prováveis do declínio, que começou em torno de 250 d.C. foram o clima, a peste e a política. Em torno desta época, o clima da Terra tornou-se mais frio, fazendo com que as pessoas do norte começassem a se mudar para o sul, pressionando o Império. A peste também apareceu e epidemias assolaram o Império diversas vezes. Neste meio tempo, o Império foi dividido por disputas militares e religiosas e no topo de tudo isto havia uma grande burocracia imperial. O chumbo foi, na verdade, um fator pouco relevante na queda de Roma.

Após a Idade Média, que se seguiu à queda final de Roma, em 476 d.C. e que durou por 500 anos, a mineração do chumbo recomeçou mais seriamente e as pessoas descobriram novos usos para ele, tais como pigmentos para cerâmica, munição e tipos para impressão. Na Era Vitoriana, o acetato de chumbo era usado como remédio contra diarréia e como tintura para cabelo. As pessoas desta época também soldavam latas de alimento com chumbo, uma prática que explica o misterioso desaparecimento da expedição de Sir John Franklin, que partiu em 1848 para achar a Passagem Noroeste para o Pacífico. Quando os corpos perfeitamente preservados dos membros da tripulação foram descobertos, em covas permanentemente congeladas, na década de 1980, análises mostraram que eles morreram de envenenamento por chumbo. Provou-se que a culpa era da solda de chumbo das suas latas de comida — a relação dos isótopos de chumbo nos corpos deles era a mesma que foi determinada nas latas encontradas nas proximidades. (A relação entre os isótopos de chumbo-206 e chumbo-204 varia de acordo com o local onde o chumbo foi minerado.)

Mas foi o século vinte que mais contribuiu para a poluição atmosférica por chumbo, quando este metal foi adicionado à gasolina. Em 1921, Thomas Midgley descobriu que a adição de chumbo tetraetila melhorava o desempenho dos motores, sendo que na década de 1960, todos os carros rodavam com a gasolina com chumbo. Se bem que este fato pode ter tido efeitos deletérios para a saúde humana, teve um efeito benéfico para os motores. Mesmo hoje, quando a maior parte da gasolina é vendida sem chumbo, há ainda uma pequena quantidade de chumbo nela, para proteger o motor.

Como foi registrado e preservado nos sedimentos de lagos e na neve da Groenlândia, os níveis de chumbo na atmosfera dispararam e alcançaram um valor máximo de 300 ppt no final da década de 1970. Os níveis agora estão em declínio, graças às mudanças na formulação da gasolina. Em 1994, um outro arquivo mais surpreendente dos níveis de chumbo apareceu, desta vez descoberto por Richard Lobinski, da Universidade da Antuérpia, na Bélgica, nas adegas de um produtor de vinho. Ele analisou o vinho Châteauneuf du Pape, das videiras localizadas na junção das rodovias A7 e A9, na região do Reno na França e encontrou níveis crescentes de chumbo no vinho, com o aumento do tráfego na região com o passar dos anos.

As descobertas de Lobinski ainda refletem as mudanças dos compostos utilizados para elaborar a gasolina com chumbo. Os resíduos de chumbo tetraetila no vinho caíram a partir da década de 1950, enquanto os de chumbo tetrametila, que o substituiu, aumentaram nesta época. Juntos, eles atingiram um valor máximo de 0,5 ppb em 1978. Os pesquisadores concluíram que, se em 1978, este vinho fosse bebido regularmente, ele poderia causar um moderado envenenamento por chumbo, mas isto dificilmente deve preocupar alguém, pois 1978 foi uma das melhores safras e uma garrafa deste vinho custa mais do que 40 dólares. Desde 1980, os níveis de chumbo no Châteauneuf du Pape têm caído e, lá pela metade dos anos 1990, eles eram somente um décimo dos níveis encontrados anteriormente. Vinhos envelhecidos podem também estar contaminados pelos selos de chumbo/estanho ao redor do gargalo da garrafa - estes foram tirados de circulação somente na década de 1980.

Esta não é a primeira vez na história que o vinho foi contaminado com chumbo. Os antigos gregos usavam chumbo para "adoçar" o vinho e, apesar de o vinho deles ser popular, foi também considerado responsável por abortos espontâneos. Na Idade Média, produtores de vinho adulteravam vinho barato com chumbo, algumas vezes produzindo misteriosas ocorrências locais de cólica no estômago, constipação, cansaço, anemia, insanidade e morte dolorosa. Estes são os sintomas de envenenamento severo por chumbo. No século dezoito, na Grã-Bretanha, um surto de cólica no condado de Devon causou muitas mortes entre os bebedores de sidra até que o médico da rainha, George Baker, descobriu que o chumbo vinha das prensas de maçãs.

Pesos de chumbo foram usados por pescadores, também causando poluição, neste caso levando à morte de muitos cisnes, que engoliram estes pesos enquanto se alimentavam do lodo no fundo dos rios em que viviam. Pesos de chumbo foram agora substituídos por outros, atóxicos.

Curiosamente, enquanto uma forma de poluição por chumbo acaba, outra aparece. Em 1994, houve uma ocorrência de envenenamento por chumbo na Hungria, devido ao pigmento vermelho de chumbo que foi utilizado para dar cor à páprica, o tempero feito de pimentões vermelhos secos. Dezoito pessoas foram presas, mas o número total de pessoas que eles envenenaram talvez jamais chegue a ser conhecido, pois os húngaros usam a páprica para colorir muitos tipos de comida, assim como o *goulash*, salsichas e salames.

Por que o chumbo é tão perigoso para a saúde? A maior parte do chumbo de nossa dieta passa diretamente através de nós, mas uma pequena porção é absorvida na corrente sanguínea. Lá ele é incorporado por enzimas que fazem a hemoglobina, inutilizando-as. O resultado é que um precursor da hemoglobina, chamado ácido aminolevulínico, aumenta de concentração no corpo, fazendo com que fiquemos envenenados e causando os sintomas de envenenamento que experimentamos. O trato digestivo é paralisado, por sua vez acontecem cólicas no estômago, a constipação e o excesso de fluidos no cérebro causam dores de cabeça e perda do sono. O sistema reprodutivo é afetado, o que pode levar a abortos espontâneos ou até mesmo a uma má-formação fetal. A anemia é também um efeito a longo prazo.

Crianças que habitam os centros das cidades correm maiores riscos de envenenamento por chumbo. Alguns ambientalistas têm culpado o chumbo, advindo da fumaça dos carros, como responsável pelas dificuldades de aprendizado e comportamento criminoso que estas crianças exibem. Nos EUA, a tinta à base de chumbo das casas mais antigas é também culpada, sendo que lá as crianças são automaticamente submetidas a um exame sanguíneo para detectar chumbo antes de iniciarem a escola. Ambas as fontes de poluição estão agora notavelmente em declínio, mas resta saber se isto resultará em crianças mais bem comportadas.

◆ Q U A D R O 6 ◆

Descarregando suas baterias
• cádmio •

Não podemos facilmente nos livrar do chumbo que não queremos em nossos corpos, assim, o armazenamos em nossos ossos. O cádmio, por outro lado, nós o armazenamos em nossos fígados e é ainda mais preocupante. Ele causa câncer em ratos, mas não em camundongos e hamsters. Poderia ele promover o câncer em seres humanos? Primeiros indícios dizem que sim, baseados em estudos epidemiológicos que mostraram haver mais casos de câncer do que o esperado entre aqueles que trabalham com cádmio. Mas, como geralmente acontece, estudos epidemiológicos posteriores, conduzidos por outros pesquisadores, não comprovaram as alarmantes descobertas anteriores. George Kazantzis, professor de medicina ocupacional na Universidade de Londres, efetuou um estudo com 7.000 pessoas, cujo trabalho envolvia o cádmio, mas não encontrou nenhuma ligação com câncer.

Contudo, o cádmio é um metal tóxico que deve ser evitado. Nos EUA tem havido uma constante redução dos níveis permitidos de cádmio no ar em ambientes de trabalho e uma diretriz européia quase eliminou o cádmio usado em plásticos.

Nenhuma pessoa morreu de envenenamento por cádmio e a provável quantia de 40 mg, que cada um de nós carrega no corpo, parece não afetar nossa saúde ou o tempo de vida médio. Ambientalistas falam do cádmio como a *bête rouge*, em vez de *bête noir*,* da vida moderna, uma referência ao pigmento de cádmio vermelho vivo usado para colorir plásticos. Na verdade, os pigmentos de cádmio podem ter qualquer cor entre o amarelo e o marrom, dependendo das proporções de enxofre e de selênio deles. O cádmio, utilizado em plásticos, acaba contaminando o meio ambiente assim que o plástico degrada ou é queimado. Como vimos na Galeria 7, pigmentos vermelhos no futuro serão provavelmente feitos com compostos de cério.

Alguns usos do cádmio são difíceis de se substituir. Por exemplo, nas versáteis e recarregáveis baterias de níquel-cádmio, o cádmio é benéfico para o meio ambiente, pois poupa o uso de fontes naturais. Tais baterias deveriam ser sempre recolhidas para se reciclar. Elas provavelmente serão mais amplamente utilizadas no futuro e, algum dia, poderão até mesmo movimentar os automóveis das cidades.

O automóvel totalmente elétrico da companhia Nissan, que tem autonomia de 250 km, é equipado com um novo tipo de bateria de níquel-cádmio que pode ser recarregada em apenas 15 minutos. Este avanço tecnológico poderia estimular a demanda por este metal de sua atual produção mundial de 19.000 toneladas, dos quais mais da metade vai para a produção de baterias de níquel-cádmio, cujo conteúdo de cádmio é de 25%. Elas são muito mais eficientes para os veículos elétricos, pois têm apenas um terço do peso das baterias convencionais de chumbo. Mas não é somente da diminuição do peso que vem o avanço. As baterias da Nissan têm pratos muito finos, permitindo que o calor gerado pela recarga se dissipe rapidamente.

Desde a década de 1960, quando os primeiros alarmes sobre o cádmio soaram, a indústria tem descoberto alternativas para a maioria dos produtos para os consumidores. De acordo com a Associação do Cádmio, fundada pelas indústrias, as perdas de cádmio para o meio ambiente são agora desprezíveis. A Associação defende o uso do cádmio baseada nos argumentos de que com ele são feitas melhores baterias e plásticos mais estáveis. Na indústria aeroespacial, de mineração e em plataformas marítimas de exploração de petróleo, o cádmio é necessário para proteger o aço e é ainda melhor do que o zinco para a galvanização deste metal.

No motor de veículos o cádmio foi eliminado, apesar de ser somente usado para cobrir algumas poucas porcas e correias, expostas ao corrosivo *spray* de sal, utilizado em rodovias para derreter o gelo no inverno. O cádmio é particularmente

---

* *A besta vermelha e a besta negra, respectivamente. Aqui significando algo malévolo. (N.T.)*

bom para proteger o aço contra o ataque do cloreto, do sal e da água do mar, pois o cloreto de cádmio, formado na superfície, é insolúvel; revestimentos de zinco, porém, formam uma camada de cloreto de zinco, que é solúvel e pode ser dissolvida.

Útil como pode ser industrialmente, o cádmio é ainda considerado por nossos corpos como um metal perigoso, mas, pelo fato de ser parte natural do meio ambiente, desenvolvemos meios de lidar com ele. Nunca poderíamos excluí-lo completamente de nossa alimentação, mesmo se quiséssemos. Semanalmente ingerimos cerca de um décimo de miligrama, a maioria advindo de alimentos como rins, frutos do mar e arroz. Fumar acrescenta mais ainda a este montante. Absorvemos cádmio pois ele imita o papel do zinco, um metal essencial para a vida, como vimos na Galeria 2.

Um hambúrguer normal contém 0,03 mg de cádmio, e rastreando sua origem pela cadeia alimentar, chegaremos à grama comida pelo gado e, em última análise, ao solo em que a grama cresceu. Poderemos até mesmo descobrir que sua origem vem do fertilizante fosfatado adicionado ao solo por algum agricultor. O minério do Marrocos que contém fosfato tem mais de 50 g de cádmio por tonelada e este é o motivo pelo qual este fertilizante não é mais permitido na Europa, que já foi seu maior comprador. O lodo de esgoto, usado como fertilizante, pode aumentar os níveis de cádmio no solo, especialmente se ele vier de áreas industriais. A quantidade de cádmio na maioria dos solos raramente excede 1 ppm, porém há lugares onde a concentração pode atingir 3 ppm, o limite recomendado pela Comunidade Econômica Européia para proteger o solo, que é fertilizado com lodo de esgoto. Entretanto, há lugares com índices ainda maiores, com níveis que excedem 40 ppm. A contaminação por cádmio vem de três fontes principais: velhas minas de chumbo e zinco, casas de fundição, que freqüentemente produzem cádmio como subproduto e a extração de certos minerais ricos em cádmio, tais como o xisto argiloso negro, encontrado em fontes marinhas de petróleo. A área mais poluída da Grã-Bretanha situa-se nas redondezas de Shipham, no condado inglês de Somerset, onde o espólio de antigas minas de zinco, que operaram até meados de 1850, levou o solo a atingir 500 ppm, um recorde mundial invejável.

Então, por que aqueles que vivem em áreas altamente poluídas não sofrem de envenenamento por cádmio? A resposta está escondida no corpo humano. A maioria do cádmio que ingerimos não é absorvida pelo trato digestivo e, aquele que é absorvido, termina nos rins, onde é aprisionado de forma segura por uma proteína, a metalotioneína. Essa proteína possui uma grande quantidade de átomos de enxofre que se ligam ao cádmio, imobilizando-o. Feito isto, entretanto, o cádmio não pode deixar o corpo, resultando em uma meia-vida deste metal no organismo de 30 anos, o que significa que a quantidade absorvida pelo corpo em nossa dieta é para o resto de nossas vidas. É isto que faz o cádmio ser tão indesejado, colocando-o na lista dos dez poluentes mais perigosos, segundo o Programa Ambiental das Nações Unidas.

Um adulto normal tem cerca de 50 mg de cádmio no seu corpo. Nossos corpos podem armazenar cádmio progressivamente, mas, por fim, chega-se a um ponto onde nossos rins não conseguem mais lidar com ele. Se o nível exceder 200 ppm a reabsorção de proteínas, glicose e aminoácidos é impedida, causando danos ao sistema de filtração que, ocasionalmente, levam à falência renal. O preço que devemos pagar, se quisermos desfrutar dos benefícios do cádmio é um rigoroso controle do seu uso e medidas legais para a reciclagem de todas as baterias de níquel-cádmio. Deste modo o mundo reciclaria 10.000 toneladas de cádmio anualmente, em contraste com a pequena fração disto que é reciclada atualmente.

QUADRO 7
Um jeito novo de se depilar
• tálio •

Como o selênio, cujo quadro foi mostrado na Galeria 1, a descoberta do tálio também está relacionada com o ácido sulfúrico. O tálio também é letal, se o ingerirmos em demasia, mas, diferente do selênio, não tem nenhum papel metabólico. Todavia, possui uma história interessante como arma de um crime.

O tálio foi descoberto em 1862, causando um incidente na Exposição Internacional de Londres daquele ano. William Crookes, um químico do Royal College of Science, descobriu este metal quando observou o aparecimento de uma chama verde, enquanto testava algumas amostras impuras de ácido sulfúrico. Esta cor deu origem ao nome tálio — em grego a palavra *thallos* significa um broto verde. Crookes fez diversos sais de tálio, os quais ele divulgou, mas não pensou em isolar o metal puro. Claude Auguste Lamy, um físico de Lille, França, conseguiu isto e exibiu uma amostra do metal parecido com chumbo, sendo agraciado com uma medalha na Exposição pela descoberta do elemento. Crookes ficou furioso, dizendo que era o descobridor, o que realmente era. Acusações e contra-acusações voaram entre Londres e Paris até os juízes agraciarem Crookes com uma medalha de consolo.

O sulfato de tálio é um sal incolor e insípido, que pode ser dissolvido em água e dado a alguém a quem se deseje causar mal. Não é o veneno perfeito, mas chega perto. Demora cerca de uma semana para começar a mostrar seus efeitos e, quando o faz, produz sintomas que podem ser confundidos facilmente com outras doenças, como encefalite, epilepsia e neurite. Mas não é possível que você algum dia use ou abuse do sulfato de tálio, pois ele é proibido na maioria dos países ocidentais. No entanto, a estória é diferente no Iraque. As forças de segurança iraquianas usaram sulfato de tálio para eliminar os opositores do regime. Na década de 1980, cientistas dissidentes foram envenenados e em 1988 um oponente do regime do Iraque, que vivia na Grã-Bretanha, Abdullah Ali, foi morto da mesma forma. Em 1992, a popularidade de dois oficiais do alto escalão das forças armadas, Abdallah Abdelatif e Abdel al-Masdiwi, ficou em baixa e rapidamente ambos ficaram doentes. Eles fugiram para Damasco, receberam vistos de emergência do Consulado Britânico e foram para Londres, onde o envenenamento por tálio foi diagnosticado e tratado com sucesso.

A escritora de romances policiais, Agatha Christie, é freqüentemente culpada por chamar a atenção de pretensos criminosos para o sulfato de tálio. Em 1961, ela escreveu *The Pale Horse*, no qual os efeitos do envenenamento por tálio foram atribuídos a maldições de magia negra. Ela descreveu os sintomas perfeitamente — letargia, narcose, escurecimento, fala enrolada, debilidade geral — mas não foi a primeira escritora de romances policiais a empregar este veneno. Em *Final Curtain*, escrito em 1947, a novelista Ngaio Marsh fez com que seu vilão o usasse, apesar de não fazer idéia sobre como o veneno funcionava — ela descreveu como aqueles que eram envenenados por tálio caíam mortos em minutos. Pretensos assassinos, tencionando imitar os vilões dela, ficariam intrigados, quando as possíveis vítimas pareciam não sofrer de nenhum efeito maléfico, apesar de o desapontamento poder durar somente alguns poucos dias.

O mais notório envenenador por tálio da vida real foi o *serial killer*, Graham Young, que, em 1971, adicionou sulfato de tálio no café de seus colegas de trabalho, em uma fábrica de equipamentos fotográficos em Bovingdon, Hertfordshire, Inglaterra. Ele fez-se passar por um pesquisador químico e comprou o tálio de um fornecedor de produtos químicos em Londres. Vários trabalhadores ficaram doentes e dois morreram do misterioso "micróbio". Foi somente então que o próprio Young sugeriu, a um visitante especialista na área de saúde, que a causa daquela estranha doença poderia ser envenenamento por tálio, o que foi corretamente diagnosticado. Imediatamente as suspeitas caíram sobre Young e ele foi preso quando se descobriu que tinha sido condenado anteriormente pelo envenenamento dos seus pais. Foi declarado culpado de assassinato em 1972 e sentenciado à prisão perpétua. Acabou se suicidando na cadeia em 1990.

O caso foi um marco na detecção forense. Nos Laboratórios Forenses da Polícia Metropolitana, em Londres, as cinzas de Bob Egle, uma das vítimas de Young que foi cremado, foram analisadas por uma técnica conhecida como espectrometria de absorção atômica. Esta revelou um nível de 5 ppm de tálio, provando que Egle tinha sido envenenado.

O tálio já esteve facilmente disponível e até mesmo fazia parte da farmacopéia médica, como pré-tratamento contra a tinha do couro cabeludo.[*] O tálio não matava a tinha, mas causava a queda dos cabelos do paciente, o que possibilitava um tratamento mais fácil da moléstia. Este estranho efeito foi descoberto por acidente, cerca de cem anos atrás, quando o tálio foi testado em pacientes com tuberculose como remédio contra a transpiração noturna. Não funcionou, mas os pêlos dos pacientes caíram. Um tal Sabourand, dermatologista-chefe do Hospital Saint Louis, em Paris, relatou sua ação depilatória em 1898 e o tálio se tornou o tratamento padrão para remoção de pêlos durante 50 anos. Mulheres podiam até mesmo comprar compostos de tálio em excesso, na década de 1930, como o creme Koremlou para a remoção de pêlos indesejados.

O tálio não é um elemento raro; ele é dez vezes mais abundante do que a prata. Está espalhado amplamente no meio ambiente, sendo possível detectar sua presença em diversas culturas, tais como uvas, beterraba e tabaco. Cerca de 30 toneladas de tálio são produzidas por ano como subproduto da fundição de chumbo e do zinco. Algum tálio é usado na produção de vidros especiais para lentes altamente refrativas, algum na área de pesquisa química e algum acaba como sulfato de tálio destinado ao Oriente Médio e países do Terceiro Mundo, onde ele é ainda permitido e usado para matar animais daninhos e outras criaturas indesejadas. Em 1976, o ano em que Agatha Christie morreu, uma garota de 19 meses de idade, do Qatar, foi levada para Londres para ser tratada de uma misteriosa doença. O caso tornou-se famoso, pois, a enfermeira, Marsha Maitland, disse que os sintomas da criança se pareciam com aqueles demonstrados pelas vítimas do romance *The Pale Horse*, que ela estava lendo. Quando ela relatou isto, os médicos que estavam tratando a criança imediatamente testaram tálio, encontraram-no, mudando o curso do tratamento e salvando a vida da criança. Investigações revelaram que os pais dela estavam usando sulfato de tálio para acabar com as baratas da casa deles.

O tálio é um veneno traiçoeiro porque imita o papel do elemento essencial potássio. A dose fatal para um adulto gira em torno de 800 mg (menos do que um quarto de colher de chá), sendo que doses de 500 mg de um sal de tálio já foram prescritas para casos de tinha. Pesquisas com tálio radioativo mostraram que ele é rapidamente assimilado pelo corpo, onde afeta particularmente enzimas ativadas por potássio do cérebro, músculos e pele, produzindo os sintomas característicos. O organismo não é enganado por muito tempo pelo tálio absorvido e ele é excretado nos intestinos. Mas isto não é particularmente eficaz, pois um pouco mais além, ainda no trato digestivo, o tálio é novamente confundido com o potássio e reabsorvido. A cura para o envenenamento por tálio é a interrupção deste ciclo de excreção e

---

[*] *Doença muito comum, causada por um fungo. (N.T.)*

reabsorção e o melhor antídoto é o azul da Prússia, a tinta azul usada em canetas, que é um complexo salino de potássio, ferro e cianeto. Foi sugerido há 20 anos por um farmacêutico alemão, Horst Heydlauf, de Karlsruhe, em um tempo em que o envenenamento por tálio era considerado incurável. O potássio do sal troca de lugar com o tálio, que por sua vez torna-se fortemente ligado, não sendo mais reabsorvido pelo trato digestivo.

O tálio nasceu na controvérsia e permanece controverso até hoje. Este metal e seus sais podem sempre ser utilizados por acidente ou abuso deliberado — centenas foram afetados na Guiana, em 1987, e 44 morreram. Eles tomaram leite de vacas que se alimentaram de melaço contaminado com sulfato de tálio, utilizado para matar ratos de cana-de-açúcar.

QUADRO 8

Réquiem para Mozart
• antimônio •

Como no caso do tálio, não há nenhum papel biológico conhecido para o antimônio, mas não podemos evitar de ingerir um pouco deste elemento na nossa dieta. Antigamente, o antimônio fazia parte da maleta de remédios de todo médico, como um remédio conhecido por emético tartárico, que era o antigo nome para o tartarato de potássio e antimônio. Como seu nome implica, era usado para induzir o vômito; na verdade, o emético tartárico era especificamente prescrito para este propósito pelos médicos. Muitos alcoólatras deixavam um pouco de vinho durante a noite em uma taça feita de antimônio, para ser bebido de manhã. O objetivo era induzir o vômito e curar a ressaca. O ácido tartárico e outros ácidos do vinho dissolveriam algum antimônio, produzindo o emético. Esta curiosa característica do antimônio evitava seu mau uso como veneno doméstico, mas por fim matava, pois a dose médica é muito próxima de uma dose fatal, que pode ser menos do que 100 mg.

A era dourada do tratamento com antimônio foi o século dezoito, quando era considerado um remédio que quase tudo curava. Uma de suas mais célebres vítimas pode bem ter sido Mozart, que ficou doente no outono de 1791. Em 20 de outubro daquele ano, ele disse para sua esposa, Constanza, que se sentia como se tivesse sido envenenado, o que provavelmente foi. Apesar de o rival de Mozart, Antonio Salieri, ter confessado muitos anos mais tarde ter feito isto, o testemunho dele não era confiável, pois estava sofrendo de demência senil. Aqueles que acreditam que houve uma conspiração contra Mozart e que ele foi envenenado, favorecem o mercúrio como provável agente. Uma teoria com mais credibilidade foi levantada em 1991 por Ian James, do Hospital Royal Free de Londres. Ele atribuiu ao antimônio a causa da morte de Mozart, um veneno que pode ter sido dado a ele pelo seu médico — não para matá-lo, mas sim para curá-lo.

Os fatos são resumidamente estes: naquele outono Mozart estava sofrendo de depressão severa, exacerbada pela sua dívida, excesso de trabalho e pelo ataque dos críticos, que não gostaram de seu novo trabalho *La Clemenza di Tito*. Ele também tinha recebido uma encomenda, de um estranho misterioso, para escrever um réquiem e, com o passar do outono, tornou-se obcecado com a idéia de que o estava compondo para seu próprio funeral. Ele acreditava, e talvez realmente fosse desta forma, que havia uma conspiração contra ele. Mozart era hipocondríaco e regularmente se automedicava com vários remédios, tanto que tinha de negociar uma conta de remédios, com um farmacêutico de Viena, da ordem de US$ 3.000, em termos atuais. Em 20 de novembro, Mozart ficou repentinamente com febre; suas mãos, pés e estômago tornaram-se inchados e teve ataques de vômito. Procurou-se uma segunda opinião dos médicos, os quais diagnosticaram uma antiga doença como causa, a febre miliar. Ele morreu desta curiosa enfermidade em 5 de dezembro e, estando virtualmente sem dinheiro, foi enterrado em uma cova sem marcação para pessoas pobres. Os conspiradores, se realmente fossem da panelinha de músicos invejosos da corte, liderados por Salieri, não poderiam ter desejado nada melhor — exceto talvez que a música dele tivesse sido enterrada junto.

Ian James acredita que a doença de Mozart era, na verdade, envenenamento por antimônio, uma vez que os sintomas eram idênticos. O antimônio foi prescrito para o que era, naquele tempo, chamado de melancolia. Em pequenas doses causava dores de cabeça, fraqueza e depressão. Em grandes doses provou ser fatal dentro de alguns dias, apesar de haver vômito rápido e contínuo. Médicos, especialmente veterinários, continuaram prescrevendo sais de antimônio até o século seguinte e alguns dos famosos assassinos da Era Vitoriana usaram-no para eliminar sócios indesejados — os sintomas eram vistos como desordens gástricas normais. Severin Klosowski, vulgo George Chapman, matou três de seus sócios desta forma e foi executado em 1902.

Os sais de antimônio foram usados até recentemente contra a infecção tropical parasita leishmaniose. O átomo de antimônio liga-se aos átomos de enxofre do sítio ativo de certas enzimas e, se estes são mais importantes para o parasita do que para o hospedeiro humano, então é possível matar um sem machucar muito o outro. Muito antimônio, por sua vez, e até mesmo o sistema enzimático humano pode ser interrompido, ocasionando a morte, talvez após vários dias. Nosso consumo diário é variável, dependendo do que comemos, mas é provavelmente de 0,5 mg ou menos, sendo que a massa total de antimônio, em uma pessoa comum é de cerca de 2 mg. Por sorte, nosso corpo o excreta rapidamente e não existe nenhum órgão que o abrigue.

A produção anual de antimônio é de cerca de 50.000 toneladas. Ele vem principalmente da China, Rússia, Bolívia e África do Sul, onde depósitos de minérios de sulfeto de antimônio podem ser encontrados, mas também é obtido como subproduto de alguns minérios de cobre.

O antimônio faz parte de um número limitado de metais e ligas que se expandem com o resfriamento e solidificação. Era sabido que antigas civilizações, de 5.000 anos atrás, e artesãos, usavam esta curiosa propriedade para fazer finos objetos moldados. O antimônio foi redescoberto por um alquimista desconhecido na Idade Média, posto em uso para se fazer ligas para sinos e, mais tarde, para emoldurar tipos de liga de chumbo para impressão. Um pouco de antimônio não só endurecia o chumbo, mas também fazia com que ele se expandisse quando resfriado, o que dava grande definição à moldura e uma face mais límpida ao tipo. Mesmo hoje, sua liga com chumbo é importante, correspondendo a maior parte de seu uso, como agente para o endurecimento de placas de chumbo em baterias de carros. A pesquisa com o antimônio ainda continua, sendo que os pesquisadores químicos o utilizam para fazer novos semicondutores, tais como o antimoneto arseneto de gálio.

O outro uso principal do antimônio é como óxido de antimônio, que é adicionado a plásticos para torná-los retardantes de fogo. Quando o plástico começa a queimar, ele reage com o óxido de antimônio, gerando uma película química que detém o fogo e, até mesmo, pode extingui-lo. Desta forma, a espuma em móveis e colchões pode ser feita de forma mais segura, mas, isto teve um curioso resultado no Reino Unido, em 1994. Quando os corpos de bebês, que morreram no berço, foram analisados, afirmou-se que continham níveis muito mais altos de antimônio do que bebês normais e que esse antimônio teria vindo dos colchões deles, na forma de gases voláteis, que poderiam ter sido formados por bactérias. Foi sugerido que os bebês teriam morrido como resultado da inalação destes gases de antimônio, que são, na verdade, mortais em altas concentrações. Um caso clássico de pânico causado pela mídia estava a caminho e dezenas de milhares de pais livraram-se dos colchões dos berços de seus filhos. E tudo isto à toa — porque o problema não era com os colchões, mas com as análises realizadas dos órgãos dos bebês e com a interpretação do significado dos resultados. Nenhum dos bebês tinha morrido como resultado dos diminutos traços de antimônio nos seus corpos.

◆ QUADRO 9 ◆
Poluindo o planeta
• plutônio •

Em agosto de 1945, um novo elemento artificial foi descoberto, o polônio, que surgiu inesperadamente no mundo, quando foi detonado sobre Nagasaki, Japão, matando 70.000 pessoas. (A bomba anterior, que caiu sobre Hiroshima, era uma bomba de urânio.) Hoje existem cerca de 1.200 toneladas de plutônio, das quais 200 toneladas foram utilizadas para fazer bombas e o resto tem se acumulado como um subproduto de usinas nucleares. Parece que o mundo está agora destinado a viver com este metal indesejável por centenas de milhares de anos.

Glenn Seaborg, Arthur Wahl e Joseph Kennedy foram os primeiros a fazer átomos de plutônio, em dezembro de 1940, em Berkeley, Califórnia, através do bombardeamento de óxido de urânio com deutério. Eles batizaram o novo elemento de plutônio devido ao mais distante planeta do sistema solar, Plutão. Quando Seaborg e seus colegas investigaram o novo elemento, rapidamente perceberam que estavam diante de um metal notável. Sua propriedade mais atraente era ele ser físsil — em outras palavras, quando um átomo de plutônio era atingido por um nêutron, ele se dividia, liberando uma grande quantidade de energia e expelindo mais nêutrons. Estes, por sua vez, podiam dividir mais átomos, iniciando uma reação em cadeia que, em dadas quantidades mínimas do metal, poderia terminar com uma explosão. Essa quantidade mínima, a chamada massa crítica, demonstrou ser surpreendentemente baixa, 4 kg, aproximadamente do tamanho de uma maçã.

Dentro de um ano, o grupo de Seaborg tinha feito plutônio suficiente para poder vê-lo e não somente detectar sua presença pela medição da radioatividade. Pelo final de 1941, tinham feito plutônio suficiente para ser pesado, apesar de a massa ser de meros três milionésimos de grama. Antes tivessem parado neste ponto. Mas no verão de 1945, tinha sido feito plutônio suficiente para duas bombas atômicas, a primeira das quais foi testada em Alamogordo, Novo México, em julho. Assim começou a contaminação do planeta com o menos amado de todos os elementos.

Somente cerca de um quarto do plutônio em uma bomba atômica explode: o resto vaporiza. O mesmo é verdade com a bomba de hidrogênio, que possui uma bomba de plutônio em seu núcleo para iniciar a reação. Conseqüentemente, durante os anos de 1950, quando muitas destas bombas foram testadas acima do solo, foi espalhado plutônio suficiente pelos ventos para garantir que cada um de nós, agora, tenha uns poucos átomos de plutônio no corpo.

O plutônio é perigoso porque tende a se concentrar na superfície de nossos ossos, em vez de ser uniformemente distribuído pela estrutura óssea, como outros metais pesados. Por esta razão, os níveis permitidos de plutônio no corpo são os menores entre todos os materiais radioativos. Ele decai emitindo partículas-α, que são suficientemente fracas para serem detidas por uma folha de papel ou até mesmo pela pele, mas, dentro de nosso corpo, estas partículas podem danificar o DNA e — possivelmente — iniciar um câncer, como a leucemia. Com certeza, não é um elemento que gostaríamos de ver solto no meio ambiente.

Dentro de uma lata de aço ou mesmo um saco plástico, é seguro manusear um pequeno pedaço de plutônio, sendo possível sentir que está permanentemente quente devido à sua radioatividade. Este calor pode ser usado para gerar eletricidade. Unidades contendo plutônio foram levadas nas missões Apollo e deixadas na Lua para gerar eletricidade para sismógrafos. O plutônio também tem sido utilizado como fonte de energia para roupas de mergulho marítimo profundo e em marca-passos. Um pouco de plutônio é utilizado para se fazer o califórnio, elemento altamente emissor de nêutrons, que é usado em terapias contra o câncer, detectores de umidade e no equipamento analítico *in loco* para prospecção de ouro e perfuração de poços de petróleo.

O plutônio tem uma densidade de 20 kg por litro, um pouco maior do que a do ouro e derrete a 641°C. O metal é incomum, pois pode existir em seis diferentes formas, mudando pela ação de seu próprio calor interno. Assim que ele se aproxima de seu ponto de fusão, diminui de tamanho, devido à conversão de uma forma em outra. O plutônio é diferente de outros, pois tem uma condutividade elétrica e térmica relativamente baixa. O metal puro é tão quebradiço quanto ferro fundido, porém, uma liga com 1% de alumínio torna-o tão maleável quanto o cobre.

O plutônio é quimicamente muito reativo. Combina-se com oxigênio para formar o óxido, que é potencialmente muito perigoso, como foi descoberto pelos cientistas do Laboratório Nacional de Los Alamos, Novo México, em 1993. Uma lata contendo plutônio, que não era totalmente hermética, arrebentou devido à pressão do óxido formado, que tem um volume 40% maior do que o metal puro.

Acidente como este nos preocupa, pois o plutônio indesejado terá de ser armazenado de maneira segura por centenas de milhares de anos — sua meia-vida é de 24.100 anos. A solução mais favorável é enterrá-lo na forma de compartimentos de vidro. Os americanos, que estão coletando o plutônio advindo do seu próprio desarmamento nuclear e do da Rússia, planejam fundir óxido de plutônio com óxidos de silício, boro e gadolínio, para transformá-lo em vidro. O boro e o gadolínio neste vidro assegurarão que todo nêutron seja seguramente absorvido. Não precisamos também ter medo de que os compartimentos possam ser lentamente atacados pela água, que poderia liberar o plutônio. O óxido de plutônio é um dos óxidos menos solúveis — são necessários milhões de litros de água para dissolver um átomo — e o óxido de plutônio aprisionado no vidro é ainda menos solúvel do que isto.

QUADRO 10

Salva-vidas radioativo
• amerício •

Em 1945, acrescentando-se ao plutônio, um outro novo elemento foi anunciado, de uma forma ainda mais incomum. Este era o amerício e o que tornava seu anúncio incomum na época foi o meio escolhido para divulgar a informação: um programa de rádio dos EUA para crianças, chamado Quiz Kids. O cientista convidado daquela semana era Glenn Seaborg, que encontramos no quadro anterior. Seaborg tinha dirigido um programa científico que havia feito secretamente novos elementos, na Universidade de Chicago, Illinois, durante a Segunda Guerra Mundial. O amerício é o elemento número 95 e foi feito pelo bombardeamento de plutônio com nêutrons, em um reator nuclear.

Seaborg anunciou a formação deste novo elemento, mas não deu um nome a ele. Isto aconteceu no ano seguinte, em 10 de abril, em um encontro em Atlantic City, quando foi anunciado que ele seria chamado amerício em homenagem à América. Ele vem abaixo do európio na tabela periódica, sendo que o nome deste último foi dado em homenagem ao continente no qual ele tinha sido descoberto, por E. A. Demarçay, em Paris, em 1901. Desta forma, Seaborg e seus colaboradores decidiram dar o nome do novo elemento em homenagem ao continente de seu nascimento, e surgiu então o amerício.

Desde então, algumas de suas propriedades têm sido medidas e sabemos agora que o amerício é um metal prateado e brilhante, que é atacado pelo ar, vapor e ácidos. É mais denso do que o chumbo e derrete a 994° C. Diversos compostos de amerício foram feitos e, alguns, tais como o cloreto de amerício, têm uma bela cor rosa.

O amerício é altamente radioativo, emitindo partículas-α e raios-γ, assim que se transmuta em netúnio. Dois isótopos são agora produzidos: o amerício-243, que é feito em quantidade de quilogramas, pelo bombardeamento com nêutrons do plutônio-239 e que possui um tempo de meia-vida relativamente longo de 7.370 anos; em outras palavras, durante este tempo, metade da amostra sofrerá decaimento radioativo. O outro isótopo é o amerício-241, que é extraído de reatores nucleares, tendo uma meia-vida de 432 anos. O amerício é potencialmente perigoso devido à sua radiação e, caso ele entre no corpo, tende a se concentrar no esqueleto. Porém, apesar de sua radioatividade, o amerício, na verdade, salva vidas, sendo que vários quilogramas são feitos todos os anos.

Hoje em dia o amerício radioativo pode ser encontrado em vários lares, pois é parte essencial de detectores de fumaça. O metal está lá para ionizar moléculas de ar no detector. Os íons são formados pelas partículas-α ejetadas pelo amerício quando desintegra. Quando uma partícula-α colide com uma molécula dos gases do ar, tal como oxigênio ou nitrogênio, subtrai um elétron, deixando a molécula como um íon positivo. Esta, por sua vez, é atraída para o eletrodo negativo do detector e, com seu movimento, carregando sua carga positiva, cria-se uma pequena corrente de eletricidade. O fluxo contínuo desta diminuta corrente é monitorado por circuitos eletrônicos do detector e, caso seja interrompida, um alarme soa. A fumaça interrompe a corrente, porque partículas de fuligem no ar absorvem íons.

A quantidade de amerício-241 radioativo em um detector de fumaça é diminuta e a maior parte das fontes de amerício para detectores de fumaça é produzida nos EUA, como folhas seladas recobertas com ouro, cada uma contendo 150 microgramas de óxido de amerício. Elas são confiáveis e baratas, motivo pelo qual este tipo de detector de fumaça é o mais popular. A Comissão de Energia Atômica dos EUA ofereceu pela primeira vez o óxido de amerício para venda em março de 1962, pelo preço de US$ 1,500 por grama, sendo este ainda o preço hoje em dia. Um grama pode suprir óxido suficiente para mais de seis mil detectores. Detectores de fumaça no Reino Unido devem se encaixar dentro dos padrões estabelecidos pelo Conselho Nacional de Proteção Radiológica, apesar de o Conselho admitir que o descarte não é supervisionado. Mas, realmente não é necessário se preocupar com isto, pois o risco radioativo que o amerício representa é insignificante, quando comparado com os benefícios que ele confere em salvar vidas. Apesar de 33.000 átomos de amerício por segundo sofrerem decaimento radioativo em um detector de fumaça, nenhuma partícula-α escapa, pois estas não podem penetrar no revestimento do recipiente. Mesmo no ar raramente elas caminham mais do que alguns poucos centímetros, antes de colidirem com moléculas de oxigênio ou de nitrogênio e, assim fazendo, as partículas-α roubam elétrons, tornando-se átomos de gás hélio.

O amerício pode também ser feito para produzir nêutrons, que podem ser utilizados em sondas analíticas. Quando uma partícula-α atinge um átomo de berílio, ela transmuta este elemento em carbono, emitindo um nêutron. O fluxo de nêutrons de tal fonte de amerício-berílio pode ser usado para testar recipientes metálicos, projetados para armazenar material radioativo, assegurando que são completamente à prova de radiação.

Os raios-γ que o amerício emite têm comprimentos de onda menores do que o raio-X e, desta forma, são mais penetrantes. Eles já foram usados em radiografia para determinar o conteúdo de mineral nos ossos e de gordura em tecidos, mas agora são usados somente para determinar a espessura de chapas de vidro e metal. A transmissão dos raios nos diz qual a espessura do material.

Não há fontes naturais de amerício e é impossível que algum dia ele tenha existido na Terra. Mesmo que tenha existido amerício em nosso planeta, no início dos tempos, não teria durado tanto tempo. O isótopo mais estável é o amerício-243, que tem uma meia-vida de 7.370 anos. Se tivesse havido um bilhão de toneladas de amerício quando a Terra se formou, todo ele já teria sido reduzido a apenas um único átomo em menos de um milhão de anos.

O amerício não desempenha nenhum papel em seres vivos e é altamente perigoso, devido à radiação-α. Como vimos com o plutônio, estes raios podem ser parados por uma folha de papel, mas, se forem gerados dentro do corpo, podem causar a destruição das células próximas. A maior parte do amerício tende a se concentrar no esqueleto, mas, felizmente, não é provável que venhamos jamais a ingeri-lo. Poderíamos nos preocupar com o descarte de velhos detectores de fumaça, pois se terminassem sendo incinerados, poderiam aumentar os índices atmosféricos de radioatividade. Porém, a liberação deste amerício não adicionaria radiação significativa à radioatividade de fundo que já existe, neste planeta naturalmente radioativo.

Q U A D R O   11

Terra à vista!
• o elemento 114 •

Um inesperado subproduto do desenvolvimento de armas nucleares, durante a Segunda Guerra Mundial e do programa de energia atômica que se seguiu, foi o surgimento de uma série de novos elementos pesados e artificiais. O urânio, elemento 92, não era o último elemento na ordem natural das coisas, como pensavam os antigos químicos, apesar de ser o elemento mais pesado que pode ser encontrado na Terra. A tabela periódica dos elementos pode agora ser estendida além do urânio, mas não há evidências de que os novos elementos jamais tenham existido na natureza e, mesmo que tivessem, já teriam decaído.

Este decaimento poderia ter ocorrido se suas meias-vidas fossem curtas, comparadas com a idade do planeta, que tem cerca de 4,5 bilhões de anos. Nós agora sabemos que, mesmo se tivesse existido um milhão de toneladas de netúnio, o primeiro elemento depois do urânio, quando a Terra foi formada, todo ele já teria desaparecido, apesar de sua meia-vida de 2.140.000 anos ser relativamente longa. Isto significa que, neste tempo, um milhão de toneladas de netúnio teria se tornado meio milhão de toneladas que, após mais 2.140.000 anos, teria se tornado um quarto de milhão de toneladas e assim por diante. No tempo de vida da Terra, teria havido tempo para que este processo acontecesse 2.000 vezes. Na verdade, seriam necessárias apenas 91 meias-vidas, levando 195.000.000 de anos, para reduzir um milhão de toneladas de netúnio a um único átomo. Mesmo se houvesse um bilhão de toneladas de netúnio quando a Terra foi formada, todo ele já teria decaído, requerendo cerca de 114 meias-vidas e levando cerca de 250 milhões de anos.

Os elementos além do urânio têm sido feitos de duas formas. Alguns pelo bombardeamento de um elemento existente com nêutrons, que são absorvidos pelo núcleo relativamente fácil, pois não têm carga e, desta forma, não são repelidos. Entretanto, a absorção de nêutrons não cria, por si só, um novo elemento; mas o núcleo então ejeta uma partícula-β negativa, formando-se um novo elemento, com um número atômico maior. Foi assim que o netúnio (93), o amerício (95), o einstênio (99) e o férmio (100) foram feitos.

Um outro método de preparar novos elementos é bombardear um alvo de um elemento pesado com o núcleo de um outro elemento, tal como hidrogênio (número atômico 1), hélio (2), carbono (6), nitrogênio (7) ou oxigênio (8), esperando que, com isso, os dois núcleos se fundam, criando um novo elemento mais pesado. Os elementos mais pesados são sintetizados desta forma. A dificuldade aqui é que ambos — alvo e míssil — são positivamente carregados e, desta forma, se repelem um ao outro. Caso se deseje que um novo núcleo mesclado seja formado, então o núcleo míssil deve ter um alto conteúdo energético. Isto pode ser providenciado através da aceleração do núcleo em máquinas chamadas ciclotrons, que operam em altas tensões. Desta forma, outros elementos mais pesados foram feitos.

Por trinta anos, os americanos estiveram à frente deste tipo de pesquisa e os cientistas mais intimamente associados com a descoberta de muitos elementos novos foram Albert Ghiorso, que liderou o time de físicos e químicos, nos laboratórios de Berkeley e seu colega Glenn Seaborg, que dominava a parte experimental para fazer muitos deles. Para começar, os novos elementos, descobertos pelos americanos foram batizados segundo os planetas mais afastados do sistema solar. Como o urânio foi denominado devido a Urano, em 1789, temos então o netúnio (93) e o plutônio (94), cujos quadros você esteve vendo anteriormente nesta Galeria.

A partir do elemento 95, o suprimento de nomes advindos de planetas afastados acabou; desta forma, de modo não surpreendente, os cientistas voltaram suas atenções para mais próximo de casa e chamaram os novos elementos de amerício (95), berquélio (97) e califórnio (98) — estes dois últimos foram batizados em homenagem aos laboratórios de Berkeley, Califórnia, onde foram feitos.

O cúrio (96) foi batizado em homenagem ao casal de pesquisadores Pierre e Marie Curie. O einstênio (99) foi um tributo a Albert Einstein e o férmio (100) um tributo a Enrico Fermi, o físico italiano que ganhou o prêmio Nobel de 1938, por seu trabalho pioneiro nesta área. O mendelévio (101) foi chamado assim em homenagem ao químico russo Dimitri Mendeleyev, que produziu a primeira tabela periódica dos elementos, em 1869 e o nobélio (102) em tributo a Alfred Nobel, que inventou a dinamite e usou os ganhos gerados para financiar o prêmio mais cobiçado no mundo. O laurêncio (103) foi denominado em honra a Ernest Lawrence, o homem que ganhou o prêmio Nobel de Física em 1939 e que inventou o ciclotron, com o qual muitos destes novos elementos foram feitos.

Os elementos além do férmio (100) têm

núcleos muito instáveis, tornando-se progressivamente mais difícil fazê-los e detectá-los. Como resultado houve conflitos pela descoberta dos elementos 104, 105 e 106. Em 1964, cientistas russos, em Dubna, anunciaram o elemento 104, mas este foi disputado em 1969 pelos cientistas de Berkeley, que relataram a descoberta do elemento 104 e habilmente chamaram-no de ruterfórdio, em homenagem a Lorde Rutherford, o neozelandês que foi o primeiro a dividir o átomo. Diferentemente dos russos, os americanos foram capazes de fazer vários milhares de átomos do elemento 104.

O elemento 105, da mesma forma, também teve problemas. Foi primeiramente relatado pelos cientistas de Dubna, em 1967, mas, novamente, foi disputado pelo grupo de Berkeley, que, em 1970, o relatou, dando-lhe o nome de háhnio, em homenagem a Otto Hahn, o químico alemão que observou pela primeira vez a fissão do urânio. Vários átomos do elemento 105 foram feitos a partir do bombardeamento do califórnio com núcleos de nitrogênio. Em 1997, seu nome foi trocado para dúbnio, em reconhecimento às realizações dos russos neste campo.

O mesmo choque de reivindicações e contra-reivindicações seguiu o elemento 106, mas era quase certo que ele tinha sido pela primeira vez produzido em 1974, pelos times de Berkeley e o Laboratório Nacional Lawrence Livermore e, em 1994, eles deram-lhe o nome de seabórgio, em honra a Glenn Seaborg. Vários átomos de seabórgio foram feitos pelo bombardeamento do califórnio com núcleos de oxigênio, usando um ciclotron de 224 cm de diâmetro, que produz cerca de um bilhão de átomos por hora, dos quais apenas um é seabórgio.

Depois, ambos os grupos americanos e russos foram ultrapassados como fabricantes de elementos por um novo grupo do centro de pesquisas nucleares Gesellschaft für Schwerionenforschung (GSI), em Darmstadt, Alemanha, liderados por Peter Armbruster e Gottfried Münzenber. Eles relataram a descoberta do elemento 107, em 1981. O grupo de Darmstadt usou o chamado método de "fusão a frio", no qual um alvo de bismuto era bombardeado com átomos de cromo. Um único átomo do elemento 107 foi detectado, tendo sido batizado com o nome de bóhrio, em homenagem ao grande físico dinamarquês, Niels Bohr, que propôs a primeira teoria que teve sucesso em explicar a natureza dos átomos, ganhando o prêmio Nobel de Física em 1922.

O elemento 109 foi descoberto em 1982 no GSI e, na verdade, foi descoberto antes do elemento 108, que foi mencionado em 1984. Novamente, os cientistas usaram o método de fusão a frio, no qual um alvo de chumbo foi bombardeado com ferro, dando o elemento 108. Eles o chamaram de héssio, em homenagem ao estado de Hesse, onde foi feito pela primeira vez e o elemento 109 de meitnério, em honra ao físico austríaco Lise Meitner, que foi o primeiro cientista a perceber que uma fissão nuclear espontânea era possível. Um único átomo de meitnério foi feito pela fusão de bismuto e ferro. Até hoje menos de dez átomos deste elemento foram produzidos.

Mais tarde, em 1994, os cientistas alemães fizeram os elementos 110 e 111, desde então sem nome. Novamente, somente um único átomo do elemento 110 foi feito, através da fusão de átomos de níquel e chumbo. Sua meia-vida era de 107 microssegundos e ele decaía pela emissão de partículas-α, em vez de sofrer fissão nuclear. Um único átomo do elemento 111 foi feito de modo similar. Cada novo elemento que era produzido tinha uma meia-vida mais curta do que o elemento anterior a ele na tabela periódica.

Em fevereiro de 1996, o time alemão fez os primeiros átomos do elemento 112 e descobriu que a meia-vida deste elemento era ligeiramente mais longa do que o esperado, apesar de existir por menos de um milionésimo de segundo. A crescente estabilidade nuclear deste elemento mais pesado não é tão estranha quanto pode parecer. Vários anos atrás, foi sugerido que, conforme o número atômico aumentava, poderíamos atingir o que foi chamado "ilha de estabilidade", centrada no elemento 114, pois este deveria ter um núcleo particularmente estável. Os elementos adjacentes ao 114 também teriam um aumento da estabilidade do núcleo; desta forma, os elementos 112, 113, 115 e 116 poderiam todos ser estáveis o bastante para serem produzidos diversos átomos. Com o novo elemento 112, os exploradores alemães poderiam estar vislumbrando esta terra de fábulas.

O que poderiam ter descoberto? Conceitualmente, o elemento 114 teria uma meia-vida longa o suficiente para existir por algumas poucas horas, neste caso, poderia até mesmo ser possível estudar alguns de seus compostos químicos e, com isto, mostrar que é similar ao chumbo. Por que o chumbo? Este é o elemento abaixo do qual o 114 está localizado na tabela periódica dos elementos e, assim, teria propriedades similares. Por exemplo, podemos prever que terá dois sais com o cloro, um com dois e outro com quatro átomos de cloro.

É pouco provável que estes compostos sejam estáveis, pois sofreriam com a intensa radioatividade associada a estes elementos e se partiriam tão rápido quanto foram formados. Poderiam realmente ser habitantes da ilha de estabilidade, mas este é apenas um termo relativo, comparando-os com os elementos que vieram antes. Na verdade, eles ainda continuarão a ser elementos do inferno.

Felizmente, habitamos um planeta em que a maioria dos isótopos radioativos, que estavam por perto quando ele se formou, já decaíram. E, ainda que haja uma radiação de fundo, podemos viver nossas vidas. A crosta da Terra contém elementos radioativos, tais como o tório e o urânio e há poucos elementos com isótopos radioativos de longa duração, como o potássio, porém o resíduo deste agora é diminuto. O carbono-14 radioativo é formado na atmosfera da Terra e sempre estará conosco — há traços dele em todos os seres vivos. Não há nada que possamos fazer contra nenhum destes elementos. No passado, aumentamos o número de isótopos radioativos e elementos no meio ambiente, através de bombas, testes e acidentes nucleares. Comparada com estes, a quantidade de elementos radioativos usados com propósitos médicos, analíticos e para detectores de fumaça é minúscula e suas contribuições para a radiação de fundo em nossas vidas são muito pequenas.

LISTA DE LIVROS

Se você quer saber mais sobre a química de moléculas e elementos envolvida em *Moléculas em Exposição*, então as seguintes referências são recomendadas:

H.-D. BELITZ, W. GROSCH, *Food Chemistry*, Springer Verlag, Berlim, 1987.

S. BUDAVARI (editor), *The Merck Index*, 11.ª edição, Merck, Rahway, N. J., 1989.

H. G. ELIAS, *Mega Molecules*, Springer Verlag, Berlim, 1985.

J. EMSLEY, *The Elements*, 3.ª edição, Oxford University Press, Oxford, 1998.

N. N. GREENWOOD, A. EARNSHAW, *Chemistry of the Elements*, Pergamon Press, Oxford, 1984.

G. M. LOUDON, *Organic Chemistry*, 2.ª edição, Benjamin/Cummings, Menlo Park, CA, 1988.

Para aqueles leitores que gostariam de saber sobre os tópicos com um pouco mais de profundidade, os seguintes livros são recomendados:

A. ALBERT, *Xenobiosis, Food, Drugs and Poisons in the Human Body*, Chapman & Hall, Londres, 1987.

M. ALLABY, *Facing the Future*, Bloomsbury, Londres, 1995.

P. W. ATKINS, *Molecules*, Scientific American Library, Nova York, 1987.

P. W. ATKINS, *The Periodic Kingdom*, Weindenfeld & Nicolson, Londres, 1995.

A. E. BENDER, *Health or Hoax?*, Sphere Books, Londres, 1986.

S. BINGHAM, *The Everyman Companion to Food and Nutrition*, J. M. Dent, Londres, 1987.

S. BRAUN, *Buzz: The Science and Lore of Alcohol and Caffeine*, Oxford University Press, Nova York, 1996.

W. H. BROCK, *The Fontana History of Chemistry*, Fontana Press, Londres, 1992.

A. R. BUTLER, "Pass the Rhubarb", *Chemistry in Britain*, June, 461, 1995.

C. COADY, *Chocolate, the Food of the Gods*, Pavilion Books, Londres, 1993.

P. A. COX, *The Elements: Their Origin, Abundance and Distribution*, Oxford University Press, Oxford, 1989.

P. A. COX, *The Elements on Earth*, Oxford University Press, Oxford, 1995.

T. P. COULTATE, *Food, the Chemistry of its Components*, 3.ª edição, Royal Society of Chemistry, Londres, 1995.

H. D. CRONE, *Chemicals & Society*, Cambridge University Press, Cambridge, 1986.

J. DAVIES, J. DICKERSON, *Nutrient Content of Food Portions*, Royal Society of Chemistry, Londres, 1991.

B. DIXON, *Power Unseen*, W. H. Freeman/Spektrum, Oxford, 1994.

H. G. ELIAS, *Mega Molecules*, Springer Verlag, Berlim, 1985.

H. B. GRAY, J. D. SIMON, W. C. TROGLER, *Braving the Elements*, University Science Books, Sausalito, CA, 1995.

J. EMSLEY, *The Consumer's Good Chemical Guide*, Spektrum, Oxford, 1994.

G. HAISLIP, "Chemicals in the Drug Traffic", *Chemistry & Industry*, 704, 20 de setembro de 1993.

C. A. HEATON (editor), *The Chemical Industry*, Blackie, Glasgow, 1986.

M. HENDERSON (editor), *Living with Risk*, British Medical Association/John Wiley, Chichester, 1987.

H. HOBHOUSE, *Seeds of Change: Five Plants that Transformed Mankind*, Sidgwick & Jackson, Londres, 1985.

J. T. HUGHES, *Aluminium and Your Health*, Rimes House, Cirenchester, Reino Unido, 1992.

R. J. KUTSKY, *Handbook of Vitamins, Minerals and Hormones*, 2.ª edição, Van Nostrand Reinhold, Nova York, 1981.

J. LENIHAN, *The Crumbs of Creation*, Adam Hilger, Bristol, 1988.

J. MANN, *Murder, Magic and Medicine*, Oxford University Press, Oxford, 1994.

J. L. MEIKLE, *American Plastic: a Cultural History*, Rutgers University Press, New Brunswick, NJ, 1995.

P. J. T. MORRIS, *Polymer Pioneers*, The Center for History of Chemistry, publicação n.º 5, Filadélfia, 1986.

S. T. I. MOSSMAN, P. J. T. MORRIS (editores), *Development of Plastics*, Royal Society of Chemistry, Londres, 1994.

M. A. OTTOBONI, *The Dose Makes the Poison*, 2.ª edição, Van Nostrand Reinhold, Nova York, 1991.

J. POSTGATE, *Microbes and Man*, 3.ª edição, Penguin Books, Londres, 1992.

J. V. RODRICKS, *Calculated Risks, Understanding the Toxicity and Health Risks of Chemicals in Our Environment*, Cambridge University Press, 1992.

B. SELINGER, *Chemistry in the Market Place*, 4.ª edição, Harcourt Brace Jovanovich, Sydney, Austrália, 1988.

N. M. SENOZAN, J. A. DEVORE, "Carbon Monoxide Poisoning", *Journal of Chemical Education*, volume 73, número 8 (agosto), página 767, 1996.

C. H. SNYDER, *The Extraordinary Chemistry of Ordinary Things*, John Wiley, Nova York, 1992.

J. A. TIMBRELL, *Introduction to Toxicology*, Taylor & Francis, Londres, 1989.

N. J. TRAVIS, E. J. COCKS, *The Tincal Trail: a History of Borax*, Harrap, Londres, 1984.

D. M. WEATHERALL, *In Search of a Cure, a History of Pharmaceutical Discovery*, Oxford University Press, Oxford, 1990.

E. M. WHELAN, *Toxic Terror*, Prometheus Books, Buffalo, NY, 1993.

G. WINGER, F. G. HOFMANN, J. H. WOODS, *A Handbook of Drug and Alcohol Abuse, Biomedical Aspects*, 3.ª edição, Oxford University Press, Oxford, 1992.

APÊNDICE

Quadros moleculares mostrados em *Moléculas em Exposição*

- **Galeria 1**
  Feniletilamina
  Ácido oxálico
  Cafeína
  Ácido fosfórico
  Dissulfeto de dipropenila
  Metilmercaptana
  Selênio
  Salicilatos
  Ftalatos

- **Galeria 2**
  Fosfato de cálcio
  Cloreto de sódio
  Cloreto de potássio
  Ferro
  Magnésio
  Zinco
  Cobre
  Estanho, vanádio, cromo, manganês, molibdênio, cobalto e níquel

- **Galeria 3**
  Ácido fólico
  Ácido araquidônico
  Óxido nítrico
  Queratina
  Visco
  Penicilina

- **Galeria 3A**
  Ecstasy
  Cocaína, heroína e drogas sintéticas
  Nicotina
  Epibatidina
  Melatonina

- **Galeria 4**
  Surfactantes
  Fosfatos
  Perfluorpoliéteres
  Hipoclorito de sódio
  Vidro
  Acrilato de etila
  Anidrido maléico
  Monóxido de carbono
  Bitrex
  Zircônio
  Titânio

- **Galeria 5**
  Tencel
  Celulóide
  Etileno
  Polipropileno
  Teflon
  Polietilenotereftalato
  Poliuretano
  Poliestireno
  Kevlar

- **Galeria 6**
  Oxigênio
  Nitrogênio
  Argônio
  Ozônio
  Dióxido de enxofre
  DDT
  Diclorometano
  Água
  Sulfato de alumínio

- **Galeria 7**
  Carbono
  Etanol
  Metanol
  Éster metílico de colza
  Hidrogênio
  Metano
  Benzeno
  Cério
  Acetato de magnésio e cálcio
  Azida de sódio

- **Galeria 8**
  Sarin
  Atropina
  Gás CS
  Berílio
  Chumbo
  Cádmio
  Tálio
  Antimônio
  Plutônio
  Amerício
  O elemento 114

ÍNDICE ANALÍTICO

acetaldeído, 50
acetato de magnésio e cálcio, 171
ácido araquidônico, 56
ácido fluorídrico, 117
ácido fólico, 54
ácido fosfórico, 13
ácido fumárico, 93
ácido linoléico, 57
ácido oxálico, 6
ácido salicílico, 22
ácido sulfúrico, 110
ácido tartárico, 94
ácido úrico, 50
acrilato de etila, 90
acrodermatite enterofática, 43
açúcar, 2
Admirável Mundo Novo, 70
Adolfo Pasetti, 85
Agatha Christie, 190
água, 146
água leve, 45
airbag, 172
airbags, 173
Alan Lewis, 20
Albert Einstein, 21
alcano, 166
alcoolismo, 41
Aldous Huxley, 70
Alexander Fleming, 66
Alexandre Lagan, 35
Alfred, Lord Tennyson, 59
Alfred Nobel, 198
alho, 15
Alison Hargreaves, 129
All-Bran, 36
alta pressão sangüínea, 19
alumínio, 27
amerício, 195, 198
Ananda Prasad, 43
Andrew Neil, 16
Andrew Rugg-Gunn, 31
Andrés Manoel del Rio, 48

anemia, 19
anemia megaloblástica, 55
anestésico, 76
anfetamina, 74
anidrido maléico, 92
antiácido, 29
antimônio, 192
Antonio Salieri, 192
argônio, 133
arsênico, 20
Arthur Wahl, 194
artrite, 19
aspirina, 22
astecas, 3
atático, 114
ATP, 13
atropina, 180
azida de sódio, 172
bactéria, 39
Bayer, 22
Ben Corson, 182
benzedrina, 72
benzeno, 167
benzoato de denatônio, 98
berílio, 184
berquélio, 198
beriliose, 184
bicarbonato, 22
biocombustível, 162
biodiesel, 171
bisfosfonatos, 30
Bitrex, 96
Bloody Marys, 24
botirio, 199
bórax, 89
borossilicato, 89
Brian O'Rourke, 126
brometo de benzila, 182
Bronek Wedzicha, 140
Bryn Jones, 84
Cabo Canaveral, 163
Cadburys, 6

cádmio, 187
cafeína, 8
cálcio, 27
calcopirita, 46
califórnio, 198
câncer, 19
cânfora, 108
cantharides, 62
Carajás, 47
carbonato de sódio, 32
carbono, 152
carboxihemoglobina, 95
carcinogênico, 49
Carl Scheele, 131
Carl Wilhelm Scheele, 7
Casanova, 4
celulóide, 107
celulose, 108
cério, 169
CFCs, 121
chá, 24
Chantal Coady, 3
Charles Cross, 106
Châteauneuf du Pape, 186
China, 16
chocolate, 2,3
Christian Friedrich Bucholz, 45
Christopher Silagy, 16
chumbo, 185
cisteína, 63
Claude Auguste Lamy, 190
Clayton Beadle, 106
cloreto de etila,
cloreto de potássio. 36
cloreto de sódio, 32
cloro, 86
cobalto, 28, 46
cobre, 28
Coca-Cola, 1. 9
cocaína, 73
Colin Morley, 82
colza, 159
Conrad Johnston, 29
Constante Corti, 85
Cornelius Drebbel, 131
Crimplene, 118
crômio, 28, 46
cúrio, 198
curry, 23
Dario Sianesi, 85
David Cadogan, 25
DDT, 141

desnutrição, 41
diálise, 148
dicloreto metilfosfônico, 178
dicloro-difenil-tricloroetano, 141
diclorometano, 143
Dietrich Behne, 15
dimetiltereftalato, 119
dióxido de carbono, 12, 22, 50
dióxido de enxofre, 138
dissulfeto de dimetila, 18
dissulfeto de dipropenila, 14
distrofia muscular, 19
DNA, 13
docosahexanóico, 56
doenças cardíacas, 20
dopamina, 12
dúbnio, 199
DuPont, 116
ecstasy, 70
Edmund Hillary, 129
Edmund Stone, 21
Edward Bevan, 106
Edel Sweeney, 65
Efeito Estufa, 145
einstênio, 198
Elisabeth Dorant, 16
encefalomielite miálgica, 41
encefalopatia espongiforme bovina, 143
envelhecimento precoce, 19
enxofre, 42
enzimas, 43
epibatidina, 76
Eric Fawcett, 110
Eric Trimmer, 42
Ernest Lawrence, 198
Ernst Abbé, 89
erva-louca, 21
ervilhaca, 21
esclerose múltipla, 19
espectroscopia de infravermelho, 96
espectroscopia fotoacústica, 96
espinafre, 7
estanho, 28
éster metílico de colza, 159
estômago, 38
etanol, 156
etileno, 109
etilenoglicol, 118
Felix Hoffmann, 22
feniletilamina, 3, 4
férmio, 198
ferro, 38

fluorapatita, 30
fluoreto, 30
fluoreto de sódio, 178
fluorose, 31
flúor-silicato, 31
fosfato, 13, 28, 83
fosfato de cálcio, 28
fosfato de crômio,
fosfatos, 83
framboesas, 23
Francis Ebling, 78
Friedlieb Ferdinand Runge, 11
ftalato, 24
galato de epicatequina, 12
galato de epigalocatequina, 12
gás, 182
Gerhard Schrader, 178
germe de trigo, 19
Gilroy, 15
Gim Tônica, 24
Giulio Natta, 114
glândulas sudoríparas, 45
Glenn Seaborg, 194
glicose,
gluconato de cálcio, 7
glutationa peroxidase, 19
gorduras, 23
Goretex, 117
Gottfried Münzenber, 199
Graham Embery, 17
Graham Young, 190
Graemer Mather, 38
Gunnar Rolla, 17
haggis, 140
háfnio, 199
Hans Lentzen, 65
Heindrich Dreser, 22
hemocianina, 45
Henri Griffard, 162
Henry Cavendish, 133
Henry Nestlé, 6
heroína, 73
Hersheys, 6
Hervé Robert, 5
héssio, 199
hexano, 166
hidrogênio, 162
hidroxiapatita,
hidróxido de magnésio, 41
hidróxido de sódio, 8, 86
hipoclorito de sódio, 86
hipotálamo, 36

Hironori Arakawa, 164
Hiroshima, 116
HIV, 57
Ian Fells, 129
ice, 72
ICI, 121
ilhas Galápagos, 40
indigestão, 29
infertilidade, 19
iodeto de potássio, 32
isopropanol, 178
isotático, 114
James Briscoe, 178
James Dewar, 162
James Dickson, 118
Jesus Cristo, 88
Jim Bolin, 132
Joan Roach, 3
John Mayow, 131
John Pemberton, 9
John T. Hughes, 149
John Webb, 101
John Carthwaite, 61
John Mayow, 131
John Wesley, 107
John Martin, 40
John Timbrell, 8
Jöns Jacob Berzelius, 20, 99
Joseph Kennedy, 194
Joseph Priestley, 130
Júlio César, 47
Justus von Liebig, 110
Kari Mielikäinen, 139
Karl Zeiss, 89
Karl Ziegler, 114
Karl-Erik Andersson, 59
Katumori Nakamura, 17
Kazuhiro Sayama, 164
Kenneth Donald, 130
Keshan, 20
Kevlar, 124
kola, 11
Kullervo Kuusela, 139
lactoferrina, 58
lactotransferrina, 39
laurêncio, 198
Leite de Magnésia, 41
Linxian, 20
Lise Meitner, 199
Listerine, 18
Lord Rayleigh, 133
macaco e a essência, O, 143

magnésio, 40
mal de Alzheimer, 148
mal de Parkinson, 39
malaquita, 46
manganês, 28, 46
Marco Pólo, 21
Mark Roberts, 29
Martin Heinrich Klaproth, 98
Martin Hocking, 124
mau hálito, 19
Mazda, 163
Mehdi Taghiei, 165
melatonina, 77
mendelévio, 198
mercúrio, 20
metais, 19, 27
metano, 165
metanol, 158
metilisobutil cetona, 182
metilmercaptana, 16
Michael Crawford, 56
Michael Faraday, 168, 130
Mike Campbell, 41
Mike Hasting, 78
miúdos, 19
molibdênio, 28, 46
monoetilenoglicol, 119
monóxido de carbono, 94
morfina, 77
Mozart, 192
muesli, 33
Nagasaki, 116
NASA, 116
Neil Armstrong, 116
netúnio, 198
nicotina, 74
Niels Bohr, 199
Nigel Cox, 37
Nils Gabriel Selfström, 48
níquel, 28, 51
nitração, 108
nitrogênio, 132
Nitrox, 130
nobélio, 102
nozes, 19
Norman Heatley, 66
NutraSweet, 94
obesidade, 1
óleo, 171
omega-6, 57
Orville Beath, 21
osteoclastos, 29

Otto Hahn, 199
Otto Schott, 89
ovotransferrina, 39
óxido de cério, 170
óxido nítrico, 59
oxigênio, 45, 128
ozônio, 135
p-aminobenzóico, 55
pâncreas, 39
Patrick Maestro, 171
Paul Agutter, 180
Paul Elliot, 35
Paul Herman Möller, 141
Paul Hogan, 113
Paul Roessler, 161
Pekka Kauppi, 139
peltre, 185
Pemex, 166
penicilina, 66
perfluoropoliéteres, 84
Perspex, 104
PET, 118
Peter Armbruster, 199
PFPE, 85
Phil Anderson, 42
plásticos, 104
plexiglas, 92
plutônio, 194
poliestireno, 122
polietilenotereftolo, 118
polipeptídeo, 63
polipropileno, 113
poliuretano, 120
Por dentro do III Reich, 178
ppb, xii
ppm, xi, 28
ppt, xii
pressão sangüínea, 46
Primavera silenciosa, 142
Primeira Guerra Mundial, 7
Propileno, 83
prostaglandinas, 22
proteína, 39
pteridina, 55
PVC, 25
quelantes, 39
queratina, 62
Rachael Carson, 142
radicais livres, 13
raiom, 76
Reginald Gibson, 110
Rex Whinfield, 118

Rex Palmer, 65
Rhône-Poulenc, 170
Richard Smithells, 55
rinoceronte, 53
rins, 19
RNA, 43
Robert Banks, 113
Roger Stoughton, 182
Rowntrees, 6
Roy Plunkett, 116
ruibarbo, 6
ruterfórdio, 199
sal, 31
sal de Epsom, 41
salcatonina, 30
salicilato, 12, 21
Salvador Moncada, 60
sangue azul, 45
sarin, 177
seabórgio, 199
Segunda Guerra Mundial, 30, 197
seleneto de sódio, 21
selênio, 18
sêmen, 43
Severin Klosowski, 193
Shoichi Furuhama, 163
silício, 148
síndrome de Reye, 22
Sir Humphrey Dary, 60
sódio, 27
Solomon Snyder, 61
speed, 72
Steffen Albrecht, 8
Stephanie Kwolek, 125
sulfato de alumínio, 32, 147
sulfeto de hidrogênio, 17
surfactantes, 81
tabaco, 74
tálio, 190
Tefal, 117

teflon, 116
telúrio, 20
tencel, 104
Tenzing Norgay, 129
teobromina, 4
tereftalato, 24
Terylene, 118
Theobroma cacoa, 4
Thomas Norton, 170
tiróide, 30
titânio, 100
transferrina, 39
tripolifosfato de sódio, 83
úlceras, 22
Uwe Pfüller, 65
urease, 51
vanádio, 28, 48
velhice, 41
vertigem-cega, 21
vidro Pirex, 88
vinhos tintos, 23
visco, 64
vitamina C, 8
vitamina D, 30
Wilhelm Hisinger, 170
William Gregor, 100
William Hillebrand, 170
William Poundstone, 10
William Ramsay, 133
William S. Gilbert, 136
xantina, 50
Xylonita, 108
Yanomano, 34
Yogesh Awathi, 19
yohimbina, 62
Yoshio Nagata, 147
Zbigniew Szydlo, 131
Ziegler-Natta, 114
zinco, 28, 43
zircônio, 98